# 焊工操作技能技巧120例

范绍林 编著

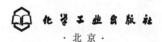

化学工业出版社
·北京·

**图书在版编目（CIP）数据**

焊工操作技能技巧 120 例/范绍林编著. —北京：化学
工业出版社，2020.5
ISBN 978-7-122-36335-0

Ⅰ.①焊… Ⅱ.①范… Ⅲ.①焊接-基本知识 Ⅳ.①TG4

中国版本图书馆 CIP 数据核字（2020）第 034035 号

---

责任编辑：周　红　　　　　　　文字编辑：张燕文
责任校对：宋　玮　　　　　　　装帧设计：王晓宇

---

出版发行：化学工业出版社(北京市东城区青年湖南街 13 号　邮政编码 100011)
印　　刷：北京京华铭诚工贸有限公司
装　　订：三河市振勇印装有限公司
850mm×1168mm　1/32　印张 13¾　字数 355 千字
2020 年 7 月北京第 1 版第 1 次印刷

---

购书咨询：010-64518888　　　　售后服务：010-64518899
网　　址：http://www.cip.com.cn
凡购买本书，如有缺损质量问题，本社销售中心负责调换。

---

定　　价：69.00 元　　　　　　　　　版权所有　违者必究

# 序

　　焊接是工程施工领域的关键技术和加工手段，集材料、冶金、电子、热处理等技术为一体。焊接作为一种现代的先进制造工艺，正逐步融入到中国从制造大国迈向制造强国的转型过程中，焊接技术的发展对于中国梦的早日实现具有现实意义。

　　焊接技术贯穿了整个工业制造领域。先进金属材料在各行各业中的应用越来越多，焊接难度和质量要求也越来越高，这就迫切需要广大焊接工作者在掌握必要的焊接专业理论知识的基础上，借鉴和总结生产实践经验，像范绍林大师一样，既有扎实的专业理论知识，又有丰富的焊接工程实战经验，更有开拓创新意识，以应对我国制造业高速发展及满足各种焊接工程建设的需要。

　　知名焊接专家、高级技师范绍林大师，是全国焊接行业的"大国工匠"，是"工匠精神"的传承者和践行者，曾任中国冶金科工集团首席焊接技师、全国冶金建设行业高级技能专家，堪称业界翘楚，实属劳模精英，享有"焊王"美誉。虽已年届退休，但他在钟爱的焊接事业上追求不止，不忘匠心"焊"人生，牢记使命传真功。他现担任山西省焊接技术协会名誉理事长、山西省焊接学会职业技术培训工作委员会主任，在焊接职业教育与人才培养方面，满腔热情做好"传、帮、带、领"的作用，尽心尽力发扬"大国工匠精神"。

《焊工操作技能技巧 120 例》是他 50 年来生产实践中积累的宝贵经验和应用成果。该书不仅全面地介绍了焊条电弧焊、氧-乙炔焊、$CO_2$ 焊（实心与药芯焊丝）、TIG 焊、氩电联焊等单面焊双面成形的焊接操作技能技巧，还以具体焊接案例详细介绍了铸铁、铜及铜合金、铝及铝合金、钛及钛合金、异种钢等材料的焊接方法与技巧。

　　该书图文并茂、通俗易懂，操作技巧深入浅出、实用性强，产生举一反三、触类旁通的效果。该书是范绍林大师俯身实践、亲历亲为、呕心沥血、精心提炼撰写出的一部优秀专业书籍。该书将会成为读者的良师益友和指路明灯，在勇攀"焊接大工匠"高峰的路途中助你一臂之力，为你出谋划策。

山 西 省 焊 接 学 会 理 事 长

太原理工大学教授、博士生导师　王文先

山西省焊接技术协会理事长

教 授 级 高 级 工 程 师 雷　鸣

# ↳ 前　言

《焊工操作技能技巧集锦 100 例》自 2008 年出版以来，深受读者好评，2012 年出版的《焊工操作技能技巧集锦 110 例》又为读者提供了新的技能案例和技巧方法。

鉴于该书的实用性和指导性，十多年来为众多读者解决了生产中遇到的多种焊接技术难题，得到了大家的认可，也因此创造了更多的操作技术交流机会，探讨了更新的焊接技术问题，结识了更多的焊接大工匠，为我国焊接技术的进步与发展做出了贡献。

该书是一部深入浅出、图文并茂、通俗易懂、实用性较强的焊接技术专业书籍。以多种焊接产品和焊接材料为对象，将焊接技能技巧贯穿于操作实例中，工艺方法的制订考虑得全面周到，施焊过程描述得十分细致。本书就像一本焊接技术操作实用辞典，读者遇到什么焊接难题，基本都能从书中找到解决该难题的针对性答案。

基于读者的需求，在《焊工操作技能技巧集锦 110 例》的基础上，《焊工操作技能技巧 120 例》终于与大家见面了，其保留了前者原有的内容和特色，并将其中一些内容进行了完善和补充。本书包括焊条电弧焊、氧-乙炔气焊、TIG 焊、$CO_2$ 焊（实心、药芯）等焊接方法单面焊双面成形的操作技巧；铸铁件冷焊与热焊的焊接技巧与实例；铝及铝合金、铜及铜合金、钛及钛合金等焊接技巧与实例；不锈钢、合金钢及异种钢等材料的焊接方法与实例等。在

《焊工操作技能技巧集锦 110 例》的基础上又增加了一些焊接实例，如大口径厚壁 Q345 钢管氩电联焊焊接工艺方法、不锈钢复合板的焊接方法、TIG 焊药芯焊丝打底焊（免内充氩）焊接方法等一些先进的操作方法与焊接技巧。这些焊接案例是笔者 50 年焊接生涯的技术积淀和思想凝练。

《焊工操作技能技巧 120 例》较《焊工操作技能技巧集锦 110 例》语言更加精炼、描述更加清晰、技巧更加透明、内容更加丰富。所述 120 例既独立成节又系统有序，总有几例适用于您，总有几节能为您解决燃眉之急。同时本书也能使初学者快速入门，起到出手可得、立竿见影的效果；对有一定经验的焊工，其操作水平也会快马加鞭、更胜一筹。

本书在写作过程中，得到太原供水集团有限公司田树军，长治技师学院郑旭东，中冶天工钢构容器分公司范喜原及原中国十三冶董彩芳、韩丽娟、王子明等焊接专家的大力支持，在此对他们的支持和辛勤付出表示衷心的感谢。

本书可供从事焊接专业的广大焊接工作者，尤其是青年焊工和焊接工匠等阅读，也可供有关专业技术工人、技术人员及大中专技工院校师生参考。

由于笔者水平所限，书中难免有不妥与疏漏之处，恳请广大读者批评指正。

**编著者**

# 目 录

**第二章 ▶ 铸铁件的焊补** /166

**第三章 铝及铝合金的焊接 /204**

# 第一章
# 单面焊双面成形技术

单面焊双面成形技术是焊条电弧焊、$CO_2$ 气体保护半自动焊（实心、药芯）、钨极氩弧焊（TIG 直流正接）、氧-乙炔焊等焊接方法中难度较大的一种操作技术，也是各类技能考试、技术比武，特别是锅炉、压力容器和压力管道焊工必须熟练掌握的基本技能。经过多年的实践，在吸收和借鉴全国先进单位培训经验的基础上，总结出了一套适用于上述几种焊接方法的单面焊双面成形操作技巧和运条（丝）手法，在锅炉、压力容器和压力管道的焊工取证培训中以及在各类焊工技术大赛上，收到了很好的效果并取得了较好的成绩。

## ▶ 1. 焊条电弧焊基本操作技术及工艺参数

焊条电弧焊基本操作技术有引弧（起弧）、运弧（运条）、停弧（熄弧、灭弧、断弧）、接头和收弧。在焊接操作过程中，只有掌握好这些操作方法，焊缝的质量才有保证。工艺参数包括焊接电流、电弧电压、焊接速度、焊条直径、焊接热输入等。

### （1）引弧

引弧是手工焊条电弧焊操作中最基本的动作，如果引弧不当，会产生气孔、夹渣等焊接缺陷。引弧有两种方法，即敲击法和划擦法。

敲击法也称击弧法，是一种理想的引弧方法，将焊条垂直与焊件接触形成短路后迅速提起 2～4mm 后电弧即引燃。敲击法不易掌握，但焊接淬硬倾向较大的钢材时最好采用敲击法，如图 1-1 所示。

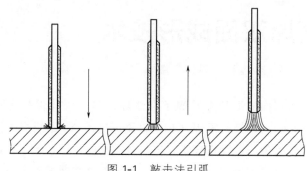

图 1-1　敲击法引弧

划擦法引弧与划火柴相似，容易掌握。将焊条在焊件表面上划动一下，即可引燃电弧，但容易在焊件表面造成电弧擦伤，所以必须在焊缝前方的坡口内划擦引弧，如图 1-2 所示。

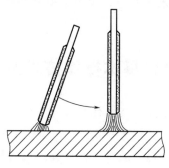

图 1-2　划擦法引弧

## （2）运弧

电弧引燃后，进入正常的焊接过程，此时焊条的运动是三个方向运动的合成。运弧方向如图 1-3 所示。

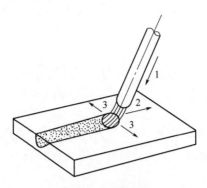

图 1-3　运弧方向
1—向下运动；2—纵向运动；3—横向摆动

①向下运动。随着焊条不断被电弧熔化，为保持一定的弧长，就必须使焊条沿其中心线向下送进。弧长的控制可以实现电弧电压的控制，最终实现熔池宽窄的控制。

②纵向运动。焊接时焊条还应沿着焊缝方向纵向移动，用以形成焊缝。移动速度即焊接速度，应根据焊缝尺寸、焊条直径、焊接电流、工件厚薄和焊接位置等来确定。

③横向摆动。主要是为了增加焊缝的宽度和调整熔池形状。

在焊接过程中，通过运弧来达到下面三个目的。

①调整熔池温度，使中间与两侧的温差缩小，避免咬边的产生，有利于焊缝成形。

②搅拌焊接熔池，有利于熔渣浮出表面和气体逸出。

③控制熔池形状，使焊缝外形达到要求。

常用的运弧方法如图 1-4 所示。

在这些运弧方法中，锯齿形、月牙形、椭圆形应用较多。

①直线形运弧法。焊条端头不作横向摆动，保持一定的焊接速度，且焊条沿着焊缝的方向前移，一般用于 I 形接头的薄板、不开坡口的对接平焊和多层多道焊或多层焊打底焊。

(a) 直线形　　　　　　　　　(b) 直线往复形

(c) 锯齿形　　　　　　　　　(d) 月牙形

(e) 斜锯齿形　　　　　　　　(f) 反月牙形

(g) 椭圆形　　　　　　　　　(h) 三角形

(i) "8"字形　　　　　　　　　(j) 正圆形

图 1-4　运弧方法

② 直线往复形运弧法。焊条端头不作横向摆动，只沿着焊缝前进方向来回移动。主要用于薄板焊、对接平焊。

③ 锯齿形运弧法。焊条端头作锯齿形横向摆动，并在两侧稍作停留，根据熔池形状及熔孔大小来控制焊条的前进速度，适用于根部焊道和全位置焊接。

④ 月牙形运弧法。焊条端头作月牙形横向摆动，并在焊缝两侧稍作停留，沿着焊缝方向前移。主要用于对接接头的平焊、立焊、仰焊，角接接头的立焊，小径管的电弧焊。

⑤ 斜锯齿形运弧法。适用于横焊缝、平角焊、仰角焊、45°管焊缝的各层焊接。

⑥ 反月牙形运弧法。用途较广，可用于各层次焊接，焊缝平滑，两侧无咬边。适用于对接接头的平焊、立焊、仰焊，角接接头

的立焊，中小径管焊接。

⑦ 椭圆形运弧法。焊条端头作连续椭圆形摆动并沿着一定方向移动。适用于平角焊、仰角焊。

⑧ 三角形运弧法。包括斜三角形运弧法、正三角形运弧法，适用于仰角焊、平角焊、立角焊及一些对接接头。

⑨ "8"字形运弧法。适用于对口间隙大的打底焊和较宽的一次盖面成形的双鱼鳞焊缝，即厚板件平焊对接接头。

⑩ 正圆圈形运弧法。适用于平焊的填充和盖面。

## （3）停弧

在焊接过程中，由于换焊条等原因需要中间停弧，这就要快速进行热接头焊接。如何停弧非常重要，它直接影响着焊接质量。如停弧太快，熔池温度太高，突然冷却下来会出现缩孔。在各级焊工比赛中都出现过这类缺陷，不但外观评定扣分，内部质量检查（拍片）也是零分。正确的停弧方法是，打底焊在停弧前给两滴铁水并稍微加快焊速，使熔池缩小，将电弧停在熔池侧方，可避免缩孔产生。停弧时，在熔池冷却的过程中，用断弧焊的方法连续给熔池冷却收缩处补充 2～3 滴铁水，也可防止缩孔产生。停弧方法如图 1-5～图 1-7 所示。

|停弧缩孔|停弧处|
|(a) 错误停弧方法|(b) 正确停弧方法|

图 1-5　打底焊停弧方法

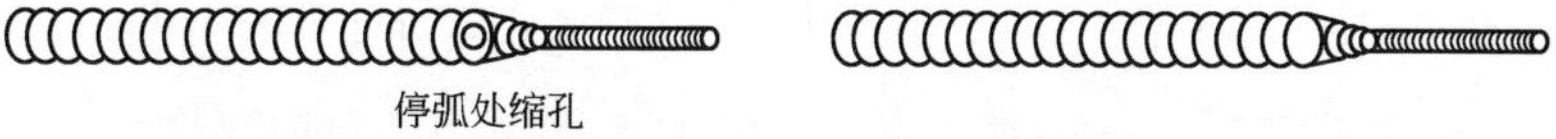

|停弧处缩孔||
|(a) 错误停弧方法|(b) 正确停弧方法|

图 1-6　填充焊停弧方法

盖面层　　　填充层　　　打底层　　　　盖面层　　　填充层　　　打底层

(a) 错误停弧方法　　　　　　　　　(b) 正确停弧方法

图 1-7　盖面焊停弧方法

## （4）接头

手工电弧焊时，由于受到焊条长度的限制，在焊接过程中产生焊缝接头的情况是不可避免的。常用的施焊接头连接形式大体可以分为两类：一类是焊缝与焊缝之间的接头连接，一般称为冷接头，如图 1-8 所示；另一类是焊接过程中由于自行断弧或更换焊条时，熔池处在高温红热状态下的接头连接，称为热接头，如图 1-9 所示。根据不同的接头形式，可采用不同的操作方法，酸性焊条冷接头操作方法如图 1-8（b）所示。冷接头在施焊前，应使用砂轮机或其他机械方法将焊缝被连接处打磨出斜坡形过渡带，在接头前方10mm 处引弧，电弧引燃后稍微拉长一些，然后移到接头处，稍作停留，待形成熔池后再继续向前焊接。用这种方法可以使接头得到必要的预热，保证熔池中气体的逸出，防止在接头处产生气孔。收弧时要将弧坑填满后，慢慢地将焊条拉向弧坑一侧熄弧。

热接头的操作方法可分为两种：一种是快速接头法；另一种是正常接头法。快速接头法是在熔池熔渣尚未完全凝固的状态下，将

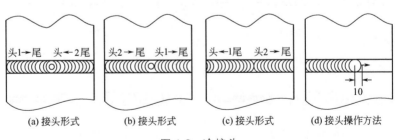

头1→尾　头←2尾　　头2→尾　头1→尾　　头←1尾　头2→尾

10

(a) 接头形式　　　　(b) 接头形式　　　　(c) 接头形式　　　　(d) 接头操作方法

图 1-8　冷接头

1—先焊焊缝；2—后焊焊缝

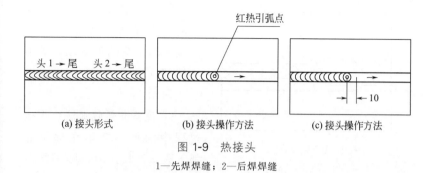

图 1-9　热接头

1—先焊焊缝；2—后焊焊缝

焊条端头与熔渣接触，在高温热电离的作用下重新引燃电弧，如图 1-9(b) 所示。这种接头方法适用于厚板的大电流焊接，它要求焊工更换焊条的动作迅速而准确。正常接头法是在熔池前方 10mm 左右处引弧后，将电弧迅速拉回熔池，按照熔池的形状摆动焊条后正常焊接，如图 1-9(c) 所示。

如果等到收弧处完全冷却后再接头，则以采用冷接头操作方法为宜。

## （5）收弧

收弧是焊接过程中的关键动作，是整条焊缝的结束。收弧时，不仅要熄灭电弧，还要将弧坑填满。如果操作不当，可能会产生弧坑、缩孔和弧坑裂纹等焊接缺陷。

收弧一般有四种方法：回焊收弧法、划圈收弧法、反复断弧收弧法、熔池衰减（缩小）法。

① 回焊收弧法。在使用碱性焊条时，焊条焊至焊缝终点即停止运条，然后反方向运条，增加焊缝尾部厚度，待填满熔池弧坑后即断弧，如图 1-10 所示。

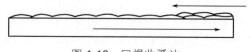

图 1-10　回焊收弧法

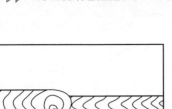

图 1-11　划圈收弧法

② 划圈收弧法。在焊接厚板时，当焊条焊至焊缝终点，焊条末端作圆圈形运动，等熔滴填满弧坑后再断弧，如图 1-11 所示。

③ 反复断弧收弧法。焊接过程中的每一个动作都是起弧、灭弧。收弧时，必须将电弧拉向坡口边缘或焊缝中间再熄弧。焊缝收尾处应反复断弧，待弧坑填满后再熄弧，如图 1-12 所示。

图 1-12　反复断弧填满弧坑

④ 熔池衰减法。利用高频等方法使焊接电流逐渐减小，直至断弧，如图 1-13 所示。

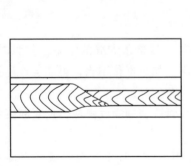

图 1-13　熔池衰减法

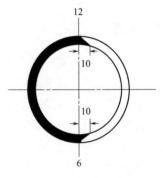

图 1-14　管对接环焊缝
收弧、接头方法

管对接水平固定焊、45°固定焊，每层分两个半圈焊接，第一个半圈的始端和末端要超过中心 10mm 左右，处理成斜坡（6 点位置和 12 点位置），为后半圈的接头和收弧创造条件。前后层先焊和后焊的顺序应错开，使始焊接头和终焊接头形成交叉搭接状，如图1-14 所示。

## （6）焊接工艺参数的选择

焊接时，为了保证焊接质量而选定的诸多物理量称为焊接工艺参数。手工电弧焊工艺参数包括焊条直径、焊接电流、电弧电压、焊接速度、热输入等。

① 焊条直径。其大小对焊接质量和生产率影响很大。焊条直径是根据焊件厚度、焊接位置、接头形式、焊接层数等进行选择的。厚焊件可以采用大直径焊条及相应的焊接电流，这样有助于保证填充量和热量，使焊缝金属在接头中完全熔合，得到适当的熔深。

厚度较大的焊件，搭接和 T 形接头的焊缝应选用直径较大的焊条。对于带坡口需多层焊的接头，第一层焊缝应选用小直径焊条，这样在接头根部容易操作，以后各层可用大直径焊条，以得到适当的熔深并提高熔敷效率。

② 焊接电源。其选择的依据是被焊工件的种类、规格尺寸及焊接时采用的焊材类型、使用条件等。

③ 焊接电流。其选择直接影响焊接质量和生产率。焊接电流过大，焊条后部发红，药皮失效或脱落，保护效果变差，造成气孔和飞溅，出现烧穿和咬边等缺陷；焊接电流过小，则电弧不稳定，易造成未焊透、未熔合、气孔和夹渣等缺陷。

焊条电弧焊焊接电流大小要根据焊条类型、焊条直径、焊件厚度、接头形式、焊接位置、母材材质和施焊环境等因素确定。其中最主要的是焊条直径和焊接位置。焊接电流和焊条直径的经验公式为

$$I = dk$$

式中，$I$ 为焊接电流；$d$ 为焊条直径；$k$ 为经验系数，一般为 $35 \sim 55$。

④ 电弧电压。其主要由电弧长度来决定，电弧长，电弧电压高，反之则低。焊接过程中，电弧不宜过长，否则会使电弧燃烧不稳定，飞溅大，熔深浅，产生咬边、气孔等缺陷，所以应尽可能选择短弧焊。

## 2. 低碳钢板状试件平焊单面焊双面成形断弧焊

### （1）焊前准备

Q235 钢板，厚 12mm。

焊接材料：E4303 焊条，规格为 $\phi 3.2mm$、$\phi 4.0mm$，按规定进行烘干处理。

焊接设备：交、直流弧焊机，直流正接。

### （2）试板组对

试板组对尺寸见表 1-1 及图 1-15、图 1-16。

表 1-1　平焊试板组对尺寸

| 试件尺寸 /mm | 坡口角度 /(°) | 组对间隙 /mm | 钝边 /mm | 反变形量 /mm | 错边量 /mm |
|---|---|---|---|---|---|
| 12×250×300 | 65+5 | 起焊处：3.2 完成处：4.0 | 1.2～1.5 | 3.5 | ≤1 |

### （3）工艺参数

平焊工艺参数见表 1-2。

### （4）焊接操作

① 打底层的焊接。打底焊是保证单面焊双面成形焊接质量的

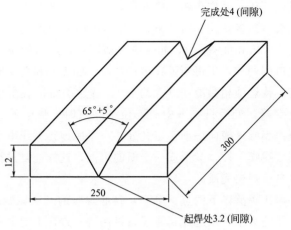

图 1-15　平焊试板组对

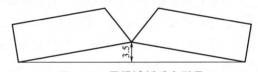

图 1-16　平焊试板反变形量

表 1-2　平焊工艺参数

| 焊缝层次 | 名称 | 焊条直径/mm | 焊接电流/A | 焊条与试板面的夹角/(°) | 运条方式 |
|---|---|---|---|---|---|
| 1 | 打底层 | 3.2 | 100~115 | 45~50 | 断弧,一点式运条或两点式运条 |
| 2 | 填充层 | 3.2 | 130~135 | 75~85 | 连弧,锯齿形运条 |
| 3 | 填充层 | 4 | 190~210 | 80~85 | 连弧,锯齿形运条 |
| 4 | 填充层 | 4 | 190~210 | 80~85 | 连弧,锯齿形运条 |
| 5 | 盖面层 | 4 | 175~180 | 80~85 | 连弧,锯齿形运条 |

关键。施焊要点是打出熔孔、消灭缩孔。施焊时要严格遵守"看""听""准"三项要领,并相互配合、同步进行。具体做法是在定位焊起弧处引弧,待电弧引燃并稳定燃烧后再把电弧运动到坡口中

心，电弧往下压，并作小幅度横向摆动，听到"噗噗"声，同时能看到每侧坡口边各熔化1～1.5mm，并形成第一个熔池（一个比坡口间隙大2～3mm的熔孔），此时应立即断弧，断弧的位置应在形成焊点坡口的两侧，不可断弧在坡口中心。断弧动作要果断，以防产生缩孔。待熔池稍微冷却（大约2s），透过护目镜观察熔池液态金属逐渐变暗，最后只剩下中心部位一亮点时，将电弧（电焊条端）迅速作小幅度横向摆动至熔孔处，有手感地往下压电弧，同时也能听到"噗噗"声，又形成一个新的熔池，这样往复进行，采用断弧焊将打底焊层完成。

需要再次提醒以下两点。第一，打底焊时的三项原则，"看"，就是看熔孔的大小，从起焊到终了始终保持一致，不能太大，也不能太小，太大易烧穿，背面形成焊瘤，太小易造成未焊透、夹渣等缺陷；"听"，就是在打底焊的全过程中应始终有"噗噗"声，证明已焊透；"准"，就是在引弧、熄弧的断弧焊全过程中，焊条的给送位置要准确无误，停留时间也应恰到好处，过早易产生夹渣，过晚又易造成烧穿，形成焊瘤。只有"看""听""准"相互配合得当，才能焊出一个外形美观，无凹坑、焊瘤、未焊透、未熔合、缩孔、气孔等缺陷的背面成形好的焊缝。第二，关于"接头"问题，首先应有一个好的熄弧方法，即在焊条还剩50mm左右时，就要有熄弧的准备，将要熄弧时，应有意识地将熔孔做得比正常断弧时大一点，以利于接头。每根焊条焊完，换焊条的时间要尽量短，应迅速在熄弧处的后方（熔孔后）10mm左右引弧，锯齿横向摆动到熄弧处的熔孔边缘，并透过护目镜看到熔孔两边已充分熔合，电弧稍往下压，听到"噗噗"声，同时也看到新的熔孔形成，立即断弧（焊条运动方式如图1-17所示），恢复正常断弧焊接。

② 填充层的焊接。施焊要点是合适运条、消灭夹角。第2～4层为填充层，填充层的焊接要注意，千万不要焊出中间高、两侧有夹角的焊道，以防产生夹渣等缺陷，应焊出中间与焊道两侧平整或中间略低、两侧略高的焊缝，如图1-18所示。

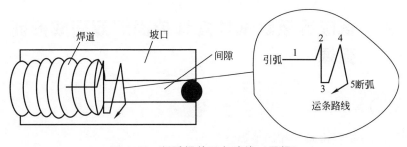

图 1-17 断弧焊的运条路线（平焊）

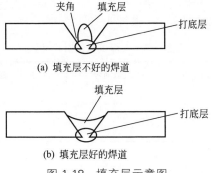

图 1-18 填充层示意图

施焊时，要严格遵循中间快、坡口两侧慢的运条手法，运条要平稳，焊接速度要一致，控制各填充层的熔敷金属高度一致。并注意各填充层间的焊接接头要错开，认真清理焊渣，并用钢丝刷处理至露出金属光泽，再进行下一层的焊接。最后一层填充层焊后的高度要低于母材 1～1.5mm，并使坡口轮廓线保持良好，以利于盖面层的焊接。

③ 盖面层的焊接。施焊要点是均匀摆动、消灭咬肉。盖面焊时，焊接电流小些，运条方式采用锯齿形或月牙形。焊条摆动要均匀，始终保持短弧焊。焊条摆动到坡口轮廓线处应稍作停留，以防咬边和坡口边沿熔合不良等缺陷的产生，使表面焊缝成形美观，鱼鳞纹清晰。

##  3. 低碳钢板状试件立焊单面焊双面成形断弧焊

### (1) 焊前准备

立焊的准备工作同平焊。

### (2) 试件组对

试件组对尺寸见表 1-3 及图 1-19。

表 1-3　立焊试板组对尺寸

| 试件尺寸 /mm | 坡口角度 /(°) | 组对间隙 /mm | 钝边 /mm | 反变形量 /mm | 错边量 /mm |
|---|---|---|---|---|---|
| 12×250×300 | 65+5 | 起焊处(上):3.2 完成处(下):4.0 | 1～1.5 | 4 | ≤1 |

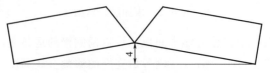

图 1-19　立焊试板反变形量

### (3) 工艺参数

立焊工艺参数见表 1-4。

表 1-4　立焊工艺参数

| 焊缝层次 | 名称 | 焊条直径 /mm | 焊接电流 /A | 焊条与试板面 的夹角/(°) | 运条方式 |
|---|---|---|---|---|---|
| 1 | 打底层 | 3.2 | 100～110 | 60～70 | 三角形运条 |
| 2 | 填充层 | 3.2 | 100～120 | 70～80 | 锯齿形运条 |

| 焊缝层次 | 名称 | 焊条直径/mm | 焊接电流/A | 焊条与试板面的夹角/(°) | 运条方式 |
|---|---|---|---|---|---|
| 3 | 填充层 | 3.2 | 100～120 | 70～80 | 锯齿形运条 |
| 4 | 盖面层 | 4 | 150～170 | 75～85 | 锯齿形运条 |

## （4）焊接操作

　　立焊单面焊双面成形技术较平焊容易掌握，在施焊时，除严格遵守平焊所提到的"看""听""准"三项要领外，还要通过变换焊条的角度来调整试件坡口处的热量，从而达到控制打底焊时熔孔大小一致的目的，使背面成形美观，焊缝余高高低一致，具体操作方法如下。

　　① 打底层的焊接。在起焊点固部位引弧，先用长弧预热坡口根部，稳弧 3～4s 后，当坡口两侧呈汗珠状时，应立即压低电弧，使熔滴向母材过渡，形成一个椭圆形的熔池和熔孔，此时应立即把电弧拉向坡口边一侧（左右任意一侧，以焊工习惯为准）往下断弧，熄弧动作要果断。焊工透过护目镜观察熔池金属亮度，当熔池亮度逐渐下降变暗，最后只剩下中心部位一亮点时，即可在坡口中心引弧。焊条沿已形成的熔孔边作小幅度横向摆动，左右击穿，完成一个三角形运动后，再往下在坡口一侧果断灭弧，这样依次进行，将打底层以断弧焊方法完成，断弧焊的运条路线如图 1-20 所示。

　　施焊时要控制熔孔大小一致，熔孔过大，背面焊缝会出现焊瘤和焊缝余高超高，过小则发生未焊透等缺陷。熔孔大小控制在焊条直径的 1.5 倍为宜（坡口两侧熔孔击穿熔透的尺寸应一致，每侧为 1.5～2mm）。

　　更换焊条时，要处理好熄弧及再引弧动作。当焊条还剩 10～20mm 时就应有熄弧前的心理准备，这时应在坡口中心熔池中多给

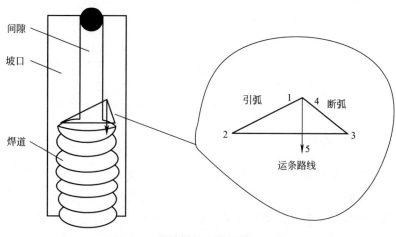

图 1-20　断弧焊的运条路线（立焊）

两三滴铁水，再将焊条摆到坡口一侧果断断弧，这样做可以延长熔池的冷却时间，并增加原熔池处的焊肉厚度，避免缩孔的发生。更换焊条速度要快，引弧点应在坡口一侧上方距熔孔接头部位 20～30mm 处，用稍长的电弧预热，稳弧并作横向往上小幅度摆动，左右击穿，将电弧摆到熔孔处，电弧向后压，听到"噗噗"声，并看到熔孔处熔合良好，铁水和焊渣顺利流向背面，同时又形成一个和以前大小一样的熔孔后，果断向坡口一侧往下断弧，恢复上述断弧焊方法，完成打底层焊接。

　　② 填充层的焊接。第 2、3 层为填充层。施焊时要注意分清铁水和熔渣，严禁出现坡口中间鼓、两侧有夹角的焊道，这样极易产生夹渣等缺陷。避免这种缺陷的方法是，采用锯齿形运条方式，并做到"中间快、两边慢"，即焊条在坡口两侧稍作停顿，给足坡口两侧铁水，避免产生两侧夹角，焊条向上摆动要稳，运条要均匀，始终保持熔池为椭圆形，避免产生铁水下坠。同时，最后一层填充层应低于母材面 1～1.5mm，并保持坡口轮廓线，以利于盖面层的焊接。

③ 盖面层的焊接。盖面层焊接时易产生咬边等缺陷，防止方法是保持短弧焊，采用锯齿形或月牙形运条方式为宜，手要稳，焊条摆动要均匀，焊条摆到坡口边沿要有意识地多停留一会儿，给坡口边沿填足铁水，并使其熔合良好，使焊缝表面圆滑过渡，成形良好。

# 4. 低碳钢板状试件横焊单面焊双面成形断弧焊

## （1）焊前准备

横焊的准备工作同平焊。

## （2）试件组对

试件组对尺寸见表 1-5。

表 1-5　横焊试板组对尺寸

| 试件尺寸<br>/mm | 坡口角度<br>/(°) | 组对间隙<br>/mm | 钝边<br>/mm | 反变形量<br>/mm | 错边量<br>/mm |
|---|---|---|---|---|---|
| 12×250×300 | 65＋5 | 起焊处(上)：3.5<br>完成处(下)：4.0 | 1.2～1.5 | 5 | ≤1 |

## （3）工艺参数

横焊工艺参数见表 1-6。

## （4）焊接操作

横焊的特点是熔化金属由于重力作用而向下坠落，操作不当时，极易出现焊肉下垂，使焊缝的上边缘出现咬边、夹渣等焊接缺陷，而下部与中部则易产生未熔合、层间夹渣等焊接缺陷。同时横焊试板位置处于水平方向上，大多采用多层多道焊，焊道重叠排

表 1-6　横焊工艺参数

| 焊缝层次 | 名称 | 焊条直径/mm | 焊接电流/A | 焊条角度/(°) | | 运条方式 |
|---|---|---|---|---|---|---|
| | | | | 与前进方向夹角 | 与试板面的夹角 | |
| 1 | 打底层 | 3.2 | 105～115 | 60～65 | 65～70 | 先上后下断弧 |
| 2 | 填充层(2道) | 3.2 | 115～120 | 75～80 | 70～80 | 画椭圆连弧 |
| 3 | 填充层(3道) | 4 | 160～180 | 75～80 | 70～80 | 画椭圆连弧 |
| 4 | 盖面层(5道) | 4 | 160～180 | 75～80 | 70～80 | 画椭圆连弧 |

列，焊缝成形控制比较困难。要保证焊缝良好的成形和质量要求，必须选择最佳焊接规范和合适的运条方法。

① 打底层的焊接。在起焊处划擦引弧，待电弧稳定燃烧后，迅速将电弧拉至焊缝中心部位加热坡口，当看到坡口两侧达到半熔化状态时，压低电弧，当听到背面电弧穿透的"噗噗"声后，形成第一个熔孔，果断向熔池的下方断弧；待透过护目镜看到熔池逐渐变成一个小亮点时，在熔池的前方迅速引燃电弧，从下坡口边往上坡口边运弧，始终保持短弧，并按顺序在坡口两侧运条，即下坡口侧停顿电弧的时间要比上坡口侧短。为保证焊缝成形整齐，应注意坡口下边缘的熔化稍靠前方，形成斜的椭圆形熔孔，如图 1-21～图 1-23 所示。

在更换焊条熄弧前，必须向熔池反复补送 2～3 滴铁水，然后将电弧拉到熔池后的下方果断灭弧。接头时，在熔池后 15mm 左右处引弧，焊到接头熔孔处稍拉长电弧，有手感地往后压一下电弧，听到"噗噗"声后稍作停顿，形成新的熔孔后，再转入正常的断弧焊接。如此反复地引弧→焊接→灭弧→准备→引弧……采用断弧焊方法完成打底层的焊接。

② 填充层的焊接。第一层填充层为 φ3.2mm 焊条连弧堆焊两道而成，第二层填充层为 φ4.0mm 焊条连弧堆焊三道而成。操作时，下坡口应压住电弧，不能产生夹角，并使其熔合良好；运条要

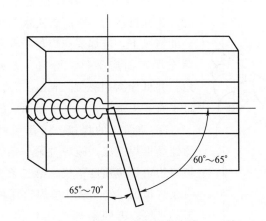

图 1-21 打底焊焊条角度

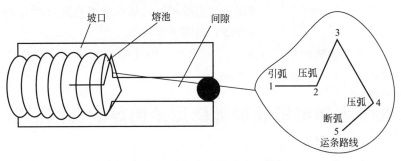

图 1-22 断弧焊的运条路线（横焊）

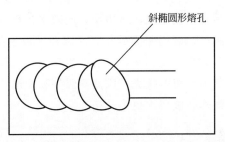

图 1-23 形成斜椭圆形熔孔（上大下小）示意图

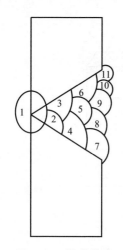

图 1-24　焊道堆叠
示意图

均匀，不能太快；各焊道要平直，焊缝光滑，相互搭接为 2/3；在铁水与熔渣顺利分离的情况下，堆焊焊肉应尽量厚些。较好的填充层表面应平整、均匀、无夹渣、无夹角，并低于焊件表面 1mm，上、下坡口边缘平直、无烧损，以利于盖面层的焊接。

③ 盖面层的焊接。盖面层共由五条焊道连续堆焊完成，施焊时第一条焊道压住下坡口边，焊接速度稍快，第二条焊道压住第一条焊道的 1/3，第三条焊道压住第二条焊道的 2/3，第四条焊道压住第三条焊道的 1/2，第五条焊道压住第四条焊道的 1/3，焊接速度也应稍快，从而形成圆滑过渡的表面焊缝，如图 1-24 所示。

需要强调的是，焊道一定要焊直，焊接速度要均匀，层叠堆焊，才能焊出表面美观的焊缝。

## ▷ 5. 低碳钢板状试件仰焊单面焊双面成形断弧焊

仰焊是难度较大的焊工操作之一，由于焊缝处于仰面焊接位置，施焊时熔池在高温下表面张力小，而铁水在自重作用下产生下垂，熔池温度越高，表面张力越小，所以在试板下部易产生焊瘤，而试板的上部又容易产生凹陷，同时产生夹渣、气孔、未熔合等缺陷的概率也比其他位置焊接大。因此对焊件装配尺寸、焊接参数以及焊工本身的操作技能要求更为严格。

### （1）焊前准备

仰焊的准备工作同平焊。

## （2）试件组对

试件组对尺寸见表 1-7，反变形量如图 1-25 所示。

表 1-7　仰焊试板组对尺寸

| 试件尺寸 /mm | 坡口角度 /(°) | 组对间隙 /mm | 钝边 /mm | 反变形量 /mm | 错边量 /mm |
|---|---|---|---|---|---|
| 12×250×300 | 65+5 | 起焊处（上）：4 完成处（下）：5 | 1~1.2 | 4 | ≤1 |

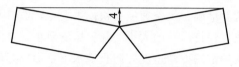

图 1-25　仰焊试板反变形量

## （3）工艺参数

仰焊工艺参数见表 1-8。

表 1-8　仰焊工艺参数

| 焊缝层次 | 名称 | 焊条直径 /mm | 焊接电流 /A | 焊条与前进方向夹角/(°) | 运条方式 |
|---|---|---|---|---|---|
| 1 | 打底层 | 3.2 | 110~125 | 20~30 | 横向小幅度摆动 |
| 2 | 填充层 | 3.2 | 120~130 | 10~20 | "8"字形运条 |
| 3 | 填充层 | 3.2 | 120~130 | 10~20 | "8"字形运条 |
| 4 | 盖面层 | 3.2 | 120~130 | 10~20 | "8"字形运条 |

## （4）焊接操作

① 打底层的焊接。引弧时，应在起焊点固处划擦引弧，稳弧后将电弧运动到坡口中心，待点固焊点及坡口根部呈半熔化状态（透过护目镜可以很清楚地看到），迅速压低电弧，将熔滴过渡到坡

口的根部，并借助电弧的吹力将电弧往上顶，作一稳弧动作和横向小幅度摆动，使电弧的 2/3 穿透坡口钝边，作用于试板的背面，这时即能看到一个比焊条直径大的熔孔，同时又能听到电弧击穿根部的"噗噗"声。为防止熔池铁水下坠，这时应熄弧以冷却熔池，熄弧的方向应在熔孔的后面坡口一侧，熄弧动作应果断。在引弧时，待电弧稳定燃烧后，迅速作横向小幅度摆动（电弧在坡口钝边两侧稍稳弧），运动到坡口中心时还是尽力往上顶，使电弧的 2/3 作用于试件背面，使熔滴向熔池过渡。这样引弧→稳弧→小幅度摆动→电弧往上顶→熄弧，完成仰焊试板的打底焊。施焊时应注意电弧穿透熔孔的位置要准确，运条速度要快，手要稳，坡口两侧钝边的穿透尺寸要一致，保持熔孔的大小一样。熔滴要小，电弧要短，焊层要薄，以加快熔池的冷却速度，防止铁水下坠形成焊瘤、试板的背面凹陷过大。焊条与试板的角度如图 1-26 所示。

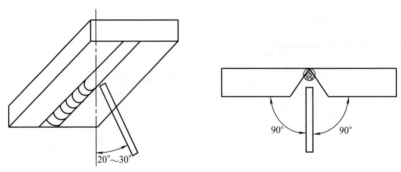

20°～30°

90° 90°

图 1-26　焊条与试板的角度

换焊条熄弧前，要在熔池边缘部位迅速向背面多补充几滴铁水，以利于熔池缓冷，防止产生缩孔，然后将焊条拉向坡口往后断弧。接头时，动作要迅速，在熔池红热状态时，就应引燃电弧进行施焊。接头引弧点应在熔池后 10～15mm 的焊道上，接头位置应选择在熔孔前边缘，当听到背面电弧穿透声后，又形成新的熔孔，恢复打底焊的正常焊接。

②填充层和盖面层的焊接。第 2、3 层为填充层的焊接，第 4 层为盖面层的焊接。每层的清渣工作要仔细，采取"8"字形运条法（图 1-27）。该运条法能控制熔池形状，不易产生坡口中间高、两侧有夹角的焊缝，但运条要稳，电弧要短，焊条摆动要均匀，才能焊出表面无咬边、不超高的良好成形的焊缝。

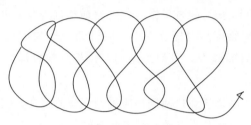

图 1-27　仰焊填充、盖面运条方法

# 6. 大口径无缝钢管焊接

大口径（$\phi426mm\times10mm$）无缝钢管（10 钢）的焊接，除要求接头为单面焊双面成形外，对管道焊缝的致密性和耐腐蚀性也有严格要求，并规定每个接头均应进行 100%X 射线检测（Ⅱ级以上合格）。

在转动管与固定管的全位置焊缝质量检查中，抽样均达到一级片，合格率为 100%。现将操作工艺介绍如下。

## 6.1　转动管的焊接

### （1）焊前准备

先用半自动切割机沿管端边缘加工 35°坡口，然后用手动砂轮在管壁内、外侧打磨，钝边为 1mm。

施焊时需用 5 块定位板［200mm×80mm×（10～12）mm］均布一周，接头间隙均为 4mm。焊接时应保证接管间同心，尽量不使管子错口。

**（2）焊接操作**

① 打底层的焊接。选用直径为 3.2mm 的结 422 焊条以灭弧击穿法焊接，焊接电流为 110A。操作时，严格按照"右侧起弧、右侧熄弧"（即焊条在右侧起弧后，迅速横摆向左侧，再摆回右侧，向上熄弧）的原则。焊接过程中，以转动管件的方式在 8 点半到 10 点半两位置间施焊，定位焊用的定位板，随着焊缝的延长逐个打掉。

焊接时，必须使坡口两侧边缘得到充分的熔合，同时注视着熔池，使熔孔的大小基本一致，焊条向下倾斜 80°～85°。换焊条时一定要快，先把电弧拉长，以预热管件，当看到熔池处有"冒汗"现象时，迅速将电弧压低，进行焊接，在焊条摆动到坡口中心时，再将电弧稍向后压，为防止接头处出现凹坑，焊接速度要比正常施焊时略慢一些。接头封口时，要注意两个问题：事先用手砂轮机将环缝的起焊处打磨成斜坡状；绝对避免在接头封口处 10mm 之内再出现另一个接头。

② 填充层的焊接。仍选用直径为 3.2mm 的结 422 焊条进行焊接，焊接电流为 120A。焊接前，先将打底层熔渣清理干净，然后以转动管件的方式将焊接位置保持在 9 点和 11 点两位置间。施焊时，以"两侧稍慢、中间稍快"的原则进行月牙形摆动，以达到焊缝平坦、坡口两侧不出现深沟的目的。焊接过程中，应保持连续施焊，这样可以提高熔池温度，并使前一层焊道上的残渣有重新熔化的可能，以避免夹渣缺陷。为利于盖面层的焊接，需使填充层焊道的上表面低于管表面 1mm。

③ 盖面层的焊接。选用直径为 4mm 的结 422 焊条进行焊接，焊接电流为 150A。施焊操作与填充层相同，盖面层焊道两侧应超出坡口边缘 2mm。焊条摆动要均匀，焊缝成形美观，无夹渣、咬

肉等缺陷。焊缝余高为 1.5mm。

## 6.2　固定管的焊接

固定管的坡口加工与转动管相同，其接头间隙，12 点位置处为 5mm，6 点位置处为 4mm。固定管定位焊的定位方法及定位板的取下方法均与转动管相同。

① 固定管前半圈的焊接。选用直径为 3.2mm 的结 422 焊条，焊接电流为 110A。施焊时，先用长弧将起弧点（6 点位置右侧 10mm 处）进行预热，当坡口内出现似汗珠状铁水时，迅速压低电弧，先从左侧摆到右侧，再从右侧迅速摆到左侧，向下灭弧，形成第一个熔池。再起弧时，为避免在管壁的背面产生凹坑，要使电弧对准坡口内角，将焊条往里推。从起焊点到 11 点位置的施焊操作与转动管相同。从 11 点位置到 12 点位置的施焊操作，为左右交替灭弧焊。一直施焊至超过 12 点位置 10mm，方可熄弧。施焊过程中的焊接速度不得太快，否则会影响成形。换焊条时的操作与转动管相同。

② 固定管后半圈的焊接。焊前先用手砂轮将前半圈焊缝的两端磨成缓坡，同时在首端和末端各磨去 5mm，但不得损坏坡口边缘。

引弧后，先拉长电弧，把工件预热，然后再迅速压低电弧并缓坡作锯齿形摆动，连续焊至接头处，再将焊条向上推。施焊过程中，电弧发出"噗噗"声时，即说明熔合良好。运条方法与前半圈相同。

当后半圈焊缝焊至距前半圈焊缝末端 5mm 左右时，绝对不允许灭弧，当封闭环缝时，稍将焊条往下压，听到"噗噗"声（说明根部熔透，已接好头）时，将焊条在接头处来回摆动，以延长停留时间，使之充分熔合，填满弧坑。填充层和盖面层的焊接与转动管相同。

# 7. 低合金钢板状试件平焊单面焊双面成形连弧焊

平焊是焊条电弧焊的基础。平焊有以下特点：焊接时，熔化金属主要靠重力过渡，除第一道打底焊外，其他各层可选用较大的电流进行焊接，焊接效率高，表面焊缝成形易控制。打底焊时，若焊接规范和操作规程不当，容易产生未焊透、缩孔、焊瘤等缺陷。为此，对操作者而言，采用碱性焊条连弧焊进行单面焊双面成形并非易事，可以说平焊操作比立焊、横焊难度大。

## （1）焊前准备

① 焊接设备。直流弧焊机、硅整流弧焊机、逆变电焊机均可选用。

② 焊条。E5015、E5016 碱性焊条均可选用。焊条直径为 3.2mm、4mm，焊前经 350～360℃烘干，保温 2h，随用随取。

③ 焊件（试板）。采用 Q345A、Q345B、Q345C 低合金钢板，厚为 12mm，长为 300mm，宽为 125mm，用剪板机或气割下料，其坡口边缘的热影响区用刨床刨去，试板如图 1-28 所示。

④ 辅助工具和量具。包括焊条保温筒、角向打磨机、钢丝刷、钢直尺（300mm）、打渣锤、焊缝万能量规等。

## （2）试件组对

用角向打磨机将试板两侧坡口边缘 20～30mm 范围内的油污、锈垢清除干净，使之呈现金属光泽。然后，在台虎钳上修磨坡口钝边，使钝边尺寸保持在 0.5～1.0mm。

将打磨好的试板装配成始焊端间隙为 2.5mm，终焊端间隙为 3.2mm（可用 $\phi$2.5mm 与 $\phi$3.2mm 焊条头夹在试板坡口的端头钝边处，定位焊接两试板，然后用打渣锤打掉 $\phi$2.5mm 和 $\phi$3.2mm

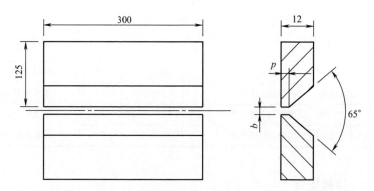

图 1-28　低合金钢板对接焊平焊单面焊双面成形试板

焊条头即可），对定位焊缝焊接质量要求与正式焊缝一样。错边量
≤1mm。

平焊反变形量如图 1-29 所示。

图 1-29　平焊反变形量

## （3）工艺参数

对接平焊，焊缝共有 4 层，第 1 层为打底层，第 2、3 层为填充层，第 4 层为盖面层。焊接层次如图 1-30 所示。

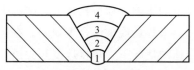

图 1-30　焊缝层次

平焊工艺参数见表 1-9。

表 1-9　平焊工艺参数

| 焊缝层次 | 名称 | 电源极性 | 焊接方法 | 焊条直径/mm | 焊接电流/A | 焊条角度/(°) | 运条方式 |
|---|---|---|---|---|---|---|---|
| 1 | 打底层 | 直流反接 | 连弧焊 | 3.2 | 110～115 | 65～70 | 小月牙形摆动 |
| 2 | 填充层 | 直流反接 | 连弧焊 | 4 | 160～175 | 70～80 | 锯齿形摆动 |
| 3 | 填充层 | 直流反接 | 连弧焊 | 4 | 160～175 | 70～80 | 锯齿形摆动 |
| 4 | 盖面层 | 直流反接 | 连弧焊 | 4 | 160～170 | 75～85 | 锯齿形摆动 |

## （4）焊接操作

① 打底层的焊接。第 1 层打底焊是单面焊双面成形的关键。应在试电流板上测试焊接电流，并看焊条头是否偏心（如焊条偏心，势必产生偏弧，将会影响打底焊的质量）。焊条试焊合格后，应在试板的始焊定位焊端引燃电弧，做 1～2s 的稳定电弧动作后，使电弧作小月牙形横向摆动。当电弧运动到定位焊边缘坡口间隙处，压低电弧，向右连续施焊。电焊条的右倾角（与试件平面角度）为 65～70°，在整个施焊过程中，应始终能听见电弧击穿坡口钝边的"噗噗"声。焊条的摆动幅度要小，一般以电弧将两侧坡口钝边熔化 1.5～2mm 为宜，电弧每运动到一侧坡口钝边处稍停、稳弧（≤2s），也就是遵循电弧在坡口两侧慢、中间快的原则，透过护目镜可以清楚地观察熔池形状，也可以看到电弧使熔渣透过熔池，流向焊缝背面，从而保证焊缝背面成形良好。

在打底焊过程中，要始终保持熔孔大小一致，熔孔的大小对焊缝的背面成形有较大的影响，如熔孔过大，则产生烧穿或焊瘤；如熔孔过小，又易产生未焊透或未熔合等缺陷。在钝边、间隙、焊接电流、焊条倾角适合的情况下，焊接速度是关键，只要保持熔孔大小始终一致，压低电弧，手应把稳，焊速均匀，一般情况下不拉长电弧或做挑弧动作，就能得到理想的背面成形。

更换焊条是保证打底焊道整体平直，无焊瘤、未焊透、凹坑，接头不脱节的关键，必须抓好收弧与接头两个环节。

a. 收弧时，应缓慢地把焊条向左或右坡口侧带一下（停顿一下），然后将电弧熄灭，不可将电弧熄灭在坡口的中心，这样能防止试板背面焊道产生缩孔和气孔。

b. 接头时，换焊条动作要快，将焊条角度调至 $75°\sim80°$，在弧坑后 15mm 处引弧，小锯齿形摆动至熔池，将焊条往下压，听到"噗噗"的击穿坡口钝边声后，形成新的熔孔，焊条停留 $1\sim2s$（时间不可太长，否则易产生烧穿而形成焊瘤），以利于将熔滴送到坡口背面，接头熔合好后，再把焊条角度恢复到原来打底焊的施焊角度，这样能使背面焊道成形圆滑，无凹陷、夹渣、未焊透、焊道接头脱节等缺陷。

② 填充层的焊接。打底焊完成后，要彻底清渣。第 2、3 层为填充层，为防止因熔渣超前（超过焊条电弧）而产生夹渣，应压住电弧，采用锯齿形运条法。电弧要在坡口两侧多停留一会儿，中间运条稍快，使焊缝金属圆滑过渡，坡口两侧无夹角，熔渣覆盖良好，每个接头的位置要错开，并保持每层焊层的高度一致。第 3 层填充层焊后，表面焊缝应低于试件表面 1.5mm 左右。

③ 盖面层的焊接。盖面焊时，焊接电流应略小于或等于填充层焊接电流，焊条锯齿形横摆应将每侧坡口边缘熔化 2mm 左右。电弧应尽量压低，焊接速度要均匀，电弧在坡口边缘要稍作停留，待铁水饱满后，再将电弧运至另一边缘。这样才能避免表面焊缝两侧产生咬边缺陷，使成形美观。

## 8. 低合金钢板状试件对接立焊单面焊双面成形连弧焊

低合金钢板对接立焊单面焊双面成形的特点如下。

① 立焊时熔化金属和熔渣受重力作用而向下坠落，故容易分离。

② 熔池温度过高时，铁水易下淌而形成焊瘤，故焊缝成形难以控制。

③ 操作不当，易产生夹渣、咬边等缺陷。

## （1）焊前准备

焊前准备与平焊相同。

## （2）试件组对

立焊试板钝边为 0.5～1.0mm，组对间隙始焊端为 3.2mm，终焊端为 4mm，反变形预留量与平焊基本相同。

## （3）工艺参数

立焊工艺参数见表 1-10。

表 1-10　立焊工艺参数

| 焊缝层次 | 名称 | 电源极性 | 焊接方法 | 焊条直径/mm | 焊接电流/A | 焊条角度/(°) | 运条方式 |
|---|---|---|---|---|---|---|---|
| 1 | 打底层 | 直流反接 | 连弧焊 | 3.2 | 100～115 | 65～75 | 小锯齿形运条 |
| 2 | 填充层 | 直流反接 | 连弧焊 | 3.2 | 110～115 | 75～85 | "8"字形运条 |
| 3 | 填充层 | 直流反接 | 连弧焊 | 4 | 145～160 | 75～85 | "8"字形运条 |
| 4 | 盖面层 | 直流反接 | 连弧焊 | 4 | 145～160 | 75～85 | "8"字形运条 |

## （4）焊接操作

① 打底层的焊接。立焊的操作较平焊容易掌握。打底焊时，在始焊端定位焊处引燃电弧，焊条以小锯齿形向上作横向摆动。当电弧运动至定位焊边缘时，压低电弧，将电弧长度的 2/3 往焊缝背面送，待电弧击穿坡口两侧边缘并将其熔化 2mm 左右时，焊条作坡口两侧稍慢、中间稍快的小锯齿形横向摆动连弧向上焊接，在焊

接中应能始终听到电弧击穿坡口根部的"噗噗"声，看到铁水和熔渣均匀地流向坡口间隙的后方，这证明已焊透，背面成形良好。

施焊中，熔孔的形状应比平焊稍大些，以焊条直径的 1.5 倍为宜。正常焊接时，应保持熔孔的大小一致，过大易烧穿，背面形成焊瘤，而过小又易造成未焊透。同时还要注意，在保证背面成形良好的前提下，焊接速度应稍快些，形成的焊道薄一些为好。

更换焊条时要注意两个环节。第一，收弧前，应使电弧向左或向右下方收弧，并间断地再向熔池补充 2～3 滴铁水，防止因弧坑处的铁水不足而产生缩孔。第二，接头时，应在弧坑的下方 15mm 处引弧，以正常的小锯齿形运条法摆动焊至弧坑（熄弧处）的边缘，一定要将焊条的倾角变为 90°，压低电弧，将铁水送入坡口根部的背面，并停留大约 2s，听到"噗噗"声后，再恢复正常焊接。这样做的好处是，能避免接头出现脱节、凹坑、熔合不良等缺陷，但如果电弧停留的时间过长，焊条横向摆动向上的速度过慢，也会形成烧穿和焊瘤缺陷。

② 填充层的焊接。第 2、3 层为填充层，运条方式以"8"字形运条法为好。这种运条法容易掌握，电弧在坡口两侧停留的机会多，能给坡口两侧补足铁水，使坡口两侧熔合良好，可防止焊肉坡口中间高、两侧夹角过深而产生夹渣、气孔等缺陷，并能使填充层表面平滑。

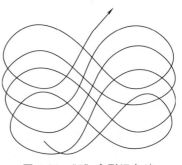

图 1-31　"8"字形运条法

施焊时应压低电弧，以均匀的速度向上运条，第 3 层填充层应低于试件 1.5mm 左右，并保持坡口两侧边沿不得被烧坏，给盖面焊打下良好的基础。"8"字形运条法如图 1-31 所示，各焊层要认真清理焊渣、飞溅。

③ 盖面层的焊接。认真清理焊渣、飞溅后，仍采用"8"字形

运条法连续焊接，当运条至坡口两侧时，电弧要有停留时间，以能熔化坡口边缘 2mm 左右为准，同时还要做好稳弧挤压动作，使坡口两侧的杂质浮出焊缝表面，防止出现咬边，使焊缝金属与母材圆滑过渡，焊缝边缘整齐。更换焊条时，应做到在什么位置熄弧就在什么位置接头。终焊收尾时要填满弧坑。

# 》 9. 低合金钢板状试件对接横焊单面焊双面成形连弧焊

低合金钢板对接横焊单面焊双面成形的特点如下。

① 横焊时，金属由于重力作用而容易向下坠落，操作不当，容易出现焊肉下偏，而焊缝上边缘出现咬肉、未熔合和层间夹渣等缺陷。

② 为防止熔化金属下坠，填充层与盖面层的焊接一般采用多层多道堆焊方法，但稍不注意，就会造成焊缝外观不整齐、沟棱明显，影响焊缝的成形。

## （1）焊前准备

焊前准备与平焊、立焊相同。

## （2）试件组对

横焊试板钝边为 $0.5\sim1.0$mm，组对间隙始焊端为 3mm，终焊端为 3.5mm，反变形预留量为 5mm（图 1-32）。

## （3）工艺参数

焊缝共由 4 层 11 道焊道组成。第 1 层为打底焊（1 道焊道），第 2、3 层为填充层，共 5 道焊缝（第 2 层为 2 道焊缝，第 3 层为 3 道焊缝），盖面层为 5 道焊缝。反焊层堆焊排列如图 1-33 所示。横焊工艺参数见表 1-11。

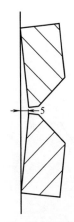

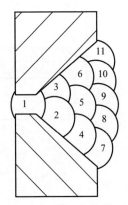

图 1-32　横焊反变形量　　　图 1-33　焊层堆焊排列

**表 1-11　横焊工艺参数**

| 焊缝层次 | 名称 | 电源极性 | 焊接方法 | 焊条直径/mm | 焊接电流/A | 焊条角度/(°) | 运条方式 |
|---|---|---|---|---|---|---|---|
| 1 | 打底层 | 直流反接 | 连弧焊 | 3.2 | 110～115 | 75～80 | 小椭圆形运条 |
| 2 | 填充层 | 直流反接 | 连弧焊 | 3.2 | 110～120 | 80～85 | 直线形运条 |
| 3 | 填充层 | 直流反接 | 连弧焊 | 4 | 150～160 | 80～85 | 直线形运条 |
| 4 | 盖面层 | 直流反接 | 连弧焊 | 4 | 150～160 | 80～85 | 椭圆形运条 |

## （4）焊接操作

① 打底层的焊接。第 1 层打底焊时，用划擦法将电弧在起焊端焊缝上引燃，电弧稳定燃烧后，将焊条对准坡口根部加热，压低电弧，将熔敷金属送至坡口根部，将坡口钝边击穿，使定位焊端部与母材熔合，形成第一个熔池和熔孔。焊条角度如图 1-34 所示，焊条摆动方式如图 1-35 所示。

运条时，从上坡口斜拉至下坡口的边缘，熔池为椭圆形，即形

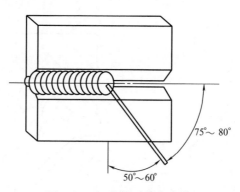

图 1-34 打底焊时焊条角度

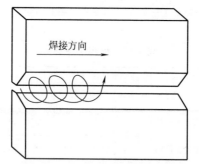

图 1-35 打底焊时焊条的小椭圆形运条方式

成的熔孔形状是坡口下缘比坡口上缘稍前些，同时，电弧在上坡口停留时间应比下坡口停留时间稍长些，也是椭圆形。这样运条的好处是能保证坡口上下两侧与填充金属熔合良好，有效防止铁水下坠和冷接。施焊时，压低电弧，不做挑弧动作，透过护目镜只要清楚看见电弧吹力将铁水和熔渣透过熔孔，流向试板的背面，并始终控制熔孔形状大小一致，听到电弧击穿根部的"噗噗"声，就稳弧连续焊接，直至打底焊结束。

每次换焊条时，应提前做好准备，熄弧收尾前，必须向熔池的背面补送 2～3 滴铁水，然后再把电弧向后方斜拉，收弧点应在坡口的下侧，以防产生缩孔。更换焊条动作要快，应熟练地用电弧将焊接处切割成缓坡状，立即接头焊接，保证根部焊透，避免气孔、凹坑、接头脱节等缺陷。

　　② 填充层的焊接。第 2 层的第 2、3 道焊道与第 3 层的第 4、5、6 道焊道为填充层焊接，均为一层层叠加堆焊而成。第 2 层与第 3 层各道焊道焊条角度如图 1-36 和图 1-37 所示。

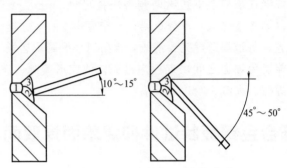

图 1-36　第 2 层各道焊道焊条角度

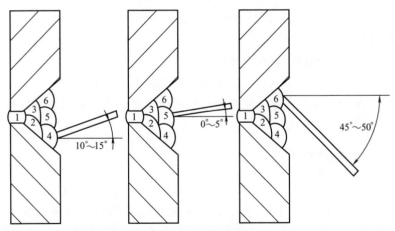

图 1-37　第 3 层各道焊道焊条角度

　　填充层各焊道均采用横拉直线形运条法，由下往上排列，每条焊道应压住前一条焊道的 1/3。按此排列往上叠加堆焊。施焊中，应将每条焊道焊直，避免出现相互叠加堆焊不当所形成的焊道间的棱沟过深，各层之间接头要相互错开，并认真清渣。第 3 层填充层焊完后，焊缝金属应低于母材 1～1.5mm，并保证尽量不破坏坡口两侧的基准面。

③ 盖面层的焊接。盖面焊时，要确保坡口两侧熔合良好，圆滑过渡，焊缝在坡口上下边缘两侧各压住母材 2mm。盖面焊的第一道焊道（第 7 道焊道）十分重要，一定要焊平直，才能一层层叠加堆焊整齐，每道焊道焊完要清渣，焊条以小椭圆形运条为宜，这种运条法能避免焊道之间出现棱沟过深，使成形美观、波纹清晰，防止产生焊瘤、夹渣、咬边等缺陷。

## >> 10. 低合金钢板状试件仰焊单面焊双面成形

低合金钢板对接仰焊单面焊双面成形的特点如下。

① 仰焊时，熔池在高温作用下，表面张力减小，而铁水在自重条件下产生下坠，容易引起正面焊缝下垂，背面产生未焊透、凹陷等缺陷。

② 清渣困难，容易产生层间夹渣。

③ 操作、运条困难，焊缝成形不易控制。

④ 宜采用较小的电流和直径较小的焊条及适当的运条方法进行施焊。

### （1）焊前准备

① 焊机。选用直流弧焊机、硅整流弧焊机、逆变电焊机均可。

② 焊条。选用 E5015、E5016 碱性焊条均可，焊条直径为 $\phi3.2mm$、$\phi4.0mm$，焊前经 300～350℃ 烘干，保温 2h，随用随取。

③ 焊件（试板）。采用 Q345A（B、C）低合金钢板，厚度为 12mm，长为 300mm，宽为 125mm，用剪板机或气割下料，然后

再用刨床加工成 V 形坡口。气割下料的焊件，其坡口边缘的热影响区用刨床刨去，试板如图 1-38 所示。

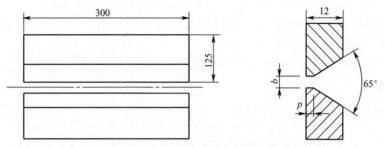

图 1-38 低合金钢板对接仰焊单面焊双面成形试板

④ 辅助工具和量具。包括焊条保温筒、角向打磨机、钢丝刷、钢直尺（300mm）、打渣锤、焊缝万能量规等。

## （2）试件组对

装配定位的目的是把两块试板装配成符合焊接技术要求的 V 形坡口的试板。对接仰焊 V 形坡口试板的装配如图 1-39 所示。

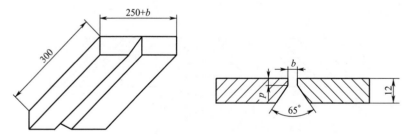

图 1-39 对接仰焊 V 形坡口试板的装配

用角向打磨机将试板两侧坡口及坡口边缘 20～30mm 范围内的油污、锈垢清除干净，使之呈现金属光泽。然后，在台虎钳上修磨坡口钝边，使钝边尺寸保持在 0.5～1mm。

将打磨好的试板装配成 V 形 65°坡口的对接接头，装配间隙始焊端为 3.2mm，终焊端为 4mm（可以用 $\phi$3.2mm 和 $\phi$4.0mm 焊条头夹在试板坡口的钝边处，定位焊牢两试板，然后用打渣锤打掉定位用的 $\phi$3.2mm 和 $\phi$4.0mm 焊条头即可）。定位焊缝长为 10～15mm（定位焊缝在正面焊缝处），对定位焊缝焊接质量要求与正式焊缝一样。错边量≤1mm。

仰焊反变形量如图 1-40 所示，反变形量可用 $\phi$4.0mm 焊条头测量。

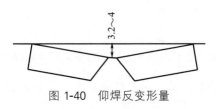

图 1-40 仰焊反变形量

### （3）工艺参数

板厚为 12mm 的试板，对接仰焊，焊缝共有 4 层，第 1 层为打底层，第 2、3 层为填充层，第 4 层为盖面层，焊接层次如图 1-41 所示。

图 1-41 焊缝层次

仰焊工艺参数见表 1-12。

### （4）焊接操作

① 打底层的焊接。打底层是保证单面焊双面成形的关键。始焊前，首先要在准备好的试弧板上引弧，试验焊接电流大小是否合适，电焊条是否有偏心现象，一切正常后准备施焊。打底焊采用断

表 1-12 仰焊工艺参数

| 焊缝层次 | 名称 | 电源极性 | 焊接方法 | 焊条直径/mm | 焊接电流/A | 焊条角度/(°) | 运条方式 |
|---|---|---|---|---|---|---|---|
| 1 | 打底层 | 直流正接 | 断弧焊 | 3.2 | 120~130 | 75~85 | 小月牙形或小锯齿形摆动 |
| 2 | 填充层 | 直流反接 | 连弧焊 | 3.2 | 115~120 | 80~85 | 锯齿形或"8"字形运条 |
| 3 | 填充层 | 直流反接 | 连弧焊 | 3.2 | 115~120 | 80~85 | 锯齿形或"8"字形运条 |
| 4 | 盖面层 | 直流反接 | 连弧焊 | 3.2 | 115~120 | 80~85 | 锯齿形或"8"字形运条 |

弧焊方法完成，操作要点是"看""听""准""稳"，这四点要领运用自如，恰到好处地相互配合，才能焊出质量好的打底层焊缝。断弧焊操作时，在焊件左端或右端（以焊工各自习惯为准）定位焊缝起始端引弧，并让电弧稍作停顿，电弧稳定燃烧后，迅速压低电弧，然后以小锯齿形或小月牙形摆动运条方式移动电弧。当焊接电弧达到定位焊终焊端时，将电弧运到坡口间隙中心处，电弧往上顶，同时手腕也有意识地稍微扭动一下，并稍作停顿（这样做能充分发挥电弧的吹力，使电弧喷射正常，并能避免焊条微小偏心现象，使坡口两侧钝边击穿熔透状况基本一样，但要注意的是，电弧往上顶与扭动手腕，使电弧有一个小旋转应同时进行，否则效果不佳）。

当看到一个比焊条直径稍大（每侧坡口钝边击穿熔透1~1.5mm）的熔孔，同时也能听到电弧击穿坡口根部发出的"噗噗"声，表示第一个熔池已建立，此时应立即断弧，断弧的方法是迅速把电弧拉向坡口侧前方，不得往后或把电弧灭到已形成的熔孔处。断弧动作要果断。

当透过护目镜看到熔池的颜色逐渐变暗，等熔池中心只剩一小亮点时，立即在熔池中心的 a 点重新引弧，稍作停留，迅速将电弧运动到坡口中心时，电弧往上顶，看到新熔孔，并听到"噗噗"声，再将电弧拉至坡口一侧，稍作停顿后，果断向后断弧，每个断弧、引弧所形成的熔池应相互搭接2/3。焊缝要薄，依此类推，完成打底层的焊接。引弧、断弧运条过程如图 1-42 所示。

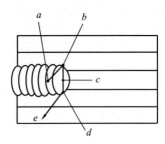

图 1-42　打底焊引弧、断弧运条过程示意图

$a$—引弧点；$b,d$—电弧停顿点；$c$—电弧往上顶点；$e$—断弧点

换焊条接头时，要做好两个动作。第一是要做好熄弧动作，在焊条将要熔化完，还剩 $50 \sim 60$mm 时就要有换焊条的心理准备，将要熄弧时必须给熔池再补 $2 \sim 3$ 滴铁水，确保弧坑处铁水充足，这样不但能使熔池缓冷，避免缩孔，同时也为接头创造了有利条件，熄弧前应将焊条自然地向后，在试件的坡口侧果断熄弧。第二是接头的方法要得当，接头时应在坡口一侧引弧，然后将电弧运动到熔池后（熄弧处）$10 \sim 15$mm 处，电弧稳定燃烧后作小幅横向摆动，运动到熄弧边缘处时，电弧稍作停顿，再运至坡口间隙处电弧往上顶，看到新熔孔产生，并听到"噗噗"声后证明接头已接好，然后恢复正常断弧焊接过程。

总之，打底焊时，"看"就是要看熔孔的大小必须保持一致；"听"就是要听电弧击穿坡口边的"噗噗"声；"准"就是把电焊条的给送、引弧、熄弧把握得准确无误；"稳"就是在打底焊的全过程中，操作者的手要把稳，运条要匀。操作者只有把这四点把握得当，配合恰当，才能焊出焊缝背面无凹陷、未焊透，正面无焊瘤、夹渣等缺陷，质量优良的打底层焊缝。

② 填充层的焊接。第 2、3 层为填充层。施焊过程中，要注意分清铁水和熔渣，严禁出现坡口内中间鼓、两侧有夹角的焊道，这样的焊道极易产生夹渣等缺陷。避免这种缺陷的方法是，运条方式

采用锯齿形或"8"字形进行摆动焊接，并做到中间快、两侧慢，即焊条在坡口两侧稍作停顿，给足坡口两侧铁水，焊条摆动要稳，运条要匀，始终保持熔池为椭圆形，避免产生铁水下坠。最后一层填充层（第3层焊缝）应低于母材平面1～1.5mm，并保持坡口轮廓线，以利于盖面层的焊接。

③ 盖面层的焊接。盖面层焊接时易产生咬边、焊肉下垂、夹渣等缺陷，防止方法是保持短弧焊，采用锯齿形或"8"字形运条方式，手要把稳，焊条摆动要均匀，焊条摆到坡口边缘要有意识地多停留一会儿，给坡口边缘补足铁水，使其熔合良好，焊条保持一定的角度，使焊接电弧总是顶着熔池，铁水与熔渣分离清楚，防止熔渣超越电弧而产生夹渣。这样才能使焊缝表面圆滑过渡，成形良好。

试件完成后，用打渣锤、钢丝刷将焊渣、焊接飞溅物等清理干净，严禁使用机械工具进行清理，使焊缝处于原始状态，交付专职检验前不得对各种焊接缺陷进行修补。

## 11. 水平固定管单面焊双面成形连弧焊

被焊管件放在水平位置或接近水平位置进行焊接，施焊过程中包括仰、立、平三种空间位置，也称全位置焊接，是难度最大的焊接操作之一，有以下工艺特点。

① 管件的焊接，不管是内在和外观，对焊接质量都有较高的技术要求，对施焊人员要求也高。

② 由于管接头曲率的存在，焊接位置也不断变化，焊工的站立位置与焊条的运条角度必须适应变化的要求。

③ 在焊接较小管径的情况下，焊接所产生的热量上升快，焊接熔池温度不易控制，在焊接电流不能随时调整的情况下，主要靠焊工摆动焊条来控制热量，因此要求焊工应具有较高的技术水平。

## （1）焊前准备

① 焊机、焊接材料、辅助工具及量具的选用与低合金钢板焊接相同。

② 管件材质为 20 钢、20g、16Mn，规格为 $\phi 133mm \times 10mm$ 或 $\phi 159mm \times 10mm$。

## （2）试件组对

管件组对后的坡口形式为 V 形坡口 65°，钝边为 0.5～1mm，仰焊部位与平焊部位的组对间隙分别为 2.5mm 与 3.2mm，详见图 1-43，管件定位焊为 2 点，均选在对称的爬坡位置（严禁选在 12 点位置与 6 点位置处）。

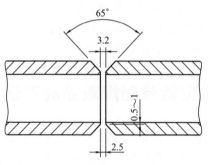

图 1-43 试件的组对尺寸

## （3）工艺参数

选用 E5015（E5016）焊条、直流反接进行三层单道连弧焊接，各层焊道与焊接工艺参数见图 1-44 及表 1-13。

## （4）焊接操作

① 打底层的焊接。水平固定管的打底焊、填充焊、盖面焊均分两半圈进行，焊接顺序详见图 1-45。

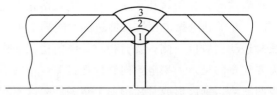

图 1-44 水平固定管焊接焊缝层次

**表 1-13 水平固定管焊接工艺参数**

| 焊缝层次 | 名称 | 电源极性 | 焊接方法 | 焊条直径/mm | 焊接电流/A | 运条方式 |
|---|---|---|---|---|---|---|
| 1 | 打底层 | 直流反接 | 连弧焊 | 2.5 | 65～75 | 锯齿形或月牙形运条 |
| 2 | 填充层 | 直流反接 | 连弧焊 | 2.5 | 70～75 | "8"字形运条 |
| 3 | 盖面层 | 直流反接 | 连弧焊 | 3.2 | 115～120 | "8"字形运条 |

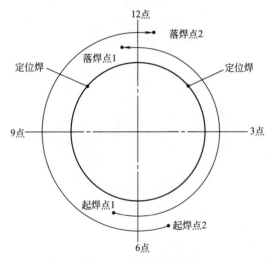

图 1-45 焊接顺序

打底焊时，从超过管的"6点"10～15mm处起弧，电弧稳定燃烧后，待熔化的铁水将坡口根部两侧连接上以后，应立即压低电弧，使电弧2/3以上作用于管口内，同时沿两侧坡口钝边处作锯齿

形或月牙形小幅摆动，控制熔孔大小一致（电弧熔化每侧坡口钝边
1.5mm 左右），并听到电弧击穿坡口钝边的"噗噗"声，连弧向上
焊接，电弧每运动到坡口一侧，要有稍作停顿的稳弧动作。焊第一
根焊条时需要注意的是，如果电弧向管内送进深度不够，将产生焊
缝背面的内凹缺陷，锯齿形或月牙形向上运条的幅度不宜过大，否
则将会产生焊缝背面未熔合及咬边等缺陷。当打底焊施焊超过 9 点
（3 点）到 10 点半（1 点半）位置时，电弧的深度（穿过坡口间隙）
应以 1/2 为宜，而 10 点半（1 点半）到 12 点位置时，电弧的穿透
深度（穿过坡口间隙）以 1/3 为宜，同时要加大焊接速度，否则易
产生烧穿和背面焊瘤。施焊时，焊条角度应随管子的曲率而变化，
焊条角度的变化如图 1-46 所示。另一半圈的焊接方式与上半圈的
焊接相同。

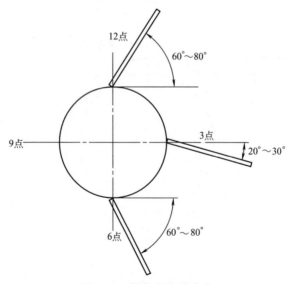

图 1-46  焊条角度的变化

施焊中过程的平、立焊位置运条方法与前述相同。

② 填充层的焊接。管件的焊接特点是升温快、散热慢，要保

持熔池温度均衡，主要是调整运条方法和焊接速度。

采用"8"字形向上摆动运条，焊条角度变化与打底焊相同。严格遵守焊条运动到坡口两侧时要有稳弧动作，并有往下挤压的动作，以将坡口两侧夹角中的杂质熔化，随熔渣一起浮起，避免夹渣缺陷。为给盖面层焊接打下良好的基础，填充层应平整，高低一致，比管平面要低 1.5mm 左右，并保持两侧坡口边缘完好无损。

③ 盖面层的焊接。盖面焊时，运条方式仍采用"8"字形运条法，电弧尽量压低，摆动动作要适中。焊条角度与打底焊、填充焊时相同，"8"字形往上运条的幅度不宜太大，电弧在坡口两侧各 2mm 处稍作停留，避免产生咬边及焊肉下垂等缺陷。

## 12. 垂直固定管单面焊双面成形连弧焊

垂直固定管的焊接即管子横焊。管件处于垂直或接近垂直的位置，而焊缝则处于水平位置，其焊接特点如下。

① 焊缝处于水平位置，下坡口能托住熔化后的铁水，填充焊与盖面焊时均为叠加堆焊，熔池温度比水平管焊接易控制。

② 铁水因自重而下淌，打底焊比立焊时困难。

③ 填充层、盖面层的堆焊焊接，易产生层间夹渣与未熔合等缺陷。

④ 由于管子曲率的变化，盖面焊时如操作不当，易造成表面焊缝排列不整齐，影响焊缝外表美观。

### (1) 焊前准备

① 焊机、焊接材料、辅助工具及量具的选用与低合金钢板焊接相同。

② 管件的材质、规格及坡口形式与水平固定管焊接相同。

### (2) 试件组对

管件组对后，钝边≤0.5mm，根部间隙为 3mm。按管外圆周

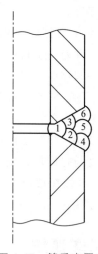

图 1-47 管垂直固定
焊焊道排列顺序

长约 1/3 长度点固两处（另一处为起焊点，参见图 1-73），定位焊长≤10mm，高≤3mm，定位焊两端加工成陡坡状。

### （3）工艺参数

垂直固定管单面焊双面成形的焊接分三层六道，焊缝连弧焊接完成（即打底焊一层一道，填充焊一层两道，盖面焊一层三道），各层焊道的排列顺序与焊接工艺参数见图 1-47、表 1-14。

### （4）焊接操作

垂直固定管的焊接基本与试板横焊相似。不同的是，管子的横焊是弧线形，而不是直线形。焊接过程中，如焊条倾角不随管子的曲率而变化，就容易出现焊肉下垂，焊缝成形不好，影响美观，或出现局部冷接、未熔合、夹渣等焊接缺陷，影响焊接质量。

表 1-14 垂直固定管焊接工艺参数

| 焊缝层次 | 名称 | 电源极性 | 焊接方法 | 焊条直径/mm | 焊接电流/A | 运条方式 |
|---|---|---|---|---|---|---|
| 1 | 打底层 | 直流反接 | 连弧焊 | 2.5 | 75～80 | 小椭圆形运条 |
| 2 | 填充层 | 直流反接 | 连弧焊 | 3.2 | 115～125 | 直线形运条 |
| 3 | 盖面层 | 直流反接 | 连弧焊 | 3.2 | 115～125 | 小椭圆形运条 |

① 打底层的焊接。打底焊焊条右倾角（焊接方向）为 $70°\sim75°$，下倾角为 $50°\sim60°$。电弧引燃后，焊条首先要对准坡口上方根部，压低电弧，做 $1\sim2s$ 的稳弧动作，并击穿坡口根部，形成一个熔池，然后椭圆形运条，上下小幅摆动，焊条送进深度的 1/2 电弧在管内燃烧，以形成上小下大的椭圆形熔孔为宜。施焊过程中，

电弧击穿管坡口根部钝边的顺序先是坡口上缘，然后是坡口下缘，在上缘的停顿时间应比在下缘时稍长些，焊接速度要均匀，尽量不要挑弧焊接，运条方式如图 1-48 所示。这样的运条方式可避免管件背面焊缝产生焊瘤和坡口上侧产生咬边等缺陷。

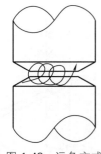

图 1-48 运条方式

换焊条收弧前，应在熔池后再补加 2～3 滴铁水，将电弧带到坡口上侧，向后方提起收弧。这种收弧方式有利于接头，并不易使背面焊缝产生缩孔、凹坑、接头脱节等缺陷。接头时，在弧坑后 15mm 处引弧，椭圆形运条，当运至熔池的 1/2 处时，将电弧向管内压，听到"噗噗"声，透过护目镜清楚地看到铁水与熔渣流向坡口间隙的背后，再恢复正常焊接。

施焊中，特别要强调两个问题：一是焊条的倾角应随管子的曲率而变化；二是打底焊时一定要控制熔池温度，并始终保持熔孔的形状大小一致。只有这样才能焊出理想的打底焊缝。

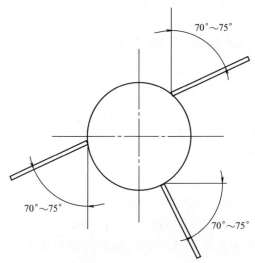

图 1-49 填充层焊条右倾角度

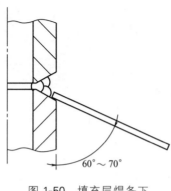

图 1-50　填充层焊条下
倾角度

② 填充层的焊接。填充焊采用 2 道焊道叠加堆焊而成。由下至上排列焊道，后一焊道压前一焊道的 1/2。直线形运条，焊接速度要适中，电弧要低，焊道要窄，施焊过程中要随管子的曲率改变焊条角度，防止混渣及熔渣越过焊条，合适的焊条角度如图 1-49、图 1-50 所示。

填充层的高度应比管平面低 1.5～2mm，并注意上、下坡口边缘保持完好。

③ 盖面层的焊接。焊接方法与填充焊基本相同，只是运条方式有所不同，运条时应压低电弧，焊条作椭圆形摆动，焊道与焊道之间相互搭接 1/2，每道焊缝焊完要清渣，这样焊出的表面焊缝成形美观，圆滑过渡，无咬边缺陷。

## 13.　插入式管板水平固定单面焊双面成形

插入式管板水平固定单面焊双面成形的焊接是新规定的考试项目（以前为骑坐式）。由于管壁的厚度与钢板的厚度差别很大，在盖面焊时，如焊条角度与运条方法不当，很容易产生咬边、焊瘤等缺陷，而打底层焊接时，由于钢板一圈有坡口，而钢管又是直接插入钢板，坡口钝边较薄，如焊接温度分配不当，施焊时极易造成烧穿与未焊透等缺陷，同时试件又处于水平固定位置，这些均给焊接工作者带来了不便，为此该接头形式的焊接是焊工考试较难操作的项目之一。插入式管板水平固定单面焊双面成形试件如图 1-51 所示。

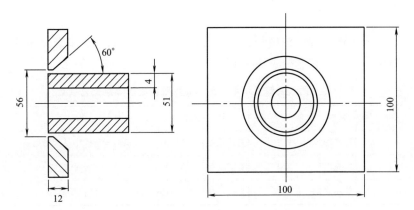

图 1-51　插入式管板水平固定单面焊双面成形试件

## （1）焊前准备

焊机、焊条的选用与前述各例中相同，辅助工具和量具除前述提及的品种外，还有半圆钢锉（加工钢板内圆坡口钝边用）。

## （2）试件组对

① 准备试件（钢板和管）。采用 20g 钢管，尺寸为 $\phi 51mm \times 4mm$，钢板采用 Q345，厚度为 12mm，其规格（长×宽）为 $100mm \times 100mm$，钢板中心孔加工成 $\phi 56mm$ 并开 60°坡口，坡口钝边为刀刃状。

② 定位焊。将加工好的钢板内圆孔的坡口刀刃状钝边用半圆锉锉成 1~1.5mm 的钝边，然后将管子轴线与钢板孔的圆心对准，沿钢管外圆周长约 1/3 长度定位焊两点（另一点为起焊点，参见图 1-73），根部间隙应 ≥3mm，定位焊缝长度 ≤10mm，焊高 ≤2mm，定位焊缝必须单面焊双面成形，定位焊缝的两端加工成缓坡形，为打底层焊接接头做好准备。

## （3）工艺参数

采用连弧焊方法施焊。焊缝分为 3 层，即打底层、填充层和盖面层，焊接工艺参数见表 1-15。

表 1-15　插入式管板水平固定单面焊双面成形焊接工艺参数

| 焊缝层次 | 名称 | 焊条直径/mm | 电源极性 | 焊接电流/A | 运条方法 |
|---|---|---|---|---|---|
| 1 | 打底层 | 2.5 | 直流反接 | 70～80 | 小锯齿形或小月牙形运条 |
| 2 | 填充层 | 3.2 | 直流反接 | 90～105 | "8"字形运条 |
| 3 | 盖面层 | 3.2 | 直流反接 | 90～105 | "8"字形运条 |

## （4）焊接操作

① 打底层的焊接。施焊时，将管板焊缝分为左右两个半圈，即 6 点半位置→3 点位置→11 点半位置和 5 点半位置→9 点位置→12 点半位置。调整好焊接参数，在管板接口 6 点半位置引弧，焊条与钢板的夹角为 $60°～70°$，与焊接方向的倾角为 $70°～80°$，采用这种焊条角度能把电弧热量集中在钢板坡口根部间隙上，电弧燃烧稳定后，迅速压低电弧，并作小幅度锯齿形或月牙形横向摆动向上焊接，施焊过程中要始终保持电弧将钢板坡口处的钝边间隙击穿，并形成 4～4.5mm 大小的熔孔，透过护目镜能清楚地看到铁水和熔渣通过熔孔顺利流向接口的背面，焊接速度稍快些，打底层焊肉薄些。焊条摆动到管壁一侧应多停留一会儿，其目的是使管壁熔化良好，并给足铁水，防止管壁侧出现咬边夹角，避免夹渣等缺陷的产生。应巧妙利用电弧击穿管板接口的长度来控制管板内焊缝成形的焊接质量，即 6 点半→3 点处（仰焊及斜仰焊位置）电弧的 2/3 长度应作用到管壁中去，能防止或减少内凹现象，3 点→11 点（立焊及平焊位）电弧在接口内的长度应逐渐变成 1/2，这样做可防止管板内焊缝过高或出现焊瘤。还应注意，焊条的摆动应随管板接口

的曲率变化而进行水平运动，控制熔池形状，防止熔渣超前流动，造成夹渣、未熔合及未焊透等缺陷。半圆焊完，再进行另半圆的焊接，方法同上。

接头时，更换焊条的速度要快，在熔池尚处在红热状态时，立即在坡口前方 10mm 处引弧，当电弧稳定燃烧后，压低电弧，焊条在向坡口根部送进的同时，作小锯齿形摆动，当听到电弧击穿坡口根部的"噗噗"声后，电弧稍作停顿，再恢复正常焊接。

② 填充层的焊接。焊条角度与打底焊相同，焊条"8"字形向上摆动。焊条摆动到管壁一侧稍停，给管侧填送的铁水多些，焊缝才能不出现死角。合适的填充层焊缝形状为钢板一侧坡口要填满（但要保留一圈坡口的棱角），与管壁侧形成管壁一侧稍高、板坡口一侧稍低的一圈自然斜面，为盖面层的焊接打下良好的基础。

③ 盖面层的焊接。焊条与管外壁角度同打底焊、填充焊。施焊时，焊条仍采取"8"字形运条方式，随管板接口的曲率变化向上摆动，焊速要匀，手要把稳，当焊条摆动到钢板坡口边缘 1.5mm 处，到管侧时要稍作停留，防止咬边缺陷的产生。

# 14. 插入式管板 45°固定单面焊双面成形

插入式管板 45°固定单面焊双面成形的焊接也是新规定的考试项目（以前对接形式为骑坐式）。由于施焊位置为 45°固定，熔化金属不好控制，况且管板插入对接，板厚相差悬殊，焊缝的几何尺寸也不易控制，如操作不当，极易产生夹渣、咬边、未焊透、焊瘤等缺陷，这也是焊工比较难焊的项目之一，试件如图 1-52 所示。

## （1）焊前准备

焊机、焊条、辅助工具和量具准备与插入式管板水平固定焊接相同。

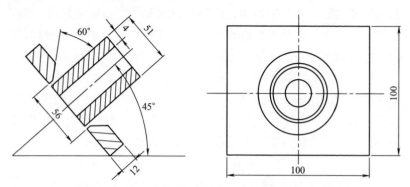

图 1-52  插入式管板 45°固定单面焊双面成形试件

## （2）试件组对

试件的组对定位方法也与插入式管板水平固定焊接相同。

## （3）工艺参数

采用连弧焊方法施焊，焊缝分 3 层，即打底层、填充层和盖面层，焊接工艺参数见表 1-16。

表 1-16  插入式管板 45°固定单面焊双面成形焊接工艺参数

| 焊缝层次 | 名称 | 焊条直径/mm | 电源极性 | 焊接电流/A | 运条方法 |
|---|---|---|---|---|---|
| 1 | 打底层 | 2.5 | 直流反接 | 70～80 | 斜锯齿形运条 |
| 2 | 填充层 | 3.2 | 直流反接 | 90～105 | "8"字形运条 |
| 3 | 盖面层 | 3.2 | 直流反接 | 90～105 | "8"字形运条 |

## （4）焊接操作

① 打底层的焊接。施焊时，将管板焊缝分为左右两个半圈，即 6 点半位置→3 点位置→11 点半位置和 5 点半位置→9 点位置→12 点半位置。打底层的焊接，平衡钢板坡口侧与钢管壁的受热温度是关键，应通过合适的焊条角度，使焊条左右平行运动，并通过

调整焊条摆动到管壁侧或钢板坡口侧的电弧停顿时间来解决这一问题。施焊的起点在管板焊缝的 6 点半（或 5 点半）处，电弧引燃后，稍拉长电弧在坡口钝边间隙处，但电弧应主要预热管壁侧根部。2～3s 后，要立即压低电弧，将坡口根部击穿，并形成第一个熔池和熔孔，在保证坡口根部熔合良好的情况下，焊接速度尽量快些，以防烧穿，操作时焊条采用斜拉的锯齿形运条法，沿管板坡口的曲率平行向上运动。应注意的是，电弧在管壁侧的停留时间要比在钢板坡口内的停留时间稍长些，采用这种方法的目的，就是要平衡钢管与钢板接口的焊

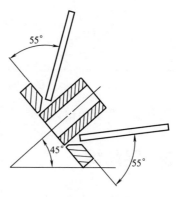

图 1-53　焊条与钢板的夹角

接温度，保持良好的椭圆形熔池形状和大小基本一致的熔孔，以免造成未焊透、烧穿、焊瘤、未熔合、夹渣等缺陷。焊条与钢板的夹角为 55°左右（图 1-53），接头方法与插入式管板水平固定焊接基本相同。

　　② 填充层的焊接。焊条角度与打底焊时基本相同，采用“8”字形运条法向上摆动焊接，焊条摆动到管壁一侧的停留时间要比在钢板坡口侧的停留时间稍长些，这样做的好处是管壁侧填充铁水多，一是不出现焊缝的死角，防止夹渣和未熔合缺陷，二是能自然地与铁板侧形成一圈管壁侧稍高而钢板坡口侧稍低的自然坡形，有利于盖面层焊缝的成形，圆滑过渡（图 1-54）。

　　③ 盖面层的焊接。焊条角度、运条方法与填充焊时相同，也是采用“8”字形运条法，使焊接熔池保持平行，托住铁水，防止混渣现象，焊条摆动到管壁侧时停留的时间比板侧要稍长些，电弧要压过坡口边缘 1～1.5mm 处适当停留，填足铁水后，再摆到管壁侧，防止产生咬边，手要把稳，运条要匀，控制好熔池形状为椭

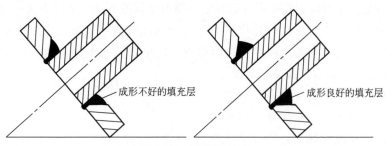

图 1-54　填充层形状

圆形是盖面焊的关键。

# 15. 平角焊

操作难点：由于两块钢板有一定的夹角，降低了熔敷金属和熔渣的流动性，易形成夹渣和咬边等缺陷。

## （1）焊前准备

母材规格：300mm×150mm×12mm 一块，300mm×75mm×12mm 一块。

母材材质：Q345。

接头形式：T 形，无坡口，如图 1-55 所示。

焊接材料：E5015，$\phi$4.0mm。

焊条烘干：350～380℃，恒温 1～2h，温度降至 120～150℃，放入保温筒待用，保温筒要接上电源，使焊条处于保温状态，防止焊条受潮，随用随取。

将水平板的正面中心向两侧及垂直板接口边缘 15～20mm 内的铁锈、油污清理干净，如图 1-56 所示。

## （2）点固

角焊缝点固焊时，应按照图 1-57（a）所示进行点固，点固焊缝

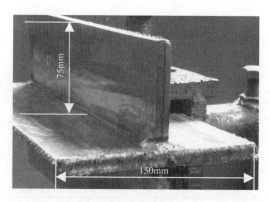

图 1-55 试件组对

图 1-56 试件清理范围

长度为 5~10mm，焊点位置见图 1-57(b)，焊接顺序为 1→2→3→4→…→12，见图 1-57(c)。

技术要求：选择合适的焊接参数、焊条角度，掌握层道排列方法。

## （3）工艺参数

平角焊工艺参数见表 1-17。

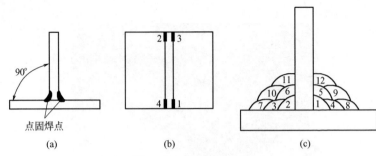

图 1-57　角焊缝点固焊

表 1-17　平角焊工艺参数

| 母材材质 | 焊材 | 焊缝层次 | | 焊接道数 | 焊条直径/mm | 焊接电流/A | 焊脚尺寸/mm |
|---|---|---|---|---|---|---|---|
| Q345 | E5015 | 第一层 | 连弧焊 | 1 | 4.0 | 120～130 | 5 |
| | | 第二层 | 连弧焊 | 2 | 4.0 | 140～160 | 6～8 |
| | | 第三层 | 连弧焊 | 3 | 4.0 | 140～160 | 10～12 |

**（4）焊接操作**

① 第一层焊接。第一层在距离点固焊缝前方 10～15mm 处引弧（图 1-58），然后回拉至试件端部，压低电弧，焊条对准垂直板和水平板的交界线，开始焊接。

第一层焊接时，焊条前倾角度为 80°～90°，如图 1-59（a）所示，焊条下倾角度为 40°～45°，如图 1-59（b）所示。

接头焊接时，从焊缝前方 10～15mm 处引弧，回拉至收弧弧坑处，电弧沿弧坑边缘划圆圈，进行接头，然后直线形运弧向前焊接，如图 1-60 所示（第二层、第三层焊缝接头工艺相同）。

焊缝最终收弧方法有两种，一种是回焊收弧法，另一种是反复断弧收弧法。图 1-61 所示为回焊收弧法，即在收弧时，将焊条前倾角度逐渐变大，由 1 位置逐渐变为 2 位置，以填满弧坑。

② 第二层焊接。第二层焊缝的第一道焊道、第二道焊道焊条下倾角度为 40°～45°，如图 1-62 所示，焊条前倾角度与第一层焊

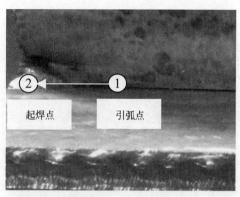

图 1-58 第一层引弧

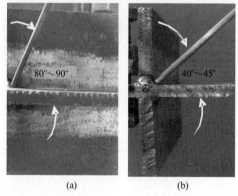

(a)                    (b)

图 1-59 第一层焊条角度

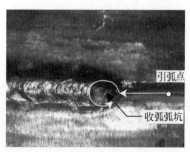

图 1-60 平角焊接头

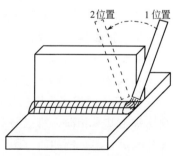

图 1-61 回焊收弧法

图 1-62　第二层第一道、第二道焊条角度

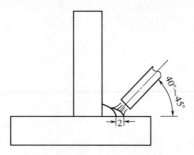

图 1-63　第二层第一道焊接

缝相同。

第二层共两道，第一道焊接时比第一层焊缝熔池下边缘宽 2～3mm 为宜，且以平行于第一层焊缝下边缘线为基准，如图 1-63 所示。

第二道焊接时，焊芯中心对准第一层焊道上边缘，焊接过程中注意观察焊道下边缘，焊缝成形以第二道压住第一道中线或距离 1mm 为最好，如图 1-64 所示。

③ 第三层焊接。第三层焊缝第一道焊道和第三道焊道与第二层两焊道基本相同，第三层第二道焊道焊条角度为 60°～70°。其他操作与第一层焊缝相同（图 1-65）。

焊缝外观如图 1-66 所示。

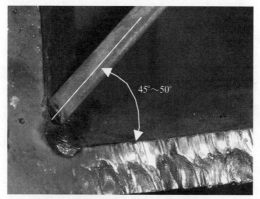

图 1-64　第二层第二道焊接

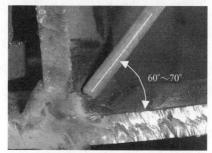

图 1-65　第三层第二道焊接

图 1-66　平角焊外观

# ▷ 16. 立角焊

操作难点：易产生咬边，焊缝宽窄不一致，高低不平。

## （1）焊前准备

母材规格：300mm×150mm×12mm 一块，300mm×75mm×12mm 一块。

母材材质：Q345。

接头形式：T 形，无坡口。

技术要求：掌握克服咬边的措施、运条方法，选择合适的焊条角度。

焊接材料：E5015，$\phi$3.2mm、$\phi$4.0mm。

焊条烘干：350～380℃，恒温 1～2h，温度降至 120～150℃，放入保温筒待用。

## （2）工艺参数

立角焊工艺参数见表 1-18。

表 1-18　立角焊工艺参数

| 母材 | 焊材 | 焊缝层次 | | 焊接道数 | 焊条直径/mm | 焊接电流/A | 焊脚尺寸/mm |
| --- | --- | --- | --- | --- | --- | --- | --- |
| Q345 | E5015 | 第一层 | 断弧焊 | 1 | 3.2 | 110～130 | 5 |
| | | 第二层 | 连弧焊 | 1 | 3.2 | 100～120 | 6～8 |
| | | 第三层 | 连弧焊 | 1 | 4.0 | 140～160 | 10～12 |

## （3）焊接操作

① 第一层焊接。立角焊焊接第一层时，在起焊点上方 10～15mm 处引弧，将电弧下拉至起焊点（图 1-67），作直线形或三角形运条，立角焊第一层焊接采用断弧焊。接头和引弧方法一样。可

图 1-67　立角焊引弧

以参照立焊操作。

　　立角焊第一、二、三层的焊条角度一样，如图 1-68 所示。焊条与焊缝方向的夹角为 50°～70°，焊条左右倾角均为 45°。

图 1-68　立角焊焊条角度

　　焊缝中间接头时，在距离收弧点上方 10～15mm 处引弧，如图 1-69 所示，将电弧拉至收弧弧坑处，焊条药皮边缘压住弧坑边缘，焊条作锯齿形或三角形摆动接头，然后开始焊接。

　　② 第二层、第三层焊接。采用连弧焊，焊条角度与焊接第一层时一样。运条方法包括锯齿形和月牙形，如图 1-70 所示。

　　第二层、第三层焊接时，为保证焊缝左右两边熔合良好，不产生咬边，运弧时两边稍作停顿，中间摆动较快。

　　焊接时，眼睛时刻观察熔池形状及大小，用余光观察焊缝两边

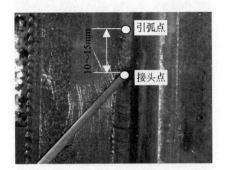

图 1-69　焊缝中间接头

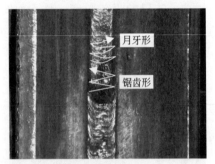

图 1-70　运条方法

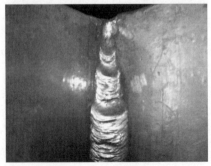

图 1-71　焊缝层道分布

是否平齐。

　　焊接时焊缝两侧易产生咬边并出现夹角，焊道中间高、不平整或不平滑过渡，这主要是由于运条方法不正确，焊接电弧在两边没有停留时间，电弧长度在两侧压得太短而中间又较长。焊缝层道分布如图 1-71 所示。焊缝外观如图 1-72 所示。

图 1-72　焊缝外观

## 17. 焊条电弧焊单面焊双面成形焊接操作易产生的缺陷及防止措施

　　焊条电弧焊单面焊双面成形焊接操作中容易产生的缺陷有未焊透、背面内凹、夹渣、焊瘤、缩孔、气孔、咬边以及焊缝成形不良等。

### （1）未焊透

　　产生原因：由于焊接规范选择不当或组对不合适而引起，如钝边太厚，焊接电流过小，错边量太大，焊条角度不当，焊条偏心，运条时电弧燃烧时间过短，熔池温度低，使坡口根部没有形成合适的熔孔（没有形成或熔孔太小）。未焊透一般分为根部未焊透和层间未焊透两种。

① 根部未焊透。一般在上述各种试件中极易发生，主要是焊接电流过小或焊条未能伸至坡口的根部，电弧作用不好，焊条角度不当，坡口的根部没有击穿熔透，形成熔孔或电弧偏向一侧等操作不当而造成的。

② 层间未焊透。大多容易产生于多层多道焊时，由于电流过小或层间清理不干净而形成，碱性低氢型焊条比酸性焊条发生的概率要高。

防止措施：严格控制坡口尺寸及装配组对的间隙、钝边厚度，选择合适的焊接电流、焊条角度与焊接速度，不使用偏心焊条，如使用碱性低氢型焊条所发生的磁偏吹现象，可通过改变接地线位置等方法加以解决。

### （2）背面内凹

① 因熔滴自重而引起焊道背面内凹，多产生于仰焊位置或水平固定管的仰焊或斜仰焊部位。这是由于施焊时，熔池中的铁水因自重而产生下坠所致。一般来说，组对间隙过大，钝边太薄，焊接电流太大及运条方式不当等，均能使熔池温度升高，熔滴越重，内凹缺陷就越严重。因而，减少与控制背面内凹的关键在于，焊第一层焊缝（打底焊时），必须选择合适的组对尺寸（间隙、钝边）、焊条直径、焊接电流、运条方法及焊接速度等，并相互配合得当。如采用碱性焊条打底焊时（E5015、E5016 等），为控制熔池形状及温度，应采取窄焊道、薄焊层，焊条的摆动幅度不宜太大，在保证能将钝边熔透的情况下，焊接速度要尽量快些，并将电弧往上推送，使电弧的 2/3 长度作用于坡口背面的上部。

② 因焊接接头方法不当引起焊缝背面内凹，平、横、立、仰焊接位置均会出现。主要是由于接头时，焊条角度发生了变化，或是由于新换的焊条在引燃电弧接头时，第一滴熔滴与熄弧时的焊缝熔池形成冷搭接所致。为防止产生接头时的内凹，更换焊条要迅速，当引燃电弧时，应先用长弧预热熔池的后部 10～15mm 处 2～

3s后，再压低电弧，运条至熔池边缘，击穿钝边，形成熔孔，并稍微延长停弧时间，使接头处添送的铁水饱满后，再恢复正常焊接。

### （3）夹渣

产生原因：主要是由于操作技术不良，焊接参数不合适，使熔池中的熔渣不能浮出而存在于焊缝金属中而造成的；被焊区域没有清理干净，存在油垢、锈蚀或焊条失效，施焊过程中药皮成块落入熔池也能造成焊接夹渣等缺陷。

防止措施：采用短弧焊（并不是说将电弧压得太短而出现混渣现象），施焊过程中，应选择合适的焊接电流、焊条角度、运条方式，利用电弧吹力使熔渣浮出表面，保持熔池铁水清晰，分清铁水和熔渣，多层多道焊时，电弧在坡口的两侧停留时间稍长些，避免产生坡口中间高、两侧低、有夹角的焊缝，同时不使用过期失效的焊条，并加强被焊母材焊前的清理工作。

### （4）焊瘤

产生原因：焊瘤是高出正常焊缝的多余超高金属，是熔池温度过高，液态金属凝固慢，在自重作用下下坠形成的。主要是由于焊接电流大，电弧击穿坡口根部燃烧时间长，再加上组对试件尺寸不合适，如钝边较薄、间隙较大以及灭弧停顿时间短、熔孔过大、接头方式不当而使熔池温度过高所造成的。一般除仰焊位置以外的位置，在打底焊时的背面焊缝容易产生焊瘤，而仰焊位置的盖面焊缝如操作不当也易产生焊瘤。

防止措施：合理选择电流，严格控制组对间隙与钝边厚度，控制熔池的温度是防止焊瘤的关键措施之一，当发现熔池水平位置有下陷现象或熔池沸腾、向外喷射小火星现象，待温度下降或处理后，再继续焊接。

（5）缩孔

产生原因：缩孔也称冷缩孔，主要是由于换焊条熄弧方式不当，铁水供给不足，熔池不饱满，以及接头操作不良而引起的。这种缺陷主要产生在打底层的接头位置上。

防止措施：打底焊熄弧前应多向坡口熔孔处补加 2～3 滴铁水，使熔池饱满，熄弧时将电弧向后拉，熄灭在坡口一侧，使熔池缓冷；接头时，换焊条速度要快，在弧坑前 15mm 处将电弧引燃，运条至熔孔边沿时电弧下压，听到电弧穿透的"噗噗"声，透过护目镜看到形成新的熔孔，并有铁水与熔渣流向坡口间隙的背面，给足铁水，再恢复正常焊接。

（6）气孔

产生原因：焊条未按要求烘干，焊条角度不当，焊接操作方法不当造成电弧氛围对熔池保护不良，引弧方法不正确（提倡划擦法引弧，因敲击法引弧易将焊条药皮敲掉，失去或降低了保护熔池的作用），此外采用碱性低氢型焊条操作时，没有采用短弧焊，电弧过长，被焊处不清洁，存在着水分、油污及铁锈等杂质，这些都是引起气孔的原因。

防止措施：严格控制焊条烘干温度，并放在保温筒中随用随取；采用划擦法引弧，短弧焊，随着焊接空间位置的改变，应保持焊条角度相对不变，选择合适的焊接参数，运条的摆动要均匀，注意接头方法；焊前要仔细清理被焊工件，使其露出金属光泽。

（7）咬边

产生原因：咬边也称咬肉，主要由于焊接电流过大，电弧过长，操作者运条不当，焊条角度不合适等造成，在立焊和横焊两个位置的盖面焊时更易产生此缺陷。

防止措施：正确选择焊接规范参数，立焊时，电弧在坡口两侧摆动停顿的时间要适宜，电弧要短，摆动要均匀，向上摆动的速度和间距要适中；横焊时，焊条的角度和摆动应以能保证熔化的液态金属平稳地向熔池过渡，托住铁水，无下淌现象为好，使熔化金属与母材均匀过渡，并成形良好。

### （8）焊缝成形不良

产生原因：焊缝外观宽窄不一、余高过大或过小、焊缝背面成形忽高忽低及有凹坑、焊瘤、脱节等现象，均属于焊缝成形不良，焊缝背面成形不良，主要是由于坡口两侧击穿的熔孔形状大小不一致，或焊接速度过慢或过快、不稳定；盖面焊时，是由于填充层焊接把坡口两侧的边缘棱线熔坏，有的存在，有的不存在，填充层的高低不一致，焊条摆动不均匀，焊接规范掌握不当，电弧忽高忽低，焊接速度不合适等，但主要还是操作者焊接技术不熟练而造成的。

防止措施：加强焊接基本功的练习，打底焊时，要保证坡口两侧的钝边处焊透击穿，所形成的熔孔形状大小应保持一致，熄弧、接头动作要正确，焊接速度要稳定均匀；焊后的填充层必须保证两坡口的边缘棱线完好无损，并高低一致，同时低于被焊母材表面1～1.5mm，以利于盖面层的焊接。焊接电流要适中，运条的摆动幅度要一致，保持短弧焊，焊条运动到坡口边缘要停顿，才能使焊缝外观成形美观，圆滑过渡。

## ▶18. 水平固定管氧-乙炔焊单面焊双面成形

氧-乙炔焊（也称气焊）与电弧焊有很大的区别，如气焊的火焰温度较低，热量比较分散，加热区域较宽，焊缝和热影响区在高温停留时间长，所以气焊所焊的焊接接头的综合性能不如电弧焊好。气焊的优点是熔池温度容易控制，背面成形比电弧焊好，操作简单灵活。目前虽然大多重要管道焊接已采取氩弧焊或焊条电弧焊方法，但在一些较小直径管道的安装施工中，气焊的应用还是较多的。

## （1）焊前准备

① 气焊工具：氧气瓶，乙炔瓶，氧气减压表，乙炔减压表，氧气带，乙炔带，焊炬，割炬。

② 辅助工具及量具：气焊眼镜，通针，活扳手，角向打磨机，焊缝万能量规，钢直尺（300mm），钢丝刷等。

③ 试件：20g 或 20 钢管，规格为 $\phi42mm \times 5mm$，长度为 100mm，管件端头机械加工成坡口，坡口角度为 35°。

④ 焊丝：H08Mn、H08MnA，直径为 $\phi3.0mm$，不得用铁丝或打了药皮的焊条芯。

## （2）试件组对

试件的坡口钝边为 0.5～1mm，组对间隙始焊端为（管的 6 点位置处）3mm，终焊端（管的 12 点位置处）为 3.5mm，试件的装配要尽量保持同心、不错口，按管外圆周长约 1/3 长度定位焊两点（另一点为起焊点，参见图 1-73），定位焊不得选在管的 12 点位置与 6 点位置处，定位焊点长 6～8mm，高≤3mm，定位焊的两端处理成缓坡状。

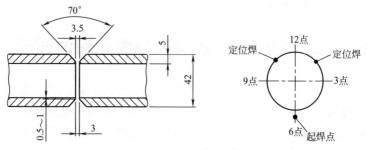

图 1-73　水平固定管气焊试件组对

## （3）工艺参数

$\phi 42mm \times 5mm$ 水平固定管气焊单面焊双面成形的焊缝分两层，焊接工艺参数见表 1-19。

表 1-19 水平固定管气焊单面焊双面成形焊接工艺参数

| 焊缝层次 | 名称 | 焊丝直径/mm | 火焰种类 | 焊炬、焊嘴 | 氧气压力/MPa | 乙炔压力/MPa |
|---|---|---|---|---|---|---|
| 1 | 打底层 | 3.0 | 中性焰 | H01-6 型焊炬配 4 号、5 号焊嘴 | 0.4 | 0.03～0.04 |
| 2 | 盖面层 | 3.0 | 中性焰 | H01-6 型焊炬配 4 号、5 号焊嘴 | 0.4 | 0.03～0.04 |

## （4）焊接操作

将点固好的试件固定在焊接支架上，试件离地面 1m。

① 打底层的焊接。水平固定管的施焊比较困难，原因是它包括了除横焊外的所有焊缝位置。由于管径小、曲率大，要不断地随着管的表面焊缝位置的变化来调整焊炬与焊丝的倾角，以保证不同位置的熔池形状一致，使管接头背面成形良好。

施焊从正仰（6 点位置）处开始，分两个半圈焊接完成。焊接前半圈时，焊工正面蹲好（采取跪姿也可），面对管焊缝，右手握焊炬，左手握焊丝（焊丝在前，焊炬在后），采用中性焰，先将正仰（6 点位置）位置加热到 600℃左右（暗红色），然后将火焰焰心迅速移向坡口根部（焰心尖端与根部距离 3～4mm），使钝边熔化并出现熔孔，熔孔的直径约为 4mm。这时应立即将焊丝熔化，并准确果断地将熔滴送入熔孔的一侧，接着再迅速送 2～3 滴铁水，使焊丝与坡口两侧熔化的母材金属熔合为一体，形成仰焊位置的第一个熔池，这时焊嘴与焊缝成 90°，使火焰向上直射。形成熔孔后，再将焊嘴向焊接方向倾斜至 80°左右，焊丝与焊嘴夹角为 40°～45°（图 1-74），焊丝运动与焊嘴运动为反方向的往复运动，如图 1-75 所示。

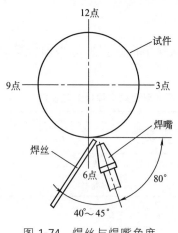

图 1-74 焊丝与焊嘴角度

图 1-75 焊丝与焊嘴
运动示意图

这样做一方面可以均匀地熔化坡口两侧根部，使之与填充金属熔合在一起，另一方面也可起到搅拌熔池的作用，使母材与填充金属熔合更充分，并有利于气体的排出，防止过烧与气孔的产生。焊丝熔化端不得脱离熔池，以防氧化和中断金属填充。

前半圈按从管的 6 点位置向上施焊，随着焊接空间的不断变化，应不断调整焊嘴与焊丝的角度，始终保持图 1-74 所示的配合角度，在控制熔孔大小时，有一定的区别，平、立焊位置的熔孔应小于仰焊位置，一般为仰焊熔孔的 2/3，如果熔孔和仰焊位置相同，则容易在平、立焊位置使熔池铁水下坠，而形成焊瘤，影响背面焊缝成形，待焊到平焊位置并超过管的 12 点位置 10mm 左右才能熄火，熄火时一定要将熔池处再补 2~3 滴铁水，防止产生缩孔、凹坑。在施焊过程中，如发现熔池温度过高，应及时调整焊嘴的角度或间断地把焊枪挑起，适当降低熔池的温度后，再恢复正常的焊接。

后半圈的焊接方法与前半圈相同，处理好上接头和下接头的搭接长度，不应小于 10mm，以防止产生接头缺陷。

② 盖面层的焊接。盖面层焊接方法及焊嘴与焊丝的夹角与打底层相同，为保证焊缝余高与焊缝宽度，焊缝的熔宽应超过坡口两侧边缘各 1.5mm 左右。

### （5）操作要点

气焊的接头技术是保证焊缝质量的关键，如处理不当，极易在接头位置产生缺陷。具体操作方法如下。

① 施焊过程中，焊丝端头应始终处于焊炬外焰的保护中。

② 熄火或变换焊接位置及更换焊条时，火焰切不可抬得过高或过低，应缓慢地抬起火焰，使熔池缓慢降温，以防氧化和气孔的产生。

③ 接头时，在施焊部位没有完全熔化的情况下，千万不要忙于添加焊丝，以防产生未熔合的假焊现象。正确的做法是，将起焊点定在熄火点的后方 10mm 左右处，进行加热，使其达到红热状态后，再将焊炬缓慢移动到熄火处连续加热，使熄火处及坡口两侧根部钝边充分熔化，再用火焰焰心打出熔孔，才能将焊丝熔滴送入熔孔处，并要有焊丝端往熔孔内（管内）拨搅的动作，焊炬要有配合横摆向上运动的动作，这样才能接好头，使背面熔合良好，然后才可正常施焊。

## ▶19. 垂直固定管氧-乙炔焊单面焊双面成形

垂直固定管的焊缝接头为横向环缝，所以在焊接时，焊嘴与焊丝的倾角保持相对不变的情况下，还要不断地变换焊接位置，随着环形焊缝向前焊接，才能保证焊缝熔池的形状，促使焊件的内外成形良好。

### （1）焊前准备

与水平固定管气焊相同。

**（2）试件组对**

试件的坡口钝边为 0.5～1mm，组对间隙为 2mm。试件的装配要尽量保持同心、不错口，按管外圆周长约 1/3 长度定位焊两处（另一处为起焊点，参见图 1-73）。定位焊缝长 6～8mm，高 ≤ 3mm。定位焊的两端处理成缓坡状，详见图 1-76。

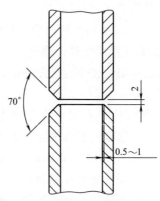

图 1-76　垂直固定管气焊试件组对

**（3）工艺参数**

$\phi42mm\times5mm$ 垂直固定管气焊单面焊双面成形的焊接分两层，焊接工艺参数见表 1-20。

表 1-20　垂直固定管气焊单面焊双面成形焊接工艺参数

| 焊缝层次 | 名称 | 焊丝直径/mm | 火焰种类 | 焊炬、焊嘴 | 氧气压力/MPa | 乙炔压力/MPa |
|---|---|---|---|---|---|---|
| 1 | 打底层 | 3.0 | 中性焰 | H01-6 型焊炬配 4 号、5 号焊嘴 | 0.4 | 0.03～0.04 |
| 2 | 盖面层 | 3.0 | 中性焰 | H01-6 型焊炬配 4 号、5 号焊嘴 | 0.4 | 0.03～0.04 |

**（4）焊接操作**

① 打底层的焊接。首先将起焊点用火焰加热到 600℃左右（暗

红色），再将火焰的焰心对准坡口的根部，使上下钝边熔化，添加焊丝，熔成一体，焰心击穿熔池，并形成熔孔，保持这一熔孔的大小形状一致，直至将打底层焊完。这时焊嘴、焊丝与试件之间的角度如图 1-77 和图 1-78 所示。

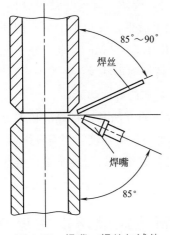

图 1-77　焊嘴、焊丝与试件
之间的角度（一）

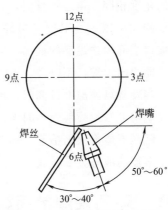

图 1-78　焊嘴、焊丝与试件
之间的角度（二）

通过观察熔孔的变化来控制熔池的温度，熔孔变小，应适当放慢焊接速度，使熔池温度升高，用焰心击穿加大熔孔的直径；熔孔突然变大，就要适当加快焊接速度，加大焊嘴的倾角，使火焰稍远离坡口根部，到坡口边缘空间中去，以降低熔池温度，但火焰的外焰不能离开施焊部位，以防熔池区域氧化产生气孔。填充焊丝时，应先上后下（从管的上侧坡口送入），一般情况下，给管上坡口根部填送 2 滴铁水，给管下半部坡口根部填送 1 滴铁水，焊嘴在熔池与熔孔之间划小圆圈。填送焊丝时，要有向坡口根部内压的感觉，使焊丝始终浸到熔池中向上挑送，焊嘴与焊丝运动要均匀，这样可以有效防止焊缝高低不一致，使所形成的内外焊缝不下垂。最后"碰头"（与起焊点接头）时，熔孔要完全击穿，是一个明亮的小圆孔，不能有一点点没有熔化的地方，以防焊缝内成形接头脱节，产生冷接（熔合不良）等缺陷，熄火时，熔池要饱满，应继续向前施焊 15mm 左右，形成搭接接头后，缓慢抬起焊炬，防止产生气孔等缺陷。

② 盖面层的焊接。焊接盖面层时，焊嘴、焊丝与被焊管件之间的角度相同。填送焊丝时，还是先上后下，焊炬上下划小圆圈，熔池的大小以上、下坡口边缘各熔化 1.5～2mm 为宜，并给上、下坡口边缘填送足够的铁水，始终保持熔池形状大小基本一致，这样才能焊出上坡口不咬边、下坡口没焊瘤的表面焊缝。

当发现熔池温度过高时，冷却熔池的方法是，将焊嘴稍朝上，使火焰向上倾斜喷射到空间中，以降低熔池的温度，但需要强调一点，就是不能将火焰抬起，离开熔池，应用外焰始终笼罩住熔池，防止熔池的液态金属被氧化。

## 20. 氧-乙炔焊单面焊双面成形焊接操作易产生的缺陷及防止措施

氧-乙炔焊单面焊双面成形焊接操作时，如方法不当，极易产生下列焊接缺陷，其产生原因及防止方法如下。

### （1）过热与过烧

产生原因：火焰能率大或选择火焰不当（如氧化焰），焊接速度过慢，焊炬运动时，在某一区域停留时间过长，焊丝化学成分不符合要求，焊接现场风速过大等。

防止方法：选择合适的焊嘴，采用适当的焊接能率，选择合适的焊接速度，控制好熔池温度，在室外焊接、风大的情况下，应有防风措施，应根据被焊母材的材质，正确选用合适的焊丝，不得用普通铁丝或打了药皮的焊条芯作气焊焊丝。

## （2）气孔

产生原因：工件与焊丝不清洁，有油、锈、水分等，焊丝化学成分与母材化学成分不符，焊接速度过快，焊炬的喷嘴与焊丝配合的角度不当，氧气不纯，熄火与接头时的操作方法不当等。

防止方法：清理工件与焊丝，使用合格的焊丝与氧气，灵活利用喷嘴与焊丝的倾角及运动来保持焊接熔池温度一致，正确选择火焰形状，严禁焊接产生沸腾、过烧现象，选择正确的熄火与接头方式等。

## （3）裂纹

产生原因：焊丝与母材含杂质过多（如硫、磷），定位焊焊缝不符合要求（焊缝过短、厚度太薄），焊接应力太大（如强行就位组对），焊接火焰不合适，焊速太慢，焊接温度过高而引起过烧，弧坑没有填满。

防止方法：选择合格的母材与焊接材料，严格执行组装工艺，防止应力过大，增加定位焊的长度和余高，选择合适的焊接参数，填满弧坑。

## （4）咬边

产生原因：焊炬的喷嘴与焊丝倾角不合适，火焰能率高，焊炬与焊丝的运动不当，焊丝太细，火焰偏吹，熔池形状不合适等。

防止方法：喷嘴与焊丝倾角要正确，火焰能率要适当，喷嘴与焊丝的运动要配合适当，焊丝直径不可太细，坡口两侧要填送足够的铁水，防止产生夹角，盖面焊时，焊炬摆动超过坡口两侧边缘各2mm左右。

## （5）未焊透

产生原因：坡口的间隙过小或钝边过厚，火焰能率低，焊接速度快，打底焊时没有熔出合适的熔孔，焊炬的喷嘴与焊丝的倾角或相互运动不合适等。

防止方法：选择合适的组对间隙与钝边大小，选择合适的工艺参数，打底焊时一定要用火焰内焰的尖端对准坡口的根部，熔出大小一致的熔孔，才能填丝。

### （6）焊瘤

产生原因：主要是操作技术不熟练，不能良好地控制熔池的温度所造成的。

防止方法：加强基本功的练习，在焊接过程中，要严格控制熔池的温度，避免温度过高，防止铁水下淌而形成焊瘤。

## ▶ 21. 手工钨极氩弧焊一般焊接工艺

手工钨极氩弧焊工艺参数有焊接电源种类和极性、钨极直径、焊接电流、氩气流量、焊接速度、喷嘴直径、钨极伸出喷嘴的长度和钨极端头的形状等。基本操作包括引弧、停弧、接头、收弧等。

### （1）焊接工艺参数

① 焊接电源和极性的选用。焊接电源有直流和交流两大类，极性为直流正极和负极，焊接电源和极性是根据被焊材料进行选择的。

采用直流正接时，工件接正极，工件温度较高，适合焊接碳钢、低合金钢、不锈钢、耐热钢、紫铜和钛等；焊枪接负极，温度较低，可提高使用电流，同时钨极基本不烧损。

采用直流反接时，钨极接正极，温度高，烧损大，所以一般不用，仅用在熔化极上。

采用交流电源时主要焊接铝、镁及其合金。

② 钨极的选用。目前，广泛应用的钨极有钍钨极和铈钨极两

种，钍钨极含有微量放射性元素钍，故一般选用铈钨极，其代号为WCe。钨极直径的选用主要根据工件厚度、被焊金属材料、焊接电流大小和电源极性，如果钨极直径选择不当，会造成电弧不稳定、电弧形状不好、钨极严重烧损和焊缝夹钨等。

③ 焊接电流的选择。焊接电流主要根据工件的厚度、被焊金属材料和焊缝空间位置来选择，焊接电流过大或过小，都会使焊缝成形不良或产生缺陷。所以，必须在不同钨极直径允许使用的焊接电流范围内正确选用。

④ 电弧长度与电弧电压对焊接的影响。电弧电压的变化是由弧长决定的，有些焊接电源，电弧电压是不可调的，但电弧长度变化，电弧电压也变化，一般的氩弧焊机就是这样的。当电弧长时，电弧电压大，熔池宽度也大，熔深减小。根据这个原理，可在小范围内，利用焊接电流和电弧电压的变化配合控制焊缝形状。当电弧过长时，电弧电压会太高，焊接电流会小很多，又会产生未焊透，氩气保护效果也会很差。因此，一般情况下，在不短路的情况下，尽量减小电弧的长度。如图 1-79 所示，可以看到，电弧可利用段长度为 2～8mm，可供焊接不同层次的焊缝选用，电弧长度不同，其直径也不同，焊接电流、电压也不同。电弧的 2～3mm 段适合打底焊和窄焊道的焊接，电压较低，电流较大，热量集中，熔深大，焊缝窄小；

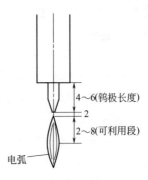

图 1-79　直流电弧
形状及可利用段

而 4～8mm 段适合填充焊和盖面焊用，电弧直径大，电压较大，电流稍小，热量扩散，熔深浅，焊缝较宽，对熔合不会产生影响；电弧长度超过 10mm 可用于加热。

⑤ 氩气流量的确定。为了可靠保护焊接熔池金属不受空气侵袭，必须有足够流量的保护气体，氩气流量以形成气体保护层，抵

抗室内外流动空气影响为依据进行确定，流量过大时，不仅浪费氩气，还可能使保护气流形成紊流，将空气卷入保护区，反而使保护效果不好，因此氩气流量选择要适当，既要使保护效果好，又不能浪费氩气。一般氩气流量可按下列经验公式计算：

$$Q = KD$$

式中　　$Q$——氩气流量，L/min；

　　　　$K$——系数，取 0.8～1.2，使用大喷嘴时 $K$ 取上限，使用小喷嘴时 $K$ 取下限；

　　　　$D$——喷嘴直径，mm。

氩气流量的判断方法如下。

a. 当钨极末端表面发蓝或呈灰褐色时，其保护效果不好；当钨极末端表面呈银白色时，其保护效果良好。

b. 在清理干净的试板上，熔化的焊点圆形明显，且为油亮的亮斑，其保护效果良好，如焊点不光亮（较暗、发黑、发皱），则氩气流量不足。

c. 焊接时熔池光亮，电弧挺度好，柔和平稳，则氩气流量合适；反之，氩气流量不足。

d. 从喷嘴喷出的氩气能将距离地面 30mm 的灰尘吹走，说明氩气是够用的。

⑥ 焊接速度的确定。焊接速度与氩气流量的适当匹配对焊接质量有一定的影响。焊接速度加快时，氩气流量也应适当加大，否则气体保护层会偏离钨极和熔池，保护效果不好，同时也会影响焊缝质量和成形。如焊接速度过慢，除浪费氩气外，还会使金属受热时间长，质量下降，焊缝成形也不好。因此，要选择适当的焊接速度，并注意与氩气流量的配合。

⑦ 喷嘴直径的选择。喷嘴直径的大小是根据钨极直径大小来选择的，钨极允许电流的使用范围决定了熔池的大小，喷嘴直径决定了氩气保护区的大小，除了喷嘴直径要正确选择外，喷嘴喷出的氩气要有一定的挺度，这与喷嘴形状有关，另外，喷嘴与工件的距

离也很重要，距离近了，观察熔池有困难，给送焊丝不方便，距离远了，又影响氩气保护效果，一般喷嘴距离焊件 6～16mm。喷嘴直径应按下式选取：

$$D=2d+4$$

式中　$D$——喷嘴直径，mm；

　　　$d$——钨极直径，mm。

⑧ 钨极尖端形状与伸出长度的选择。钨极氩弧焊用钨极作电极。钨极尖端的形状决定了电弧的形状，电弧的形状对焊接的影响是非常重要的，不同的金属材料，对焊接电弧形状要求也不同。

焊接铝、镁及其合金时，采用交流电源，钨极的尖端选用半圆球形，其产生的电弧形状是粗长形的，不管钨极端头原先是什么形状，引燃电弧后就会烧成半圆球形［图 1-80(a)］，半圆球直径等于钨极直径，说明钨极直径与电流的配合关系是合理的，如半圆球直径大于钨极直径，说明钨极直径选小了，反之，说明选大了，应调换钨极。

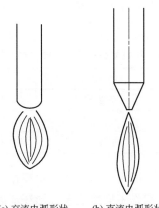

(a) 交流电弧形状　　(b) 直流电弧形状

图 1-80　电弧形状

焊接碳钢、低合金钢、不锈钢、耐热钢、紫铜和钛等金属，采用直流正接电源，对钨极尖端要求是锥平端，产生电弧形状是细长的，电弧热量集中才能使熔深大、焊道窄。焊接时，钨极接负极，温度较正极低，钨极的锥形尖端不易烧坏［图 1-80(b)］。直流反接时，钨极端头也会烧成半圆球形。两种不同的钨极端头尺寸如图 1-81 所示。

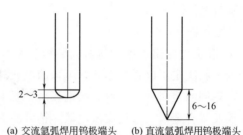

(a) 交流氩弧焊用钨极端头　(b) 直流氩弧焊用钨极端头

图 1-81　钨极端头尺寸

钨极端头形状不同，是焊接不同金属材料所需要的，特别是直流正接法焊接时，尖端直径是由钨极直径和电流大小决定的，一般尖端平台直径是 0.2～0.5mm。钨极尖端不可钝，否则电弧形状变形，温度不集中，焊缝成形也不好。钨极端头形状与电源、材料的选用见表 1-21。

表 1-21　钨极端头形状与电源、材料的选用

| 钨极形状 | 电源极性 | 适用材料 |
| --- | --- | --- |
| 锥平端 | 直流正接 | 不锈钢、合金钢、铜、钛等 |
| 半圆球形 | 交流电源 | 铝、镁及其合金 |
| 锥形尖端 | 直流正接（小电流） | 焊接小径薄壁管及一些薄板 |

为防止电弧烧坏喷嘴，钨极端头一定要在喷嘴之外，钨极端头至喷嘴端面的距离，根据不同接头形式和环境而定，一般伸出长度为 3～8mm，但要以保护效果好、观察熔池方便为原则。

## （2）基本操作技术

① 引弧。手工钨极氩弧焊的引弧方法有划擦引弧、高频引弧

和高压脉冲引弧。

划擦引弧原理同焊条电弧焊，其缺陷在于划擦过程中容易形成夹钨等缺陷。

高频引弧和高压脉冲引弧时，让喷嘴先靠到焊件表面，然后使电极逐渐靠近待击穿间隙，利用高频振荡器或高压脉冲发生器引弧。

② 焊枪角度、运弧方法与给送焊丝的角度及位置。手工钨极氩弧焊焊枪角度与熔池形状和熔深的关系如图 1-82 所示。70°～85°为穿透型，熔池形状比较圆，熔深大，电弧较直，热量集中，适用于间隙小的平、立焊位置等；50°～65°为熔透型，熔透适中，熔池形状为椭圆形，两面成形较好，平滑；30°～45°为渗透型，熔池形状为长形，熔深较浅，适用于间隙不等和焊件较薄的情况，靠熔池温度熔合渗透，达到背面成形良好的目的。可见，沿焊枪前进方向的反方向，角度越小，其熔深越浅。焊接过程中，应根据焊缝位置、焊件厚度、对口间隙的大小，调整焊枪角度进行焊接，以提高焊接质量。

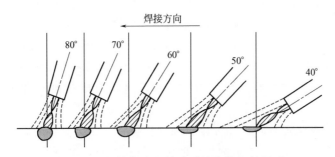

图 1-82　焊枪角度与熔池形状和熔深的关系

手工钨极氩弧焊，因用气体保护进行焊接，故运弧时不能大幅度快速摆动，如摆动幅度大而快，会把层流保护变成紊流，进而把空气卷入熔池，破坏保护效果。因此，手工钨极氩弧焊焊接时，摆动幅度要小，动作要慢，特别是对易氧化的有色金属。对于薄板或小部件，无需运弧摆动，基本运弧方法是直线形，手要稳。

焊接时，给送焊丝的角度应顺着保护气流的方向，给送焊丝的位置是熔池前进方向的边缘点，如图 1-83 所示。给送应量少而频，用拇指和食指捏住焊丝，配合其他几个手指送进取出。焊丝端头应始终在气体保护范围内，以防氧化。一根焊丝或一道焊缝未焊完，不能因焊丝给送不上而停弧，这种基本功也是氩弧焊操作技能的组成部分。

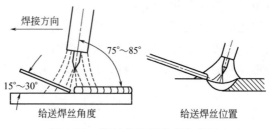

图 1-83　焊丝的给送角度与位置

不同焊位给送焊丝的位置也不同，以保证焊缝平整、圆滑过渡，防止咬边，如图 1-84 所示。平、立、仰焊较宽的焊缝（宽度大于 5mm），填充焊和盖面焊采用两点法给丝，即给送焊丝应在焊缝中心线两侧交替进行，这样焊缝可平整，不易咬边。而横焊缝焊丝应是在熔池的前上方接触给送，熔化金属因自重和熔池的高温而下滑，随着焊丝的前行凝固而成形，这就形成过渡圆滑美观的焊缝。

③ 氩弧焊打底焊几种接头和焊枪操作方法。起焊时，加热两侧钝边至熔化，先给一侧熔化的钝边给送焊丝，再过渡到另一侧，形成一个搭桥，熔化形成熔池后给送焊丝进行焊接，两侧面要熔合成形好。管 45°、管垂直横焊位，先熔化上钝边，加焊丝过渡到下钝边，形成搭桥，熔化形成熔池，在熔池前上方给送焊丝向前焊接。

中间接头时，在停弧点后 10mm 左右引弧前行焊接，待原停

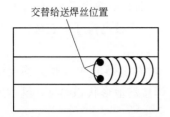

(a) 宽焊缝(板立、仰焊及水平、垂直固定管)

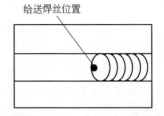

(b) 窄焊缝(板平、立、仰焊及水平固定管)

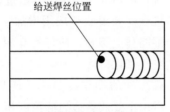

(c) 板横焊及垂直固定管

图 1-84 不同焊位给送焊丝的位置

弧位置熔池重新形成再给送焊丝焊接。

当焊至环焊缝终端接头时（收口前），要将前面的停弧位置（弧坑）前后同时熔化后给送少许焊丝，当熔孔收口熔合在一起时，再把焊丝往前带 5～10mm 收弧。

氩弧焊打底焊根据焊件周围的条件和焊缝位置，一般用拇指或食指控制焊枪开关。为了使焊枪稳定，有两种方法供参考：一种是握焊枪手的无名指和小指可依托焊件表面移动；另一种是喷嘴依托坡口直线移动或扭动行进。焊接时，焊枪非常稳定，电弧的长度和前后左右的角度都可得到控制。

④ 停弧、接头和收弧。手工钨极氩弧焊是非熔化极焊接，引燃电弧电极没有熔化金属进入熔池，因此对停弧、接头和收弧，只要操作方法合适，便会得到合格的焊缝。

由于某种原因需要停弧，可利用焊机的衰减装置停弧，即使焊接电流逐渐减小，或逐渐增加焊速，使熔池逐渐减小。近年来，氩弧焊机都有电流衰减功能以便停弧和收弧，引弧时按一下焊枪开关，以小电流引燃电弧，以保护钨极尖端，防爆断，2s 左右升到调试好的焊接电流，停弧时按一下开关，焊接电流开始衰减，直至焊缝金属不再熔化，断电停弧。

接头时，可在停弧熔池前 20mm 左右引燃电弧，电弧移至熔池加温接头，待新形成的熔池与正常焊接熔池形状相同时，继续进行焊接。

当一道焊缝焊完时，可用前面的停弧方法进行收弧，收弧时应停在焊缝中间。用焊机衰减装置收弧或用增加焊速法的方法收弧。停弧和收弧时，焊枪不能马上移开，应停留在原处 6～8s，继续送气保护熔池金属不被空气氧化。

焊接操作时，要有正确的操作姿势，平衡身体，大臂带动小臂，以肩肘为支点，运用小臂调整适当的角度和手腕的灵活动作运弧焊接。

⑤ 手工钨极氩弧焊的操作要领。

a. 操作姿势是基础。焊时，如果操作姿势不当，将影响焊缝外观成形，增加产生内部缺陷的概率，影响操作技能的正常发挥。因此，在焊接操作前，要充分考虑身体与焊件的距离、面对焊缝的角度以及焊接过程中运弧的灵活性、身体的稳定性。

b. 焊接规范。焊接前，要选择较合适的焊接电流，这是保证焊接质量的重要参数之一，在焊接过程中，如不合适，要随时调整。只有选择正确、合适的规范参数，焊接时才能得心应手，从而达到满意的焊接效果。

c. 焊枪角度的重要性。焊枪角度直接影响焊缝质量和焊缝成形，其实质是对电弧热量的分配。根据经验，两侧厚度相同的焊件，除横焊、45°焊和某些角焊外，一般的焊枪左右角度为 90°；角焊缝、横焊缝、45°焊缝和两侧母材厚度不相同的焊缝，根据两侧温度的需要，焊枪左右角度不同。焊枪前进角度的大小改变熔池形状，对焊缝的熔宽、熔深和焊缝成形有影响。只有调整好焊枪角度，焊道才能圆滑平整、高低一致。

d. 运弧方法及作用。运弧过程中，打底焊的运弧主要是保证缝隙熔合成形好、背面无缺陷，从正面控制根部两侧熔合和两面成形好，焊缝平整无夹角；其他层焊接时，注意两侧慢，提高两侧温度以防止咬边，中间快，防止中间温度过高使焊肉凸起，控制熔池形状及焊缝成形。运弧至两侧要幅度一致，以坡口边缘熔合 0.5～1.0mm 为限。运弧幅度如不一致，焊缝成形宽度不一，窄了，造成边缘熔合不好或咬边，宽了，热输入大，影响焊缝组织或外观成形。

e. 焊接速度。焊接速度快，易形成打底层焊不透、未熔合、背面成形不好，其他层焊肉薄；焊接速度慢，打底层焊肉透得多、易烧穿，焊肉超高或出现焊瘤，其他层焊肉厚；焊速不均，打底层易出现断续不透、焊瘤等缺陷，其他层易出现焊肉高低不平、焊缝波纹不整齐。

以上是手工钨极氩弧焊操作的五大要素，除操作姿势外，其他四点都是调整电流热量控制熔池温度，这说明了熔池温度对焊接质量的重要性，焊接缺陷基本上都是温度不当造成的。焊缝成形不良，焊道中间高，内部缺陷多，应从上述五点找原因，按上述要领调整操作方法，以提高焊缝质量。

## 22. 垂直固定管 TIG 焊单面焊双面成形

管对接垂直固定焊的焊口实质上是横向环焊缝，如操作不当，极易产生气孔和咬边，焊肉易下垂。

### （1）焊前准备

① 焊机、焊接材料及辅助工具、量具与水平障碍管（例 23）相同。

② 焊件（试件）：钢管材料为 20 钢或 20g，$\phi51mm \times 4mm$。

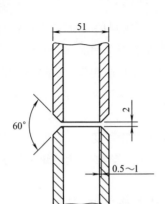

图 1-85 垂直固定管试件
组对尺寸

## （2）试件组对

试件的坡口钝边为 0.5～1mm，组对间隙为 2mm（图 1-85）。试件的装配要尽量保持同心、不错口，按管外圆周长约 1/3 长度定位焊两处（另一处为起焊点，参见图 1-73）。用氩弧焊及焊接时采用的焊丝进行定位焊，定位焊缝长 10mm 左右，高≤3mm，定位焊的两端处理成缓坡状。按要求固定在焊接操作架上待焊（高度≤600mm）。

## （3）工艺参数

垂直固定管 TIG 焊单面焊双面成形的焊缝分两层，焊接工艺参数见表 1-22。

表 1-22  垂直固定管 TIG 焊焊接工艺参数

| 焊层 | 焊接电流 /A | 氩气流量 /(L/min) | 钨极直径 /mm | 焊丝直径 /mm | 钨极伸出长度 /mm | 喷嘴直径 /mm |
|---|---|---|---|---|---|---|
| 打底层 | 85～100 | 8 | 2.5 | 2.5 | 4～5 | 8 |
| 盖面层 | 80～95 | 8 | 2.5 | 2.5 | 4～5 | 8 |

## （4）焊接操作

① 打底层的焊接。焊前先在试弧板上引燃电弧，并调试规范参数（如焊接电流、保护气体流量等），合适后将喷嘴对准焊口中心线的坡口边处，喷嘴的下倾角为 80°～85°，身体围绕焊件转动，但操作姿势和焊枪喷嘴角度不能变，在熔池和熔孔的前上方钝边处送进焊丝，焊枪迅速平稳地跟上前移。在施焊过程中，熔池形状的

控制、送丝和焊枪喷嘴的前移运动要配合得当，才能烧穿钝边，始终形成坡口上侧小、下侧稍大的椭圆形小熔孔。焊丝与喷嘴及管弧面的夹角见图 1-86。

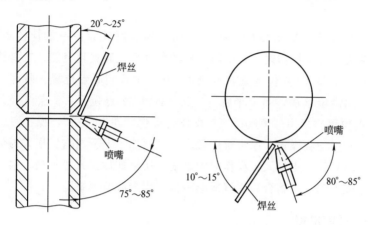

图 1-86 垂直固定管 TIG 焊焊丝与喷嘴及管弧面的夹角

焊丝给送早了，会造成夹渣，晚了会引起咬边或熔透过多而形成焊瘤。焊接速度的快与慢对打底层的焊接影响也较大，焊接速度不合适将出现未焊透、焊肉下垂、咬边、气孔、未熔合等缺陷，给盖面层的焊接造成不利，影响焊接质量，这一点只有在焊接实践中去体验才能掌握技巧。好的打底焊层应比管平面低 1～1.5mm，并且坡口轮廓完好无损、表面平滑、无夹角，为盖面层的焊接打下良好的基础。

② 盖面层的焊接。盖面焊时，焊枪喷嘴、焊丝与管弧面的角度和打底焊时相同，盖面焊时极易产生坡口上侧咬边而坡口下侧焊肉下垂的缺陷，如操作方法得当、焊接参数选择合适是完全可以避免上述缺陷的，这就需要掌握好合适的焊枪喷嘴角度、焊接速度，把焊丝给送到熔池的前上方并密切注视熔池形状，通过焊丝的给送量、给送频率和焊接速度来控制熔池的温度，使焊接顺利进行，最终获得成形美观、圆滑过渡的表面焊缝。

## ▶ 23. 水平固定管加障碍 TIG 焊单面焊双面成形

小口径管 V 形坡口对接水平固定焊难度较大：一是管径小、曲率大，焊工操作时，焊枪与焊丝的角度变化频繁且突然；二是管口的下半部（3 点位置到 6 点位置、9 点位置到 6 点位置）打底焊时采用内填丝法，而上半部（3 点位置到 12 点位置、9 点位置到 12 点位置）采用外填丝；三是操作时提倡"左右开弓"，操作者应左、右手均会操作。原本难度就大，又增加了上下左右四根人为设置的障碍管，更加大了操作时的难度。所以如焊接方法不当，很容易造成夹钨、未熔合、焊缝成形不良、焊缝脱节等缺陷。

### （1）焊前准备

① 焊机：WS4-300 或 WS-250 直流手工 TIG 焊机 1 台，直流正接，焊前应分别对焊机水路、气路、电路进行检查，然后再进行负载检查，试焊。

② 焊丝：TIG-J50，$\phi2.5mm$，焊前应用干净的棉纱或白布蘸丙酮擦拭焊丝，清除表面的油污。

③ 氩气：氩气纯度不低于 99.96%。

④ 钨极：WCe-5（铈钨），$\phi2.5mm$，钨极的端部磨成 $20°\sim25°$ 的圆锥形。

⑤ 焊件（试件）：采用 20g 钢管，$\phi42mm\times5mm$，试件及障碍管布置如图 1-87 所示。

⑥ 辅助工具及量具：氩气流量表，打渣锤，钢直尺，钢丝刷，台式砂轮机，角向打磨机，焊缝万能量规等。

### （2）试件组对

将试件待焊处表面的油垢、水分等清理干净。定位焊接时，为

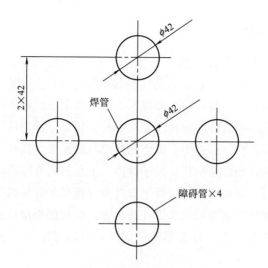

图 1-87 试件及障碍管布置

确保内填焊丝畅通无阻，必须保证组对间隙不能过大，也不能过小，过大打底焊时易形成焊瘤，过小内填焊丝穿不进管内，一般 $\phi 2.5mm$ 焊丝组对间隙为 3.5mm 左右。定位焊可选一个点，处于 11 点位置与 1 点位置之间，焊缝长度不大于 10mm，并将定位焊缝两端打磨成缓坡形。

**（3）工艺参数**

焊接工艺参数见表 1-23。

表 1-23　$\phi 42mm \times 5mm$ 钢管 V 形坡口对接
水平固定加障碍 TIG 焊焊接工艺参数

| 焊层 | 焊接电流/A | 氩气流量/(L/min) | 钨极直径/mm | 焊丝直径/mm | 钨极伸出长度/mm | 喷嘴直径/mm | 喷嘴至焊件距离/mm |
|---|---|---|---|---|---|---|---|
| 定位层 | 90～100 | 8 | 2.5 | 2.5 | 4～5 | 8 | 8～10 |
| 打底层 | 90～100 | 8 | 2.5 | 2.5 | 4～5 | 8 | 8～10 |
| 盖面层 | 90～100 | 8 | 2.5 | 2.5 | 4～5 | 8 | 8～10 |

### （4）焊接操作

将试件固定在障碍胎上，要求试件固定高度不得高于 1.3m（以试件中心线为准）；试件的定位焊缝处于 11 点位置与 1 点位置之间（定位焊缝不得固定在仰焊 5 点位置与 7 点位置之间）。

设有障碍的管件在焊接时要抓好几个环节：尽量从操作最困难的位置起弧，在障碍最少、操作比较容易的地方熄弧收口，以免影响焊工的视线和焊接操作，由于焊件上下左右均有障碍，施焊时很难做到喷嘴、焊丝与焊件保持正常夹角，操作者应根据自己熟练的技能随时调整喷嘴与焊丝及焊件的角度，以保证焊接接头质量。待焊件坡口根部熔化良好后再添送焊丝，以防产生未熔合及夹钨等缺陷。

① 打底焊。焊接打底层时采用内填丝与外填丝两种方法完成。焊件的下半圈采用内填丝，能避免焊缝内成形产生凹陷缺陷（图1-88）；上半圈采用外填丝，能保持正常的焊接角度，保证焊接接

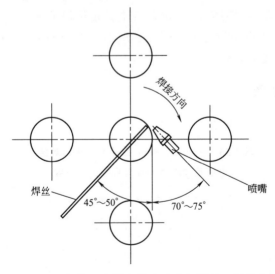

图 1-88　焊件下半圈内填丝喷嘴与焊丝、焊件角度

头质量（图 1-89）。

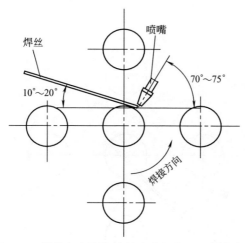

图 1-89　焊件上半圈外填丝喷嘴与焊丝、焊件角度

　　施焊时由于管径小、曲率大，又有障碍，尽量使焊枪摆动和焊丝填送均匀，并尽量使喷嘴与焊接点的切线方向保持垂直，焊件坡口根部熔化并形成熔孔后，再填送焊丝，以免产生未熔合。在施焊过程中，还要控制熔池温度：过高时应立即熄弧，并保持焊枪在熄弧处不动，既能用滞后气体保护熔池，又能加速熔池温度的降低，待从护目镜中看到熔池由大到小、剩一小亮点时，再重新起弧，继续焊接；过低时，必须等焊件坡口根部熔化并形成熔孔后，再填送焊丝，以免产生未熔合。焊接下半圈时的起弧点应尽量往上（一般在 2 点半位置到 3 点位置处为宜），以利于上半圈的接头焊接，焊接顺序是先焊下半圈，再焊上半圈，下半圈的内填丝顺序如图 1-90 所示。

　　下半圈内填丝时，焊枪喷嘴作横向小摆动，确保坡口两侧钝边与内填焊丝熔化铁水相互熔合好，并注意焊丝的温度不能太高，避免铁水下淌接触到钨极，形成夹钨缺陷。上半圈焊接时，应注意与下半圈焊接的接头问题，因接头时焊枪喷嘴与焊丝及焊件的角度控

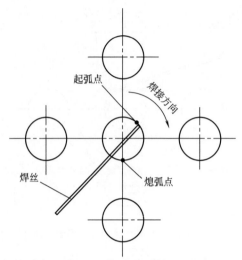

(a) 下半圈第一次焊接, 左手持焊丝, 右手握焊枪

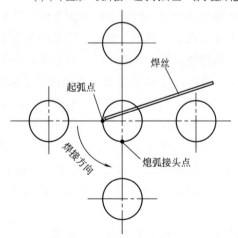

(b) 下半圈第二次焊接, 左手握焊枪, 右手持焊丝

图 1-90  下半圈内填丝顺序

制不便，很容易在两个接头处产生未焊透、未熔合的缺陷。焊枪喷嘴在进行横向小摆动时，在坡口两侧应稍作停留，必须待每侧的坡口钝边熔化，并形成新的熔孔后再添加焊丝，焊丝在氩气保护范围内并紧贴对口间隙一拉一送，一滴一滴地向熔池填送金属，每个填送动作准确利索，不得碰到钨极。收口接头时，要填满弧坑，再继续添加 2 滴铁水后，焊枪向前推送，使熔池温度降下来后迅速熄弧，避免产生缩孔。

②盖面焊。从焊件的 6 点位置起弧，在 12 点位置熄弧，分两个半圈完成。采用摆动送丝法进行施焊，焊枪喷嘴应保持与施焊点切线位置为 $85°\sim90°$，焊丝与施焊点切线方向成 $15°\sim20°$。

施焊时，焊枪喷嘴尽量靠到试件上，均匀向上滚动，在坡口两侧稍作停留，同时焊丝也要均匀送进。具体做法是，焊丝在一侧坡口上向熔池送 1 滴铁水，然后移至另一侧坡口上，向熔池再送 1 滴铁水，焊枪喷嘴随焊丝的移动向上作横向小摆动。当焊枪向上运动到 3 点位置或 9 点位置时，超过障碍管，尽量往上焊接，向上超过 3 点位置或 9 点位置后再熄弧，以利于接头。

需要注意的是，当熔池完全熔化，铁水发亮旋转，同时熔池形状有往大发展的趋势时，就应稍加快焊接速度，尽量保持熔池形状的一致，才能保证焊缝无缺陷，成形美观，圆滑过渡。

焊缝焊完后，用钢丝刷将焊接区域清理干净，焊缝处于原始状态，在交付专职焊接检验前，不得对各种焊接缺陷进行修补。

## 24. 低合金钢管 45°上斜固定氩电联焊单面焊双面成形

低合金钢管 45°上斜固定氩电联焊单面焊双面成形的特点是，用氩弧焊方法进行打底层的焊接，再用焊条电弧焊进行填充盖面，是两种焊接方法的组合。氩电联焊既可保证焊缝质量，又可提高生产率，还能达到节约材料的目的。氩电联焊方法多用于重要或质量要求高的管道的焊接。

由于试件是倾斜的（45°上斜），不管是氩弧焊还是焊条电弧焊，熔化金属都有从坡口上侧坠落到下侧的趋势，焊接熔池形状不好控制。对焊接作业人员的综合技能要求更高，是各类技能考试与焊工技术比武较难操作的一种焊接项目。

## （1）焊前准备

① 焊机：选用 IGBT 逆变直流氩弧/手工两用焊机为宜。

② 焊材：TIG-J50 焊丝，焊丝直径为 $\phi2.5mm$；E5015、E5016 焊条，焊条直径为 $\phi3.2mm$，焊前经 300～350℃烘干，保温 2h，随用随取。

③ 钨极：WCe-5（铈钨），$\phi3mm$。

④ 氩气：纯度为 99.99%。

⑤ 焊件（试件）：材料为 Q345 或 20g，$\phi108mm×8mm$，焊件装配及焊缝层次如图 1-91 所示。

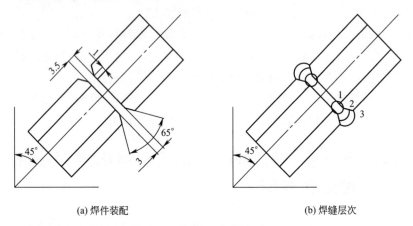

(a) 焊件装配                    (b) 焊缝层次

图 1-91　试件装配及焊缝层次

⑥ 辅助工具及量具：角向打磨机，焊条保温筒，打渣锤，钢直尺（300mm），钢丝刷，焊缝万能量规等。

（2）试件组对

将坡口及其两侧各 10～15mm 范围内用角向打磨机打磨，使之呈现金属光泽，清除油污、锈垢，焊丝也要进行同样的处理。将打磨完的试件进行组对，组对尺寸见表 1-24。

表 1-24　低合金钢管 45°上斜固定氩电联焊单面焊双面成形组对尺寸

| 根部间隙/mm | | 钝边/mm | 错边量/mm |
|---|---|---|---|
| 始焊端 | 终焊端 | 1～1.2 | ≤1 |
| 3 | 3.5 | | |

清理完的焊件要进行定位焊，定位焊有两点，定位焊缝长 5～8mm，定位焊缝厚度为 3～4mm，定位焊缝质量与正式焊缝有同样要求。定位焊位置及焊接方向如图 1-92 所示。

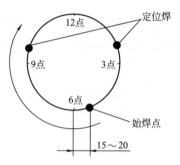

图 1-92　定位焊位置及焊接方向

（3）工艺参数

低合金钢管 45°上斜固定氩电联焊单面焊双面成形焊接工艺参数见表 1-25。

表 1-25　低合金钢管 45°上斜固定氩电联焊单面焊双面成形焊接工艺参数

| 焊接项目 | 焊接方法 | 电弧电压/V | 氩气流量/(L/min) | 钨极直径/mm | 喷嘴直径/mm | 焊丝、焊条直径/mm | 钨极伸出长度/mm | 焊接电流/A | 电源极性 |
|---|---|---|---|---|---|---|---|---|---|
| 定位焊 | 钨极氩弧焊 | 10～12 | 8～10 | 3 | 8～10 | 2.5 | 4～6 | 95～105 | 直流正接 |
| 打底焊 | 钨极氩弧焊 | 10～12 | 8～10 | 3 | 8～10 | 2.5 | 4～6 | 95～105 | 直流正接 |

续表

| 焊接项目 | 焊接方法 | 电弧电压/V | 氩气流量/(L/min) | 钨极直径/mm | 喷嘴直径/mm | 焊丝、焊条直径/mm | 钨极伸出长度/mm | 焊接电流/A | 电源极性 |
|---|---|---|---|---|---|---|---|---|---|
| 填充焊 | 焊条电弧焊 | — | — | — | — | 3.2 | — | 110～120 | 直流反接 |
| 盖面焊 | 焊条电弧焊 | — | — | — | — | 3.2 | — | 110～120 | 直流反接 |

**（4）焊接操作**

① 打底层的焊接。打底焊是难度最大的一个环节。焊接时，为保证坡口上侧和坡口下侧受热均匀，应通过焊嘴的合适摆动，左右平行运动，促成熔池始终保持在水平位置上。在保证熔透的情况下，焊接速度应快些。起焊时，焊工侧面蹲好，右手拿氩弧焊枪，左手拿焊丝，起弧点应越过 6 点位置 10～20mm，待电弧稳定燃烧后，将电弧压低（在不影响视线及钨极不接触焊件的情况下，越低越好），在坡口钝边同时熔化的情况下，从坡口钝边处采用间断送丝法进行送丝，即焊丝在不离开氩气保护范围内一拉一送，一滴一滴地向熔池填送金属，焊丝尽量送至坡口间隙内部，焊枪稍有横向小摆动，向上运动，当发现熔孔过大、铁水稍有下坠现象时，应立即断弧，但焊炬不能马上离开熔池，用滞后停气功能（断弧 3～4s 后氩弧焊有滞后停气保护功能），既保护熔池不受外界空气的侵入，同时又能加速焊接区域的冷却，待熔池稍冷却后，再继续起弧→熔化→填丝→焊接。施焊时焊枪喷嘴和焊丝与焊件的角度如图 1-93 所示。

施焊时应注意焊枪喷嘴、焊丝应随着管子曲率而变化，焊工操作姿势也应适当地进行调整，以便操作。施焊时，焊枪喷嘴的运动应平稳，填送焊丝的位置应在上坡口的钝边处，通过电弧的吹力托

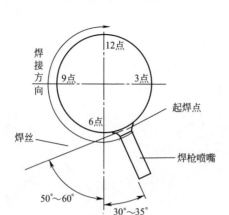

图 1-93　焊枪喷嘴和焊丝与焊件的角度

住铁水，使铁水自然地流向下坡口钝边，在形成熔孔的情况下，焊件坡口上下侧也熔化良好。需注意的是，为保证焊件内（管子内部）成形良好，不出现仰位、斜仰位焊缝凹陷，管件内上爬坡及管平面下陷而形成焊瘤，填送焊丝的位置是关键，在焊枪横向摆动，使熔池控制在水平椭圆形的情况下，在仰位、斜仰位，焊丝应尽量送进间隙中去，而在上爬坡与管平面位置时，焊丝应送到上坡口根部的边缘处，利用铁水的自重，自然地下沉到焊缝内，这样才能保持焊件内成形良好。在整个打底焊的操作中，不得有"打钨"（焊丝触及钨极）现象，如产生"打钨"现象，在彻底用角向打磨机打磨干净后，才能继续施焊。前半圈焊完，再进行后半圈的焊接，施焊方法同上。

　　② 填充层的焊接。施焊时的起焊点与打底焊的起焊点要错开 10～15mm，由于氩弧焊打底焊层较薄，焊件的整体也有了一定的温度，在坡口两侧不出现夹角并熔合良好时，焊接速度也应快些，以防烧穿。操作时焊条应斜拉，用椭圆形运条法，电弧在坡口的两侧稍作停顿，使熔池始终保持在一个水平面上，这样有利于熔渣与铁水的分离，熔渣与焊接时产生的气体浮出，防止产生夹渣、气孔

等焊接缺陷。焊完前半圈，再焊后半圈。填充层的形状为坡口两侧平滑、无夹角，坡口边缘清晰，无烧损，并低于母材表面 1～1.5mm，为盖面层的焊接打下基础。起焊点及焊接顺序如图 1-94所示，焊条角度如图 1-95 所示。

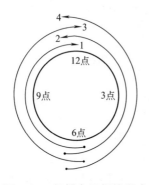

图 1-94　起焊点及焊接顺序

1,2—打底焊焊接顺序；

3,4—填充焊焊接顺序

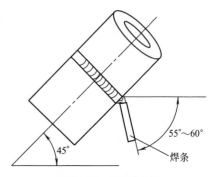

图 1-95　焊条角度

③ 盖面层的焊接。焊接时，与填充焊时的焊条角度、运条方法相同。在上坡口与下坡口处平行地划椭圆，焊条在上坡口边缘停留时间要比在下坡口边缘稍长些，熔池对坡口上、下边缘要各熔化 2～2.5mm，一直焊完。盖面焊要获得良好的外观成形，除手要把稳、运条要匀外，还应抓好起弧、运条、收弧三个环节，这三个环节归根结底就是接好两个头的问题，即下接头与上接头。上、下接头运条手法如图 1-96所示。

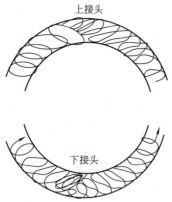

图 1-96　上、下接头运条手法

试件完成后，用打渣锤、钢

丝刷将焊渣、焊接飞溅物等清理干净，严禁动用机械工具进行清理，使焊缝处于原始状态，交付专职检验前，不得对各种焊接缺陷进行修补。

## 25. 不锈钢小管全氩水平固定摇摆焊

操作难点：根部仰焊部位易出现内凹，平焊部位易产生焊瘤，立焊收头部位会产生缩孔及接头不良。

技术要求：不锈钢收缩量大，对口时间隙应适当大些。

### （1）焊前准备

① 试件尺寸：$\phi 60mm \times 4mm$，长 200mm。

② 试件材质：1Cr18Ni9Ti。

③ 试件坡口：V 形坡口，尺寸如图 1-97 所示。

④ 对口间隙：2.0～2.5mm。

⑤ 钝边：0.5～1mm。

### （2）试件组对

将焊丝上的铁锈、污垢等清理干净，防止焊接过程中产生气孔等缺陷。

将清理好的试件放在型钢上，坡口相对，找正对齐，防止错口，然后在试件坡口内进行定位焊，定位焊长度为 10～15mm，焊接材料与正式焊接时相同。定位焊应焊透，背面成形好，无缺陷。定位焊点两端应打磨成斜坡状。

焊前用可溶纸将管子试件一端封堵，另一端充氩，充氩时，对口间隙不用密封，使空气被置换出去。

图 1-97 所示为组对尺寸及定位焊点。图 1-98 所示为实物照片。

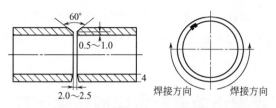

图 1-97　组对尺寸及定位焊点

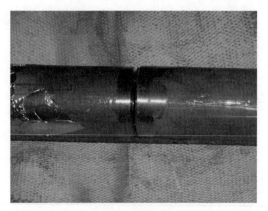

图 1-98　实物照片

## （3）工艺参数

焊接工艺参数见表 1-26。

表 1-26　焊接工艺参数

| 焊层 | 焊道数 | 焊接方法 | 焊丝直径/mm | 电源种类及极性 | 焊接电流/A | 焊接电压/V |
| --- | --- | --- | --- | --- | --- | --- |
| 打底层 | 1 | 钨极氩弧焊 | $\phi$2.5 | 直流正接 | 110～115 | 10.8～11.3 |
| 盖面层 | 1 | 钨极氩弧焊 | $\phi$2.5 | 直流正接 | 100～105 | 10.3～11.1 |

## （4）焊接操作

① 打底层的焊接。焊枪和焊丝始终与试件的轴线成 90°，焊枪与所焊点切线成 70°～85°，焊丝与所焊点切线成 15°～30°，往熔池

给送焊丝，钨极尖端与熔池表面距离 3mm 左右，如图 1-99 所示。

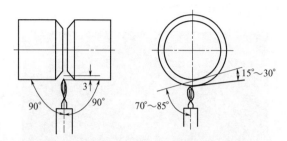

图 1-99　焊枪、焊丝角度及钨极尖端与熔池表面距离示意

　　打底层焊接分两个半圈进行，引弧焊接时，利用焊机的高频脉冲或普通引弧方法，在试件超过 6 点位置 5～10mm 处引燃电弧。因为环缝焊接仰位 6 点位置有一个起点接头，第一个半圈仰位起焊点超过中心线，下个半圈仰位起点接头才能做到搭接，如图 1-100 所示。

图 1-100　引弧位置

　　引燃电弧后，将钨极对准坡口根部中心，弧长 2～3mm。电弧在起点稍作停留，待两侧钝边熔化后给少量焊丝，使其连接起来形成熔池，背面熔合在一起，这时，将焊嘴紧靠到坡口边上，电弧横

向小幅度向上均匀摆动，待熔池温度和形状达到要求时往钝边处送焊丝，如图 1-101 所示。

图 1-101　引弧示意图

开始焊时，焊接速度应慢些。焊丝端部应始终处于氩气保护范围内，避免焊丝氧化，且不能直接插入熔池，应位于熔池前方熔化金属的边缘送丝，送丝动作要干净利落，防止焊丝与熔池或钨极相碰，如图 1-102 所示。

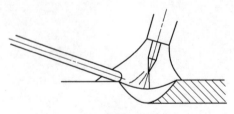

图 1-102　焊丝给送位置

打底层接头时，在收弧位置后方 5mm 左右引弧，引燃电弧后焊枪锯齿形摆动并前进，预热接头部位，但不填加焊丝，待弧坑处形成清晰熔池后，开始填加焊丝焊接，如图 1-103 所示。

焊接收弧方法有脉冲收弧和非脉冲收弧，图 1-104 所示为非脉冲收弧，由于管壁较薄，收弧时，在弧坑一侧多给 1 滴铁水再

图 1-103 接头引弧位置

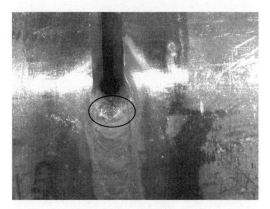

图 1-104 非脉冲收弧

熄弧。

打底层最终收弧时，焊至距离收弧点约 5mm 处，焊枪划圆弧，预热接头部位，此时应将背面保护氩气流量减小，或关闭氩气，防止氩气将收弧位置焊缝顶开，使接头部位内凹，待接头部位熔化形成清晰熔池时，向圆心送丝接头，如图 1-105 所示。

②盖面层的焊接。焊接盖面层时，背面应继续充氩保护，防止温度过高氧化焊缝根部。具体操作是把焊嘴稍用力压在坡口两

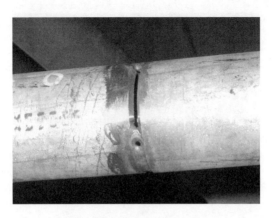

图 1-105　于定位焊处收弧

边，手臂大幅度向上摇动进行焊接，摆动均匀，两侧稍停，并填加焊丝，防止咬边。

（5）焊接体会

① 不锈钢热导率比一般钢材低，焊接时必须采用小电流、小热输入进行焊接。

② 焊缝层间温度小于 150℃。

图 1-106　焊缝外观

③ 焊接前，背面必须充氩保护，防止根部氧化。

④ 焊缝颜色以金黄色最好，银白色次之，蓝色为温度过高。

⑤ 摇摆焊的优点是因为焊嘴压在焊缝的两侧，焊把在运行中非常稳定，所以焊缝保护好，质量好，外观成形非常漂亮，焊缝一次合格率高，特别是焊仰焊位置非常方便，尤其焊接不锈钢时可以得到非常漂亮的外观颜色。焊缝外观如图 1-106 所示。

## 26. TIG 焊单面焊双面成形焊接操作易产生的缺陷及防止措施

TIG 焊单面焊双面成形焊接操作时，焊接方法不当，易产生焊接缺陷，其产生原因及防止方法见表 1-27。

表 1-27　TIG 焊单面焊双面成形易产生缺陷的原因及防止方法

| 缺陷名称 | 产生原因 | 防止方法 |
| --- | --- | --- |
| 气孔 | 氩气不纯，氩气流量小，"打钨"，气管破裂或气路中有水分，焊件不清洁等 | 调换氩气，检查气路，修磨或调换钨极，清理焊缝，清理焊件 |
| 焊瘤 | 焊接电流大，组对间隙、钝边不合适，焊接速度慢，技术不熟练等 | 调整焊接参数，加强焊接基本功的训练 |
| 焊缝氧化严重 | 氩气流量小，焊接速度慢，焊接电流大等 | 调整氩气流量，选择合适的焊接参数 |
| 缩孔 | 收弧方法不当 | 采用增速法或焊接电流衰减法收弧，也可以熄弧时在收弧处添加铁水 |
| 未焊透 | 焊接速度快，焊接电流小，打底焊时的熔池温度与熔孔大小处理不合适，送丝不当等 | 减慢焊接速度，增大焊接电流，施焊过程中控制好熔池温度和熔孔的形状，送丝要适当 |
| 未熔合或熔合不良 | 错口，焊枪喷嘴角度不正确，焊接速度太快，焊接电流小，送丝时处理不当等 | 避免错口组对，掌握好焊枪喷嘴角度，减慢焊接速度，适当增大焊接电流，送丝要适当 |
| 烧穿 | 焊接电流大或焊接速度慢，技术不熟练 | 减小焊接电流，加快焊接速度，加强焊接基本功的训练 |

续表

| 缺陷名称 | 产生原因 | 防止方法 |
|---|---|---|
| 焊缝表面电弧擦伤 | 引弧不准确,地线接触不好 | 在坡口内引弧,地线接触要良好,最好用线夹 |
| 焊缝夹钨 | 焊接时焊丝与钨极接触,或钨极与工件接触,技术不熟练 | 引弧要正确,发现触及钨极,必须用角向打磨机清理干净,才能继续焊接,加强焊接基本功的训练 |
| 焊缝成形不好、不整齐 | 技术不熟练 | 加强焊接基本功的训练 |
| 咬边 | 焊枪喷嘴角度不合适,熔池的温度不匀,焊丝给送位置、时间不当等 | 调整焊枪喷嘴的角度,以达到熔池温度的均匀、合理,注意给送焊丝的位置和时间 |

# 27. $CO_2$ 气体保护焊一般焊接工艺

## (1) 焊前准备

① 电源功能设置。$CO_2$ 气体保护焊焊接电源功能很多,电源面板上的选择开关、调节旋钮更多,设置时应根据电源生产厂商提供的使用说明书,结合使用情况进行全面设置,绝不可盲目操作。

② 焊接设备维护。与手工电弧焊不同的是,$CO_2$ 气体保护焊都是自动焊或半自动焊,所以机械或电气部分出了故障,就不能正常工作了。因此,焊接设备要经常维护,尤其应注意送丝滚轮压紧力是否合适、焊丝与导电嘴接触是否良好、送丝软管是否通畅、喷嘴内外壁上的飞溅物是否清理干净等。

③ 焊件焊材准备。焊前要清理好焊丝和工件表面的油污及铁锈,并排除 $CO_2$ 气体中的水分,以防止氢气孔的产生。检查 $CO_2$ 气体瓶内压力,不得低于 0.98MPa,以防止焊缝中氮气孔的产生。

实践证明,由于 $CO_2$ 气体具有氧化性,可以抑制氢气孔的产生,除非在钢板焊缝区有严重的锈蚀外,一般焊前不必除锈。但焊丝表面的油污必须用汽油、丙酮等溶剂擦掉，这不仅是为了防止气孔，也可避免油污堵塞送丝软管和减少焊接的烟雾。

④ 环境保护。工作场地要有除尘设备，必要时还需准备遮光、挡风等设施。

## （2）工艺参数

$CO_2$ 气体保护焊的工艺参数包括焊丝直径、焊接电流、电弧电压、焊接速度、焊丝伸出长度和气体流量等。必须充分了解这些因素对焊接质量的影响，以便正确地进行选择。

① 实心焊丝工艺参数如下。

a. 焊丝直径。根据焊件厚度、焊缝空间位置、接头形式及生产率的要求等来选择。薄板或中厚板立、横、仰焊时，多采用直径1.6mm 以下的焊丝，通常采用的焊丝直径有 0.8mm、1.2mm、1.6mm。在平焊位置焊接中厚板时，可以采用直径大于 1.6mm 的焊丝，通常采用的焊丝直径有 1.6mm、2.0mm、3.0mm、4.0mm。直径大于 2mm 的焊丝只能采用长弧进行焊接。各种直径焊丝的适用范围见表 1-28。

表 1-28　各种直径焊丝的适用范围

| 焊丝直径/mm | 焊件厚度/mm | 空间位置 | 熔滴过渡形式 |
| --- | --- | --- | --- |
| 0.5～0.8 | 1～2.5<br>2.5～4.0 | 各种位置<br>平焊 | 短路过渡<br>粗滴过渡 |
| 1.0～1.4 | 2～8<br>2～12 | 各种位置<br>平焊 | 短路过渡<br>粗滴过渡 |
| ≥1.6 | 3～12<br>>6 | 立、横、仰焊<br>平焊 | 短路过渡<br>粗滴过渡 |

b. 焊接电流。对熔深与焊丝熔化速度及生产效率影响很大。焊接电流根据工件的厚度、焊丝直径、焊缝位置及熔滴过渡形式来选择。当焊接电流逐渐增大时，熔深、熔宽和焊缝高度都相应增加。

对于小于 250A 的电流，一般用直径为 0.8～1.6mm 的焊丝进行短路过渡全位置焊接。由于熔深小，特别适合于焊接薄板结构。

当焊接电流大于 250A 时，无论哪种直径的焊丝，都难以实现短路过渡焊接。一般都把工艺参数调节为粗滴过渡范围，用来焊接中厚板。

表 1-29 列出了焊丝直径与焊接电流的匹配关系，供参考。

表 1-29　焊丝直径与焊接电流的匹配关系

| 焊丝直径/mm | 适用电流范围/A | 电弧形式 | 电弧电压/V |
|---|---|---|---|
| 0.5 | 30～60 | 短弧 | 16～18 |
| 0.6 | 30～70 | 短弧 | 17～19 |
| 0.8 | 50～100 | 短弧 | 18～21 |
| 1.0 | 70～120 | 短弧 | 18～22 |
| 1.2 | 90～150 | 短弧 | 19～23 |
| 1.2 | 160～350 | 长弧 | 25～35 |
| 1.6 | 140～200 | 短弧 | 20～24 |
| 1.6 | 200～500 | 长弧 | 26～40 |
| 2.0 | 200～600 | 短弧和长弧 | 27～36 |
| 2.5 | 300～700 | 长弧 | 28～42 |
| 3.0 | 500～800 | 长弧 | 32～44 |

c. 电弧电压。$CO_2$ 气体保护焊焊接时，电弧电压与焊接电流一样，对焊接质量影响非常大。电弧电压一般根据焊丝直径、焊接时所用电流等来选择。随着焊接电流的增加，电弧电压也相应增加。对于短路过渡 $CO_2$ 气体保护焊来说，电弧电压是最重要的焊接参数，因为它直接决定了熔滴过渡的稳定性及飞溅大小，进而影响焊缝成形及焊接接头质量。一般情况下，短路过渡时，电压为 16～24V，粗滴过渡时，电压为 25～40V。过高的电弧电压是产生气孔和飞溅的主要因素之一，过低的电弧电压往往造成焊缝成形不良。另外，提高电弧电压，可以显著增大焊缝宽度，熔深和加强高

有所减小。

d. 焊接速度。它也是焊接工艺参数中的一个重要因素，它和焊接电流、电弧电压一样，是焊接热输入的三大要素之一，它对熔深和焊道形状影响很大。随着焊接速度的增大，熔宽减小，熔深和加强高有一定减小。当焊接速度过快时，气体保护受到破坏，焊缝的冷却速度加快，使成形不好，降低焊缝的塑性，并易产生气孔，甚至产生咬边、未熔合、未焊透等缺陷。当焊接速度过慢时，可导致烧穿、焊接变形或焊缝组织粗大、产生裂纹等缺陷。

e. 焊丝伸出长度。取决于焊丝直径，一般情况下，应是焊丝直径的 $10\sim11$ 倍为宜。伸出长度过大，焊丝会成段熔断，飞溅也严重，气体保护效果也不好。焊丝伸出长度过小，不但容易造成飞溅物堵塞喷嘴，影响保护效果，同时影响焊工视线。

f. 气体流量。应根据焊接电流、电弧电压，特别是焊接速度和接头形式来选择。气体流量太大时，气体冲击熔池，冷却作用加强，并且保护气流紊乱而破坏了保护作用，使焊缝容易产生气孔，同时氧化性增加，飞溅增加，焊缝表面也不光亮。气体流量太小时，气体挺度不够，降低了对熔池的保护作用，而且容易产生气孔等缺陷。通常，细丝 $CO_2$ 气体保护焊气体流量为 $6\sim18L/min$；粗丝 $CO_2$ 气体保护焊气体流量为 $10\sim25L/min$。

g. 电源极性。$CO_2$ 气体保护焊时，为了减小飞溅，必须使用直流焊接电源，且多采用直流反接。在短路过渡焊时，通常采用直流反接，这是因为直流反接时，电弧稳定，飞溅小，熔深大。在堆焊及焊补铸铁时，应采用直流正接，这是因为正接时焊丝为阴极，阴极产热大，焊丝熔化速度快，生产率高。

h. 回路电感。应根据焊丝直径、焊接电流、电弧电压等来选择。它主要控制短路电流上升速度及短路电流峰值。不同的焊丝直径，要求不同的短路电流上升速度，焊丝越细，熔化速度越快，短路过渡频率越大，要求的短路电流上升速度就越大。

② 药芯焊丝工艺参数如下。

a. 焊丝直径。根据焊件厚度来选择。通常采用的焊丝直径有 1.2mm、1.4mm、1.6mm、2.0mm、2.4mm、2.8mm、3.2mm 等。

b. 焊接电流及电弧电压。由于药芯中含有稳弧剂，因此药芯焊丝与实心焊丝相比，可采用较大的焊接电流，而电弧电压可适当减小。表 1-30 列出了不同直径药芯焊丝常用的焊接电流、电弧电压范围。表 1-31 列出了采用药芯焊丝在不同位置焊接中厚板时常用的焊接电流、电弧电压范围。

表 1-30　不同直径药芯焊丝常用的焊接电流、电弧电压范围

| 焊丝直径/mm | 1.2 | 1.4 | 1.6 |
|---|---|---|---|
| 焊接电流/A | 110～350 | 130～400 | 150～450 |
| 电弧电压/V | 18～24 | 20～26 | 22～28 |

表 1-31　药芯焊丝在不同位置焊接中厚板时的焊接电流、电弧电压范围

| 焊接位置 | 焊丝直径 1.2mm | | 焊丝直径 2.0mm | |
|---|---|---|---|---|
| | 焊接电流/A | 电弧电压/V | 焊接电流/A | 电弧电压/V |
| 平焊 | 160～350 | 22～32 | 180～350 | 22～30 |
| 横焊 | 180～260 | 22～30 | 180～250 | 22～28 |
| 向上立焊 | 160～240 | 22～30 | 180～220 | 22～28 |
| 向下立焊 | 240～260 | 25～30 | 220～260 | 24～28 |
| 仰焊 | 160～200 | 22～25 | 180～220 | 22～25 |

c. 焊接速度。焊接电流和电弧电压确定后，焊接速度不仅对焊缝几何形状产生影响，而且对焊接质量也有影响。半自动焊时，焊接速度通常为 30 ～ 50cm/min；自动焊时，焊接速度可达 1m/min 以上。焊接速度过快，易导致熔渣覆盖不均匀，焊缝成形变坏，且易产生气孔。焊接速度过慢，易导致焊缝成形不良等缺陷的产生。

确定焊接工艺参数的程序如下。首先根据板厚、接头形式和焊缝的空间位置等，选定焊丝的直径和焊接电流，同时考虑熔滴过渡

形式。这些参数确定之后，再选择和确定其他工艺参数，如电弧电压、焊接速度、焊丝伸出长度、气体流量和回路电感等。

## （3）操作技能

$CO_2$ 焊的操作技术与焊条电弧焊的操作技术基本相同，如焊接时的操作姿势相同，都可单手操作，$CO_2$ 气体保护焊的运弧方法和焊条电弧焊的运弧方法基本是一致的，都是熔化极，焊接原理相同。不同的是，$CO_2$ 气体保护焊是连续自动送丝，且是气体保护明弧焊接，效率高，成本低。因此，焊条电弧焊的操作技能都可用在 $CO_2$ 气体保护焊上。

① 操作姿势。$CO_2$ 气体保护焊更要注意操作姿势，焊接时要有正确、协调、稳定的体位，焊工与工件要有适当的距离和角度，大臂带动小臂，以肩肘为支点，运用小臂调整适当的角度，手腕灵活动作控制焊枪运弧焊接。

② 引弧。半自动 $CO_2$ 气体保护焊的引弧和焊条电弧焊的接触引弧相似，采用接触短路引弧法（即击弧法）。

引弧前，首先将焊丝端头剪掉，因为焊丝端头常常由于停弧时烧成球形圆头，引弧时会产生飞溅，造成缺陷。焊丝端头应是剪成锐角。

引弧时，操作姿势应与焊接时相同，焊丝端头与工件表面接触，焊枪提起 2mm 左右的同时，按下焊机开关，随后自动送气、送电、送丝，直至焊丝与焊件表面接触而短路引燃电弧。由于焊丝与工件接触短路起弧有反弹力，应注意保持喷嘴与工件的距离，这是防止引弧时产生缺陷的关键。

③ 运弧。$CO_2$ 气体保护焊与焊条电弧焊一样，为了保证焊缝的宽度、两侧坡口边缘的熔合和焊缝的成形，要根据不同的接头形式及焊缝位置作各种不同形式的摆动，以适应焊缝成形的需要。

为了减小焊接热输入、热影响区和变形，一般不采用横向摆动来获得较宽的焊缝，而是采用多层多道焊接的方法来完成厚板的焊接。

④ 停弧。$CO_2$ 气体保护焊时，由于是连续送丝焊接，尽量不停弧，但由于某种原因，停弧也是难免的，停弧和接头直接影响焊缝质量，要求停弧时既没有缩孔又容易接头。停弧方法有两种：一种是采取断续引弧将弧坑填满的同时，焊速适当加快，使停弧处形成斜坡；另一种是用焊机的收弧功能停弧。

⑤ 接头。$CO_2$ 气体保护焊因为是连续送丝，尽量减少焊缝接头，但在焊接过程中，有焊缝接头也是难免的，焊缝接头处的质量是由操作手法决定的，下面介绍具体的接头方法，供参考。

薄工件无摆动焊接时，可在弧坑前方 30mm 左右处引弧，然后快速回焊至弧坑，待熔化金属将弧坑填满后，迅速将电弧前移，进行正常操作焊接，如图 1-107(a) 所示。

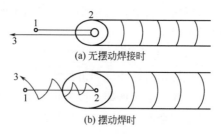

图 1-107　焊接接头处理方法

当焊缝较宽，采用摆动焊接时，应在弧坑前 30mm 左右处引弧，然后快速回焊至弧坑中心，接上头开始摆动并前移焊接，摆动宽度前后一致，如图 1-107(b) 所示。

另外，也可用角向磨光机将接头处打磨成斜坡，如图 1-108 所示，然后在斜坡前 30mm 左右处引弧，将电弧快速回焊至斜坡顶部返回，摆动或直线前移焊接，如图 1-109 所示。

⑥ 收弧。焊接结束前必须收弧，若收弧不当，则容易产生弧坑、弧坑裂纹和气孔等缺陷。

要求很高时，如板材的对接、筒体的直缝，可采用引弧板和引

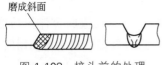

图 1-108　接头前的处理

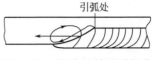

图 1-109　接头处的引弧操作

出板进行焊接，将焊缝的始点和终点都引至焊件之外，省去焊缝两个端头的处理工作。

如果焊接设备有停弧和收弧的衰减装置，在焊接结束收弧时，按动焊枪开关，焊接电流和电弧电压会自动减小到适当的数值，将弧坑填满。

如果焊接设备没有衰减装置，一般采用断续引弧法填满弧坑，此时焊速应适当加快，使停弧处形成斜坡，避免收弧处焊肉太高，如图 1-110 所示。

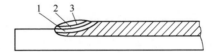

图 1-110　断续引弧法填充弧坑

断续引弧的动作要快，熔池金属凝固的同时就起弧，否则会产生缩孔等缺陷。

收弧时，即使弧坑已经填满，电弧已熄灭，焊枪也要在收弧处停留几秒方可离开，保证熔池金属凝固时得到可靠的保护。

## 28. $CO_2$ 气体保护半自动焊（药芯焊丝）横焊单面焊双面成形

药芯焊丝 $CO_2$ 气体保护半自动焊单面焊双面成形操作特点如下。

① 药芯焊丝 $CO_2$ 气体保护电弧焊具有焊接质量高、飞溅小、生产率高、焊接成本低以及适宜全位置焊等特点，因而在焊接生产

中受到广大焊接工作者的青睐，并获得了越来越广泛的应用。

② 药芯焊丝 $CO_2$ 气体保护电弧焊虽具有气渣联合保护功能，但若操作不当，使焊缝产生夹渣、未焊透等缺陷的概率比使用实心焊丝 $CO_2$ 气体保护电弧焊时要高。

③ 药芯焊丝 $CO_2$ 气体保护电弧焊的熔池铁水较实心焊丝 $CO_2$ 气体保护焊时熔池铁水稀，流动性较大，熔池形状较难控制，熔化金属更易下淌，同样横焊位的药芯焊丝 $CO_2$ 气体保护电弧焊与实心焊丝 $CO_2$ 气体保护电弧焊相比，更加大了操作难度。

④ 药芯焊丝 $CO_2$ 气体保护电弧焊操作技能既有与实心焊丝 $CO_2$ 气体保护电弧焊相同之处，同时又有不同的地方，掌握药芯焊丝 $CO_2$ 气体保护电弧焊操作技术需要有更高的操作技能。

## （1）焊前准备

① 选用 NBC-350 型 $CO_2$ 气体保护焊机。

② 焊丝：$CO_2$ 气体保护焊药芯焊丝（TWE-711），规格 $\phi 1.2mm$。

③ $CO_2$ 气体纯度不低于 99.5%。

④ 焊件（试件）采用 Q235 低碳钢板，厚度为 12mm，长为

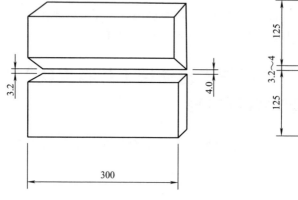
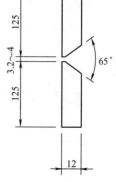

图 1-111　试件组对

300mm，宽为 125mm，用剪板机或气割下料，再用刨床加工成 V 形坡口。

⑤ 辅助工具和量具：$CO_2$ 气体流量表，$CO_2$ 气瓶，角向打磨机，打渣锤，钢板尺，焊缝万能量规等。

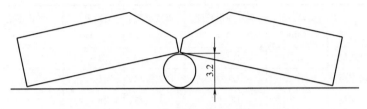

图 1-112　$CO_2$ 药芯焊丝横焊反变形量

## （2）试件组对

如图 1-111 所示，用角向打磨机将试件坡口及其两侧各 20～30mm 范围内的油污、锈垢清除干净，使之呈现金属光泽，然后在台虎钳上修磨坡口钝边至 1～1.5mm。试件的装配间隙始焊端为 3.2mm，终焊端为 4mm（可以用 $\phi$3.2mm 或 $\phi$4mm 焊条头夹在试件坡口的钝边处，定位焊牢两板，然后用打渣锤打掉定位焊的焊条头即可），定位焊缝长为 10～15mm（定位焊缝在正面），对定位焊缝焊接质量要求与正式焊缝一样。

$CO_2$ 药芯焊丝横焊反变形量如图 1-112 所示。

## （3）工艺参数

板厚为 12mm 的试板，$CO_2$ 药芯焊丝对接横焊，焊缝共有 4 层 11 道，即第一层

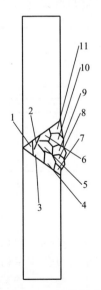

图 1-113　焊缝层次
及焊道排列

为打底焊（1 道焊缝），第二层、第三层为填充焊（共 5 道焊缝），第四层为盖面焊（共 5 道焊缝堆焊而成），焊缝层次及焊道排列如图 1-113 所示，各层焊接参数见表 1-32。

表 1-32　$CO_2$ 药芯焊丝横焊工艺参数

| 焊层 | 焊丝直径 /mm | 焊丝伸出长度 /mm | 焊接电流 /A | 电弧电压 /V | 气体流量 /(L/min) |
|---|---|---|---|---|---|
| 打底层 | 1.2 | 12～15 | 115～125 | 18～19 | 12 |
| 填充层 | 1.2 | 12～15 | 135～145 | 21～22 | 12 |
| 盖面层 | 1.2 | 12～15 | 130～145 | 21～22 | 12 |

## （4）焊接操作

① 打底层的焊接。调整好打底层的焊接参数后，按图 1-114 所示的打底层焊枪角度及运丝方法，用左向焊法进行焊接。

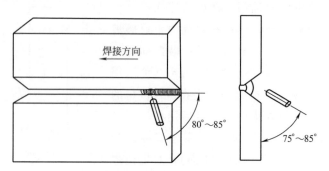

图 1-114　打底层焊枪角度及运丝方法

首先在定位焊缝上引弧，焊枪以小幅度椭圆形摆动从右向左进行焊接，使坡口钝边上下边缘各熔化 1～1.5mm 并形成椭圆形熔孔，施焊过程中密切观察熔池和熔孔的形状，保持已形成的熔孔始终大小一致，手要把稳，焊速要匀，焊枪喷嘴在坡口间隙中摆动时，焊枪在上坡口钝边处停顿的时间要比在下坡口钝边停顿的时间稍长，防止铁水下坠，形成下大上小并有尖角、成形不好的焊缝。

打底层形状如图 1-115 所示。

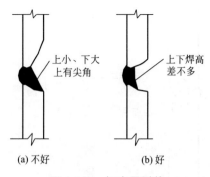

(a) 不好 　　　　(b) 好

图 1-115　打底层形状

300mm 长试板的焊接尽量不要中断，应一气呵成。若焊接过程中断了电弧，应从断弧处后 15mm 重新起弧，焊枪以小幅度锯齿形摆动，当焊至熔孔边缘接上头后，焊枪应往前压，听到"噗噗"声后稍作停顿，再恢复小幅度椭圆形摆动向前施焊，完成打底焊，焊到试件收弧处时，电弧熄灭，焊枪不能马上移开，待熔池凝固后才能移开焊枪，以防收弧区保护不良而产生气孔。

② 填充层的焊接。将焊道表面的飞溅物和熔渣清理干净，调整好填充焊的焊接参数后，按照图 1-116 所示的焊枪角度进行第二层和第三层的焊接。填充层的焊接采用右向焊法，这种焊法堆焊填充快。填充层焊接速度要慢些，填充层厚度以低于母材表面 1.5～2mm 为宜，且不得熔化坡口边缘棱角，以便于盖面层的焊接。

③ 盖面层的焊接。清理填充层焊道及坡口上的飞溅物和熔渣，调整好盖面层焊道的焊接参数后，按照图 1-117 所示的焊枪角度进行盖面焊道 7～11 的焊接。盖面焊的第一道焊缝是盖面焊的关键，要求不要焊直，而且焊缝成形圆滑过渡，左向焊具有焊枪喷嘴稍前倾、从右向左施焊、不挡焊工视线的条件，焊缝成形平缓美观，焊缝平直，容易控制。其他各道均采用右向焊，焊枪喷嘴划圆圈运

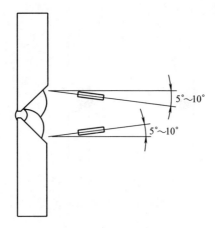

图 1-116　填充层焊枪角度

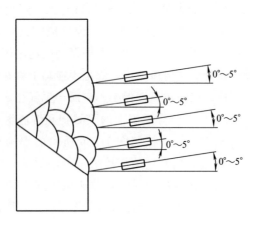

图 1-117　盖面层焊枪角度

动，每道焊后要清渣，各焊道间相互搭接 1/2，防止夹渣及焊道搭接棱沟的出现，以免影响表面焊缝成形的美观。收弧时应填满弧坑。

　　焊缝焊完后，清理焊渣和飞溅物，使焊缝处于原始状态，在交付专职焊接检验前，不得对焊缝表面缺陷进行修补。

## 29. $CO_2$ 气体保护半自动焊（实心焊丝）平焊单面焊双面成形

### （1）焊前准备

① 焊接设备选用 NEW-K350 型、NEW-K500 型 $CO_2$ 半自动焊机。

② 焊丝选用 H08Mn2Si，$\phi1.2mm$。

③ 采用 $CO_2$ 气体，要求 $CO_2$ 气体纯度不得低于 99.5%，使用前应进行提纯处理。

④ 试件为 16Mn 钢板，350mm×140mm×10mm。

### （2）试件组对

试件组对间隙为 2～2.5mm，钝边为 1.5mm，坡口角度为70°，反变形量为 2mm。

要求试件坡口及其两侧各 20mm 范围内不得有油、锈、水分等，并露出金属光泽。

定位焊缝是正式焊缝的一部分，不但要单面焊双面成形，而且要注意保证焊接质量，不得有裂纹、气孔、未熔合、未焊透等缺陷，在试板的两端分别点固，定位焊缝长约 5mm、高度小于 4mm。

### （3）工艺参数

为了保证 $CO_2$ 气体保护焊时能获得优良的焊缝质量，除了要有合适的焊接设备和工艺材料外，还应合理地选择焊接工艺参数，具体见表 1-33。

表 1-33  $CO_2$ 实心焊丝平焊工艺参数

| 焊层 | 焊接电流/A | 电弧电压/V | 伸出长度/mm | 气体流量/(L/min) |
|---|---|---|---|---|
| 打底层 | 100 | 19～20 | 10～12 | 9～10 |
| 盖面层 | 120～130 | 20 | 10～12 | 9～10 |

## （4）焊接操作

试板单道连续焊两层焊完，要求单面焊双面成形，正、反面的焊缝余高均要求达到 0.5～2.0mm。

① 打底层的焊接。采用接触引弧法。先从间隙小的一端引弧焊接，以锯齿形运丝进行摆动焊接，焊丝的右侧角约 75°，当焊丝摆动到定位焊缝的边缘时，在击穿试件根部形成熔孔后，约使电弧停留 2s，使其接头充分熔合，然后以稍快的焊接速度改用月牙形运丝摆动向前施焊。

施焊过程中每完成一个月牙形运丝动作，必须使新熔池压住上一个熔池的 1/2，这样能避免焊丝从间隙中穿出，造成焊穿，或中断焊接，影响焊接质量，运丝到坡口两侧稍停，中间稍快，使焊缝表面成形较平，两侧避免夹角产生。

施焊过程中，为使背面焊透并成形良好，应随时观察并掌握熔池的形状和熔孔的大小，熔池要呈椭圆形，熔孔直径应控制在 4～5mm 之间（坡口钝边两侧各熔化 1～1.5mm）。焊接过程中焊丝的摆动频率要比焊条电弧焊时慢些，因 $CO_2$ 气体既起保护熔池不被空气侵入和稳定电弧燃烧的作用，同时也能起到冷却作用，受热截面较小，所以比焊条电弧焊容易控制熔池形状，焊速稍慢也不容易焊穿。

收弧时，应使焊丝在坡口左侧或右侧停弧，并停留 3～4s，使 $CO_2$ 气体继续保护没有彻底凝固的熔池不被空气侵入，避免产生气孔。

接头时，应在弧坑后 10mm 处引燃电弧，仍以锯齿形向前运丝，当焊丝运动到弧坑边缘时，约停 2s，以使根部接头熔合良好，然后再继续施焊。

② 盖面层的焊接。焊接盖面层时，焊丝倾角大致与打底焊相同，焊接电流比打底焊稍大。

为使盖面焊成形良好，作锯齿形运丝，两边慢、中间快，因 $CO_2$ 气体的冷却作用，焊缝边缘温度较低，容易产生熔合不良，所以焊丝运动时，必须在两边作比普通电弧焊稍长的停顿，以延长焊缝边缘的加热时间，使焊缝两边有足够的热量，以便坡口两侧熔合良好，避免未熔合等缺陷。同时施焊过程中焊丝的摆动要均匀，坡口两侧停顿时间要一致，以免焊偏，电弧压过每侧坡口边缘 2mm 为宜，焊缝表面余高为 $1 \sim 1.5mm$ 最好。

## 30. $CO_2$ 气体保护半自动焊（实心焊丝）立焊单面焊双面成形

### （1）准备工作

与平焊同。

### （2）试件组对

试件组对间隙为 $2.5 \sim 3mm$，钝边为 1.5mm，坡口角度为 70°，反变形量为 2.5mm。

要求试件坡口及其两侧各 20mm 范围内不得有油、锈、水分等，并露出金属光泽。

定位焊与平焊同。

### （3）工艺参数

$CO_2$ 实心焊丝立焊工艺参数见表 1-34。

表 1-34  $CO_2$ 实心焊丝立焊工艺参数

| 焊层 | 焊接电流/A | 电弧电压/V | 伸出长度/mm | 气体流量/(L/min) |
|------|-----------|-----------|-------------|-----------------|
| 打底层 | 100 | 19～20 | 12 | 10 |
| 盖面层 | 120 | 20 | 10～12 | 10～12 |

## （4）焊接操作

试板连续焊两层焊完，要求单面焊双面成形，正、背面的焊缝余高均要求达到 0.5～2.5mm。

① 打底层的焊接。施焊时，采用立向上连弧焊。先在试件的始焊处起弧（间隙下端），焊丝在坡口两边缘之间作轻微的横向运动，焊丝与试件下部夹角约为 80°，当焊到定位焊端头边缘，坡口熔化的铁水与焊丝熔滴连在一起，听到"噗噗"声，形成第一个熔池，这时熔池上方形成深入每侧坡口钝边 1～2mm 的熔孔，应稍加快焊速，焊丝立即作小月牙形摆动向上焊接。

$CO_2$ 立焊的操作要领与普通电弧焊大致相似，也要"一看、二听、三准"。"看"就是要注意观察熔池的状态和熔孔的大小，施焊过程中，熔池呈扇形，其形状和大小应基本保持一致。"听"就是要注意听电弧击穿试件时发出的"噗噗"声，有这种声音证明试板背面焊缝穿透熔合良好。"准"就是将熔孔端点位置控制准确，焊丝中心要对准熔池前端与母材交界处，使每个新熔池压住前一个熔池，搭接 1/2 左右，防止焊丝从间隙中穿出，使焊接不能正常进行，造成焊穿，影响背面成形。

熄弧的方法是先在熔池上方做一个熔孔（比正常熔孔大些），然后将电弧拉至坡口任何一侧熄弧，接头的方法与手工电弧焊相似，在弧坑下方 10mm 处坡口内引弧，焊丝运动到弧坑根部时，焊丝摆动放慢，听到"噗噗"声后稍作停顿，随后立即恢复正常焊接。

② 盖面层的焊接。焊接盖面层时，焊丝与试件下部夹角为 75°

左右，焊丝采用锯齿形运动为好（因 $CO_2$ 气体保护焊起肉大，比用其他方法焊缝余高大）。焊接速度要均匀，熔池铁水应始终保持清晰明亮。同时焊丝摆动应压过坡口边缘 2mm 处并稍作停顿，以免咬边，保证焊缝表面成形平直美观。

施焊过程中，接头的方法是，在熄弧处引弧接头，收弧时要注意填满弧坑，焊缝表面余高为 $1\sim1.5mm$ 最好。

## 31. $CO_2$ 气体保护半自动焊（实心焊丝）水平角焊缝的焊接

**（1）准备工作**

与平焊同。

**（2）试件组对**

① 试件为厚 10mm 的 16Mn 钢板，试件接头形式尺寸如图 1-118所示。

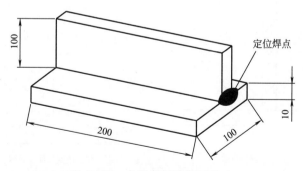

图 1-118　水平角焊缝组对尺寸

② 要求两板组对严密结合，立板与底板垂直，在试件两端点固焊牢，不得有油、锈、水分等，并露出金属光泽。

## （3）工艺参数

水平角焊缝焊接工艺参数见表 1-35。

表 1-35　水平角焊缝焊接工艺参数

| 焊道 | 焊接电流/A | 电弧电压/V | 伸出长度/mm | 气体流量/(L/min) |
|------|-----------|-----------|-------------|------------------|
| 1,2 | 120 | 20 | 12～13 | 10 |
| 3,4,5,6 | 130 | 20～21 | 10～12 | 10 |

注：1、2 焊道为第一层焊缝，3、4、5、6 焊道为第二层焊缝，见图 1-119(b)。

## （4）焊接操作

试板单道连续焊两层、三道焊缝焊完，要求焊脚高度为 10mm。

电弧在始端引燃后，第一层焊道施焊时焊丝以直线匀速运动。焊丝上、下倾角为 45°，焊丝对准水平板侧 1～2mm 处 ［图 1-119 (a)］，防止焊偏，以保证两板的熔深均匀，焊缝成形良好。

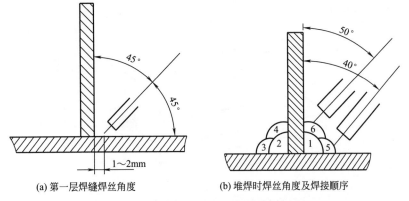

(a) 第一层焊缝焊丝角度　　　(b) 堆焊时焊丝角度及焊接顺序

图 1-119　焊接时焊丝角度及焊接顺序

为防止角焊缝出现偏板（焊缝偏上板或偏下板）、咬边缺陷，保证焊缝成形美观，第二层的 3、4、5、6 焊道用堆焊形式，直线运动不作摆动连续焊接完成。

## （5）几点体会

$CO_2$ 气体保护焊容易产生气孔和飞溅，为保证焊缝质量，除做好 $CO_2$ 气体使用前的提纯处理外，还要着重做到以下几点。

① 严格执行工艺参数，在每焊接一种工件前，首先做好工艺评定，由焊接技术比较熟练的焊工，试焊确定能保证质量的焊接工艺参数，以点代面，共同执行。

② 焊接电流和电弧电压要适中。焊接电流和电弧电压都是重要的工艺参数，选择时必须两者相互配合恰当。因为两者决定了熔滴过渡形式，对飞溅、气孔、焊缝成形、电弧燃烧的稳定性、熔深及焊接生产率有很大的影响。

短路过渡形式焊接时，焊接电流在 80～240A 范围内选择，电弧电压在 18～30V 范围内相匹配。

③ 焊丝伸出长度要适当。焊丝伸出长度取决于焊丝直径，焊丝伸出长度一般等于焊丝直径的 10～11 倍。若过长，容易产生飞溅、气孔等缺陷，电弧不稳，影响焊接的正常进行；若过短，电弧作用不好，容易产生未熔合等缺陷。

④ $CO_2$ 气体流量的选择。$CO_2$ 气体流量过大，能加快熔池金属的冷却速度，但使焊缝塑性下降；$CO_2$ 气体流量过小，降低其熔池保护效果，容易产生气孔，细丝（$\phi 0.8～1.2mm$）焊接时，一般 $CO_2$ 气体流量为 8～16L/min。

⑤ 不使用阴天、下雨（雪）天灌制的 $CO_2$ 气瓶。

⑥ 严格按规定使用干燥加热器。

⑦ 在灌装新的 $CO_2$ 气体前，应将气瓶中剩余的气体放净。

⑧ 配备技术比较熟练的电工，维护和保养 $CO_2$ 焊机，使其始终保持正常状态。

⑨ 鉴于 $CO_2$ 半自动焊与普通手工电弧焊有相同之处，建议在培训 $CO_2$ 焊的焊工时，挑选手工电弧焊技术较好的焊工来参加，

这样能缩短培训期、效果好、成功率高。

## ⨠ 32. $CO_2$ 气体保护半自动焊常见缺陷及防止措施

### （1）气孔

产生原因如下。

① 焊件、焊丝表面有锈、油、水分等。

② $CO_2$ 气体流量较小、喷嘴被飞溅物堵塞等。

③ 室外焊接没有防风措施。

④ $CO_2$ 气体不纯。

⑤ 焊丝内硅、锰含量不足。

⑥ 焊枪摆动幅度过大、过快，破坏了 $CO_2$ 气体的保护作用。

⑦ $CO_2$ 流量计损坏或气体调节器的减压阀冻结，不送气。

防止办法如下。

① 焊前认真进行焊件与焊丝的清理。

② 适当加大 $CO_2$ 气体流量，清理喷嘴中的飞溅物。

③ 室外焊接应适当加大 $CO_2$ 气体流量，同时加强防风措施。

④ 焊接用 $CO_2$ 气体纯度大于 $99.5\%$，做好使用前的 $CO_2$ 气体提纯处理。

⑤ 选用合格焊丝。

⑥ 加强焊工操作训练。

⑦ 检查流量计和减压阀，保护正常使用。

### （2）烧穿

产生原因如下。

① 焊接电流大，焊接速度慢。

② 组对时，坡口根部的间隙过大或钝边过小。

③ 打底焊时，焊枪摆动不合适。

④ 焊工操作技术不熟练。

防止办法如下。

① 选择合适的焊接电流与焊接速度。

② 选择合适的组对间隙与钝边尺寸。

③ 打底焊时宜采用左向焊法，焊枪宜采用小月牙形摆动。

④ 加强焊工操作培训。

## （3）未熔合、熔合不良

产生原因如下。

① 焊接电流过小，焊接速度太快。

② 焊丝伸出长度太长（喷嘴与被焊工件距离太远）。

③ 组对坡口角度及间隙过小，钝边过厚。

④ 焊枪摆动与停顿时间不合适。

⑤ 送丝不均匀，熔化铁水越过焊丝。

防止办法如下。

① 选择合适的焊接工艺参数，尤其焊接电流与电弧电压的匹配要合适。

② 选择合适的坡口角度、钝边及间隙。

③ 检查、调整送丝机构，检查、清理导电嘴的飞溅物或更换导电嘴。

④ 加强焊工操作培训。

## （4）飞溅大

产生原因如下。

① 短路过渡时，电感量过大或过小；焊接电流与电弧电压不匹配；焊接速度过快。

② 导电嘴的丝孔磨损大。

③ 焊丝和焊件清理不彻底。

防止办法如下。

① 调整电感量，调整焊接电流与电弧电压及焊接速度等焊接参数，以适应焊接的需要。

② 清理导电嘴及喷嘴内的飞溅物，更换磨损严重的导电嘴。

③ 加强焊丝和焊件的焊前清理。

### （5）焊缝形状不规则

产生原因如下。

① 焊丝未经校直或校直不好。

② 导电嘴磨损而引起电弧不稳。

③ 焊丝伸出长度过长。

④ 焊接速度不匀，忽快忽慢。

⑤ 焊枪摆动不匀，忽宽忽窄。

防止办法如下。

① 调整送丝机构。

② 更换导电嘴。

③ 调整焊丝伸出长度。

④ 选择合适的焊接参数。

⑤ 加强焊接基本功的练习。

### （6）电弧不稳

产生原因如下。

① 导电嘴直径过大。

② 导电嘴磨损严重。

③ 送丝盘乱丝造成焊丝缠在一起。

④ 因送丝轮槽磨损或送丝轮与焊丝直径不匹配，造成送丝不良。

⑤ 送丝轮加压不够（加压轮松动）。

⑥ 送丝管阻力大。

防止办法如下。

① 使用与焊丝相匹配的导电嘴。

② 更换导电嘴。

③ 整理焊丝。

④ 更换送丝轮。

⑤ 进行加压调整。

⑥ 理顺送丝管，并减少弯曲度，清理送丝管内的铁锈、铜末及粉尘。

### （7）焊丝熔在导电嘴上

产生原因如下。

① 焊接电流与电弧电压不匹配。

② 导电嘴与被焊工件距离过短。

③ 送丝不良。

防止办法如下。

① 调整焊接电流与电弧电压。

② 导电嘴与被焊工件保持适当距离。

③ 清理送丝管。

## ▶ 33. 大型高炉炉壳的焊接

### （1）工程概况

上海重点工程上钢一厂 $750m^3$ 大型高炉（包括三个热风炉、一个除尘器、围管与上下降管等配套工程），是"创全优、争信誉"的必保工程项目。高炉炉壳由 22～36mm 的 Q235 与 16Mn 钢板按不同锥度、直径滚压一环叠一环共 24 环（带）组对焊接而成，炉壳高 34m，重 244t，炉壳焊缝共 808m，其中横（环）焊缝 654m，立焊缝 154m，焊条填充量为 9420kg，炉壳形状详见图 1-120。

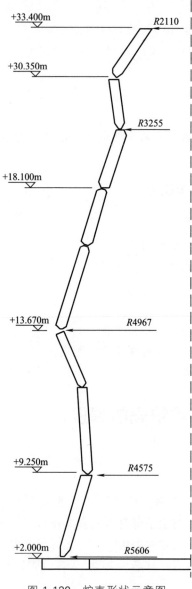

图 1-120　炉壳形状示意图

焊接炉壳结构应力大，易变形，易产生裂缝、夹渣等焊接缺陷，尤其是南方降雨量大，空气湿度高，高空作业风速大，极易产生气孔，因而焊接工艺复杂，焊接质量要求严格，Ⅱ级以上为合格。

## （2）确保工期、保证焊接质量，着重做好焊工培训是关键

① 建立由公司领导、焊接工程师和有实际经验的焊接技师"三结合"的培训领导小组，做到时间落实，培训场地落实，组织落实，焊接设备落实，人员落实。

② 挑选爱动脑筋、责任心强、吃苦耐劳、焊接基本功扎实的青年焊工集训。

③ 采取理论联系实际的授课方法，着重对焊工进行厚板立焊和横焊的焊接培训。

④ 定期对焊工所焊试件进行 X 射线检测以及焊接变形和焊缝外观质量评定。目的是为高炉工程的正式焊接总结经验，确定切实可行的焊接工艺。

经过严格的培训和焊工的努力，涌现出一大批主人翁意识强、技术过硬的青年焊工，经考试有 60 人取得了焊工合格证，为高炉工程的施工建设奠定了有力的基础。

## （3）焊前准备及采取的措施

高炉炉壳由于钢板厚，坡口角度较大，焊缝填充金属量多，因而焊接应力也较大，最易出现的焊接缺陷是未焊透、夹渣、气孔、裂纹等。要保证焊接质量，必须制定严格的焊接规范及工艺措施。

① 采用具有良好力学性能和抗裂性能的 E4316 焊条，使用前进行严格的烘干处理（350℃×1.5h），随用随取。

② 配备大型红外线烘干箱，每个焊工配备一个焊条保温筒。

③ 为控制焊接应力和焊接变形量，炉壳的立焊缝采用不对称 X 形坡口，内大外小，组对坡口角度为 65°；炉壳的横（环）焊缝

采用不对称的 K 形坡口，也是内大外小，坡口角度为 45°，详见图 1-121。

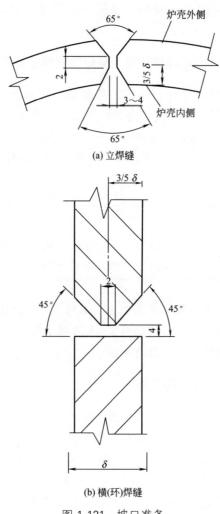

(a) 立焊缝

(b) 横(环)焊缝

图 1-121  坡口准备

④ 坡口及两侧不得有锈、水、油污等并露出金属光泽，焊接前用氧-乙炔焰烤坡口及其两侧各 100mm 处，温度为 80～100℃

为宜。

### （4）高炉炉壳的立焊

① 定位焊。定位焊缝是正式焊缝的一部分，所以不但要单面焊双面成形，而且特别要注意焊接质量，不得有裂纹、夹渣、未焊透、缩孔等缺陷，定位焊缝的两端要磨成斜坡，以便于接头。定位焊电流比正常焊接时要大 10%～15%，用较细的焊条（$\phi 3.2mm$），每段长度为 50～60mm，高为 4～5mm 为宜，每间隔 400mm 左右定位焊一段。

② 打底焊。用连弧焊方法施焊，先焊炉壳内侧焊缝，采用 $\phi 3.2mm$ 焊条，焊接电流为 110A 左右，在坡口内划擦引弧，稍稳弧后，焊条在坡口两侧钝边之间作小幅度横向向上摆动，听到"噗噗"声时，坡口中心出现 5mm 左右的熔孔后，应稍加快焊接速度，压低电弧，连续向上焊接。

为防止焊接缺陷的产生，施焊时，焊条向下倾角为 50°～60° 为宜。施焊时电弧长度要适中，焊接电弧过短，影响熔渣的上浮，易造成夹渣、熔合不良，电弧过长，使电弧保护气幕形成不好而产生气孔，电弧长度保持在 4mm 左右为宜。焊条应作月牙形或锯齿形向上摆动，在坡口两侧稍加停顿，这样能使熔敷金属与母材熔合良好，可有效避免夹渣和咬边缺陷，防止出现坡口根部两侧夹角过大、中间焊肉过多的现象。

操作时手要稳，摆动要均匀，其要领是"一看、二听、三准"。"看"就是要密切注意观察熔池上方，应形成深入每侧坡口边缘 2mm 左右的熔孔，并保持大小基本一致。"听"就是焊接时要注意听电弧发出的"噗噗"声，这证明已焊透，背面成形良好，焊接速度合适，如果没有这种声音，就证明没有焊透。"准"就是使每个新熔孔与前一个熔池准确地搭接 2/3 左右。

更换焊条时，速度要快，接头时，在焊道熄弧的弧坑下方 15mm 处引弧，以正常运条速度运到弧坑 1/2 处时，将焊条角度迅速变成大约 90°，同时，尽力把电弧往坡口背面送入（电弧往下压），听到"噗噗"声时，证明接头良好，然后稍加快焊接速度，正常向上焊接，这样做可以避免焊缝脱节、熔合不良等缺陷。

③ 填充焊。填充层的施焊，焊条向下倾角为 70°左右。采用 $\phi 4mm$ 焊条，焊接电流为 140A 左右。施焊过程中，电弧在坡口两侧停留的时间应稍长些，始终压低电弧，以均匀的焊速、"8"字形运条法向上运条，这样能避免产生夹渣、气孔等缺陷，能有效避免在坡口两侧产生过深的夹角，使焊缝表面平滑美观，并使填充层低于高炉炉壳表面 1～2mm，给盖面层施焊打下良好的基础。

④ 盖面焊。盖面层的焊接采用 $\phi 4mm$ 焊条，焊接电流要适中（140A 左右为宜），焊条向下倾角约 60°，充分利用电弧的吹力，防止焊肉下垂产生焊瘤，压低电弧，采用锯齿形或"8"字形运条法摆动为好，当焊条摆动到距两侧坡口 2mm 处稍作停留，防止咬边，熔池呈椭圆形，并保持大小一致，熔池铁水始终保持清晰明亮，更换焊条时，在什么位置收弧，就在什么位置接头，焊缝表面余高以 1.5～2.0mm 为好。

⑤ 注意事项。减少焊接应力和焊接变形，保证炉壳的圆度，严格遵守焊接顺序和合理安排焊工是十分重要的。

a. 先焊炉壳内侧的坡口，清根后，再焊炉壳外侧的坡口。

b. 组对好的每一环炉壳，几条立焊缝要同时安排几个焊工焊接，焊接时严格遵守焊接工艺规程，控制焊接工艺参数。

c. 每条焊缝上下留 100～150mm 不焊（炉壳内外两侧均不焊），待组装上带（环）后再焊，详见图 1-122。

d. 保证组对间隙，严禁强行、刚性过大组装。

e. 每条焊缝按规定一次焊完，中途不得中断。

## （5）高炉炉壳的横（环）焊

先焊接两环之间组对后没有焊接的那些 100～150mm 立焊段，然后再焊接高炉炉壳内侧横（环）焊缝，清根后再焊外壳坡口。每

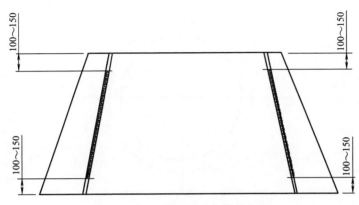

图 1-122 立焊缝暂时不焊的位置

条横（环）焊缝采用多人多段、相同工艺参数完成。每段焊缝的起焊部位应在横（环）焊缝上下两道相邻立焊缝距离的中间，详见图 1-123、图 1-124。

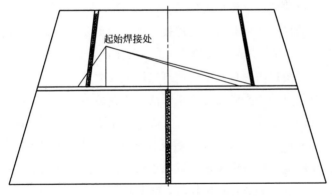

起始焊接处

图 1-123 横（环）焊缝起始位置

① 定位焊。与立焊相同。

② 打底焊。采用 $\phi 4mm$ 焊条，焊接电流为 145A 左右，连弧施焊。

施焊时，先在始焊的上坡口面上引弧，用电弧将上坡口钝边熔

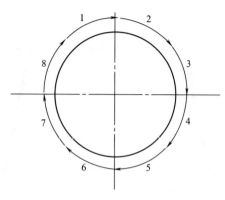

图 1-124 焊工位置

化后，再把电弧带到下坡口钝边处，听到"噗噗"声时，就形成第一个熔池，同时熔池前方形成 5mm 左右熔孔，随后压低电弧，采用椭圆形运条法连弧焊接，施焊过程中既要防止坡口上侧夹角太深，又要避免坡口下侧出现棱子。

正确的焊条角度和合适的焊接速度是很重要的，焊条与前进方向约为 75°，与下炉壳角度约为 80°，在保证焊口钝边熔合良好的情况下，可稍提高焊接速度，使打底层不要太厚。

换焊条时的接头做法是，熄弧前，先在熔池的前方用电弧打一个比正常焊接熔孔大一些的熔孔，更换焊条要快，引燃电弧，拉到弧坑后 20mm 处，直线运条到熔孔根部往后压电弧，听到"噗噗"声后稍作停顿，然后恢复正常运条手法，这种操作有利于铁水熔渣顺利分离，避免夹渣，焊肉较薄，接头良好。

③ 填充焊与盖面焊。填充层与盖面层均经多层多道连弧堆焊而成，填充层堆焊的第一道、第二道焊缝用 φ4mm 焊条，焊接电流为 150~160A，以后各层各道焊缝均用 φ5mm 焊条，焊接电流为 160~190A，运条手法采用直线或划小圈焊接，横（环）焊缝操作时焊条角度详见图 1-125。

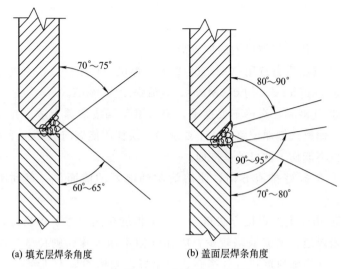

(a) 填充层焊条角度　　　　　(b) 盖面层焊条角度

图 1-125　横（环）焊缝操作时焊条角度

④ 注意事项。

a. 相连焊道搭接要适当，以免产生深沟，造成层间夹渣，各焊道间搭接为 1/2。

b. 各焊道必须严格清渣，各接头需错开 150mm 以上。

c. 严禁在丁字接头处引弧或熄弧。

d. 填充层要力求表面平整，低于炉壳表面 1.5～2mm，同时不得破坏坡口轮廓，以利于盖面层的焊接。

e. 盖面焊电弧应压过上下坡口两侧 2mm，并高出炉壳表面 2～3mm，从而形成成形美观、圆滑过渡的焊缝。

## （6）炉壳外侧的清根与焊接

高炉炉壳立焊与横（环）焊分别采用不对称的 X 形和 K 形坡口，炉壳内侧坡口大、外侧坡口小，焊接程序为先焊壳内侧大坡口，然后炉壳外侧经电弧气刨清根、砂轮磨光后，再焊外侧的小坡口，这样做的好处是，能有效减少焊接应力和焊接变形，能减少气刨的烟尘对人体的伤害。气刨清根操作角度好，清根彻底，能保证质量。

① 气刨前将坡口内的焊渣刮掉。

② 气刨设备选用 AXL-500 直流电焊机，直流反接，空气压力不低于 6kgf/cm² （约 0.6MPa），电流强度为 400A。

③ 气刨时，炭棒不要摆动，要求运条深浅掌握合适，并保持刨槽不偏离气刨原定路线，手要求稳，炭棒不能偏向坡口的任何一侧，更不能伤了坡口的基准面。

④ 掌握好排渣方向，使熔渣吹到电弧的前面，一直到刨完为止。

⑤ 由于上述焊接方法得当，加上焊缝金属熔透基本良好，气孔、未焊透、夹渣缺陷较少，因而气刨不用太深，刨掉 3～4mm 即可，这样做速度快、效率高、效果好，刨槽均呈 U 形坡口。清根彻底。

⑥ 刨完后，用砂轮打磨露出金属光泽，确认无缺陷后，方能焊接炉壳外坡口，焊接方法与炉壳内坡口相同［立、横（环）焊］。

## （7）结语

由于措施采取得当，焊接工艺和焊接方法正确，焊缝内在质量良好，经超声波检测，合格率为 98.6% 以上，焊缝外观成形美观，受到上钢一厂领导和工程技术人员的高度赞扬，该 750m³ 高炉被评为冶金部优秀工程。

# ▶ 34. 下向焊在高压输送管道工程中的应用

太原钢铁公司尖山铁矿精矿粉高压输送管道工程是亚洲第一条长距离精矿粉输送管道，全长 104.8km，由美国 PSJ 公司负责工艺设计，管道部分由中国石油天然气总公司管道设计院设计。该管道工程不仅施工难度大（沿途地形复杂，管道多次穿越隧道、河流、铁路及高空吊挂等），而且质量要求高（因该管道长距离输送矿粉，中途没有加压站，要求承受 19.6MPa 的压力）。检验标准为美国 API-1104 标准，要求平原段焊缝用 100％超声波检测，100％X 射线全圆复检，穿越及高空吊挂段焊缝采用 100％X 射线全圆检测，并且管道全线贯通后要进行严格的试压（23.5MPa）和通球试验，要求必须采用全位置下向焊方法来完成管道焊接。

金属管道全位置下向焊焊接速度快，焊缝成形美观，内在质量好，超声波检测、X 射线检测合格率高，尤其是单面焊双面成形平缓、均匀，是普通焊条电弧焊所不能比拟的。施焊工作由一批经过严格培训、经考核并取得了金属管道下向焊合格证的焊工完成。

### （1）焊前准备

钢管材质为 X60H。选用日本产 $\phi3.2mm$、$\phi4.0mm$ KOBA E7010 纤维素下向焊焊条，使用前进行 80℃烘干，1h 保温处理，随用随取。施焊前，应将坡口及其两侧各 60mm 范围内的泥土、油污、铁锈、水分等清理干净，露出金属光泽。

### （2）焊件组对

管组对与定位焊是保证下向焊焊接质量，促使管接头背面成形良好的关键。如果坡口形式、组对间隙、钝边大小不合适，易造成

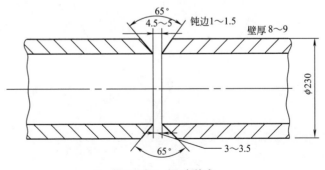

图 1-126 组对形式

内凹、焊瘤、未焊透等缺陷。组对形式如图 1-126 所示。

为保证错边量＜1.5mm，管对接应在专用对管器上进行。定位焊是正式焊缝的一部分，不但要求单面焊双面成形，而且要注意保证焊接质量，不得有裂纹、夹渣、未焊透、气孔、焊瘤等缺陷。定位焊的长度≤20mm，高 3mm 为宜，焊缝的两侧应打磨成缓坡状，以利于接头，组对时应将钢管垫平，不得悬空，定位焊为两点（图 1-127）。定位焊选用 $\phi$3.2mm 焊条，焊接电流为 100～120A，电弧电压为 21～22V。

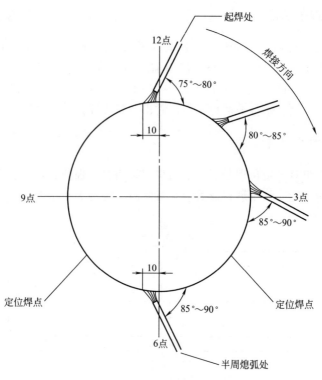

图 1-127　下向焊焊条角度

## （3）工艺参数

下向焊焊接工艺参数见表 1-36。

表 1-36　下向焊焊接工艺参数

| 焊层 | 焊接直径/mm | 焊接电流/A | 电弧电压/V |
|---|---|---|---|
| 打底层 | 3.2 | 90～120 | 21～22 |
| 填充层 | 4.0 | 130～180 | 24～28 |
| 盖面层 | 4.0 | 120～150 | 22～26 |

注：1. 管的规格为 φ230mm×8mm（9mm）。

2. 填充层 φ230mm×8mm 为 2 层，φ230mm×9mm 为 3 层。

## （4）焊接操作

为保证焊接质量，下向焊时，正确运用焊条角度十分重要。打底焊、填充焊、盖面焊的焊条角度基本相同，只是电弧长度及运条形式不同，焊缝的宽窄主要由电弧的长短及运条形式来控制。管的焊接分两个半周完成，起弧、收弧处均选在管的半周中心向前 10mm 处。

① 预热。施焊前，在坡口及两侧 100mm 范围内进行火焰预热，预热温度应均匀上升，预热温度为 100～120℃为宜。

② 打底层的焊接。打底层施焊时，从管接头的 12 点位置向前 10mm 处引弧形成第一个熔孔后，焊条迅速压低，采用短弧焊接，焊条作直线或往复小动作，快速、均匀、平稳地下向运条，要求焊工注意力必须集中，做到"听、看、送"。"听"就是要注意听是否有电弧击穿管坡口钝边所发出的"噗噗"声。"看"是要注意观察熔池的温度和熔孔形状大小，熔孔形状大小应保持基本一致。熔孔过大，说明焊接速度慢，熔池温度高，容易烧穿，形成焊瘤；熔孔过小，说明焊接速度过快，焊接电流小或焊条角度不当，易造成未熔合。熔孔大小应控制在每侧坡口钝边熔化

1.5mm 左右为宜。"送"就是根据坡口间隙、钝边大小，通过合适的电弧长度、焊条角度、焊接速度及运条方式来控制熔池温度和熔孔大小，把铁水准确送到坡口的根部，三者相互协调好，以达到单面焊双面成形良好的目的，从而防止内凹、焊瘤、未焊透、夹渣等缺陷的产生。

熄弧接头的方法是在熔池的下方做一个比正常焊时所形成的熔孔大些的熔孔，并迅速用磨光机将下向焊造成的溢流凸起的焊道端头磨成缓坡状，使接头处变薄。接头时，焊条运动到弧坑边缘根部时，要将电弧尽量往里压，听到"噗噗"声后，稍停一会儿，随后恢复正常焊接，这样有利于接头，使管背面焊缝成形，避免形成内凹或接头脱节的缺陷。

③ 填充层的焊接。打底焊完成后，立即用角向磨光机将焊缝打磨干净，不得有夹渣、气孔、弧坑、焊瘤等缺陷。

填充层的关键在于焊接电弧要略高些（电弧长度＝焊条芯直径×1.5 为宜），施焊时焊钳要稳，焊接速度稍快并要均匀，使熔池成圆片状为宜。避免电弧过低或焊条角度不当造成"顶弧"，使铁水与熔渣分离不清，铁水或焊渣倒流严重（超过焊条），造成夹渣和未熔合等缺陷。

填充焊时管的上部（12 点位置处）容易凹陷、缺焊肉，而管的下部（5 点～6 点、7 点～6 点位置处）铁水容易下坠。上述情况一定要"填起磨平"，以填满坡口并低于管平面 1mm 左右为宜，并保持坡口边缘轮廓，以利于盖面层的焊接。

④ 盖面层的焊接。由于坡口面尺寸较宽，盖面层焊接时，焊条应沿坡口两侧稍作横向摆动或反月牙形运条向下焊接，要求表面焊缝圆滑过渡，成形美观，焊缝余高比管平面高出 1mm 为好。

盖面焊在仰焊处易出现铁水下坠形成的焊瘤和咬边现象，主要是焊接电流过大、焊条角度不对及焊接速度不当引起的。为克服这种现象，焊条运行到该位置时，应尽量垂直于管的平面，利用电弧的喷射力和电弧的覆盖面积，采用适当的焊接速度和运条方式将铁水喷射过渡上去，来克服仰焊位置易出现的咬边和焊肉下垂现象。

## （5）几点体会

① 金属管道的全位置下向焊对焊接设备有严格要求。所用的电焊机应引弧容易、燃烧稳定；焊接时飞溅小、不粘条，焊缝成形美观；为适应野外施工要求，焊机应体积小、重量轻、移动方便；野外施工要有防风措施。

② 下向焊方法对坡口形式、间隙、钝边大小均有严格要求，施焊前应通过焊接工艺评定来确定最佳组对尺寸。

③ 选用适当的焊接电弧长度、焊接角度、运条方式和焊接速度是保证下向焊质量的关键。这与普通手工电弧焊的常规方法有所不同，需要每个焊工根据具体情况去研究，做好上岗前的培训，以适应焊接工艺要求。

④ 焊前应对焊接区域进行火焰预热，预热温度为 $100 \sim 120℃$，这有利于打底焊时纤维素焊条不粘条，焊接电流稳定，坡口两侧熔合良好。

⑤ 下向焊每遇到熄弧和接头时，应将凸起焊道的端部磨成缓坡状，以利于接头，防止局部未熔合及夹渣等缺陷。

⑥ 每焊完一层要认真清渣。打底焊后的第一层填充层因焊道较薄，应防止电弧烧穿。

## （6）结语

下向焊采用的纤维素焊条可形成气渣保护，接近明弧焊效果，熔池清晰，电弧吹力较大，从而增加了对管接头坡口根部的穿透能力，根部易于焊透并背面成形良好。实践证明，该方法适用于长距离高压输送管道工程，不仅能提高焊接施工速度，而且能保证焊接质量。该焊接方法容易掌握，可在管道工程中推广。

##  35. 大口径热力钢管道的焊接

利用电厂余热集中供热既节约能源,又利于环保,为此越来越受到城市建设的重视。大口径热力钢管的焊接,在大同市 2×50MW 集中供热工程中被列为严格要求项目。除要求接头为全熔透焊缝外,对管道焊缝的耐蚀性及焊缝的表面质量也有严格的要求,焊缝表面质量应符合 GJJ 28《城市供热管网工程施工及验收规范》的规定,焊缝(管内、外)应平缓、均匀、不得有明显的凸凹焊道,并按 GB 3323《钢焊缝射线照片及底片等级分类法》的规定,Ⅱ级以上为合格。

在转动管件与固定管件的焊缝质量检查中,抽样均达到Ⅱ级以上,一次合格率为 99.6%,现将操作工艺介绍如下。

### (1)焊前准备

钢管材质为 Q235,规格为 $\phi$820mm×10mm 螺旋焊管。采用 BX1-500 交流弧焊机、E4303 电焊条,焊条在使用前进行 150℃烘干 1h 处理,随用随取。施焊前应将坡口及其两侧各 60mm 范围内管表面上的泥土、油污、锈蚀、水分等清理干净,露出金属光泽。

### (2)转动管件的焊接

① 组对定位。管件的组对定位焊是保证焊接质量、促使管接头背面成形良好的关键,如果坡口形式、组对间隙、钝边大小不合适,易造成内凹、焊瘤、未焊透等缺陷。组对形式如图 1-128 所示。

定位焊时,根据管件情况,用 8~10 块定位板(200mm×80mm×10mm)均布于管周,组对间隙均为 4mm。定位时,应保证接管间的同心,错边量<1.5mm。焊接定位板时,应焊管板角焊缝的同一方向,以方便取下。

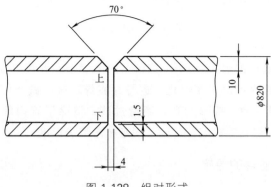

图 1-128  组对形式

② 打底层的焊接。采用电弧焊单面焊双面成形操作方法完成。选用 $\phi3.2mm$ 的焊条，以断弧击穿法焊接，焊接电流为 $115\sim125A$。施焊时，严格按照"中间起弧、右侧熄弧"的原则（即焊条在坡口间隙中心起弧后，迅速横摆至坡口左侧，再摆回坡口右侧，向下熄弧），每完成这一动作过程，间隔的时间约为 1.5s。焊接过程中，以转动管件方式将焊接位置调整到最佳焊接操作状态，即始终在管接头的 8 点半位置至 10 点半位置（3 点半位置至 1 点半位置）之间进行，定位板随着焊缝的延伸逐个打掉。

③ 填充层的焊接。仍选用 $\phi3.2mm$ 的焊条，焊接电流为 $115\sim130A$，连弧焊接。施焊前，先将打底层焊渣清理干净，然后将焊接位置以转动管件的方式保持在 9 点位置至 11 点位置（3 点位置至 1 点位置）。施焊时以两侧稍慢、中间稍快的原则，用"8"字形运条摆动，这种方法能使填充层焊道平坦，坡口两侧不出现深沟（夹角），防止层间夹渣等缺陷。施焊电弧要短，焊条摆动要均匀，以提高熔池温度，并使前一层焊道上的残渣、气孔有重新熔化的机会，以避免夹渣、气孔等缺陷，有利于表面层的焊接，必须使填充层焊道的上表面低于管表面 $0.5\sim1.5mm$，并保持坡口轮廓。

④ 盖面层的焊接。选用 $\phi4mm$ 的焊条，焊接电流为 $150\sim$

160A，施焊操作与填充层相同。焊条摆动要均匀，焊缝成形才能美观。盖面焊道两侧应超过坡口边缘 2mm，焊缝余高为 2mm 左右。

⑤ 封底层的焊接。选用 $\phi 4mm$ 的电焊条，焊接电流为 160～180A，将管内焊道重新熔化，进行封底焊，这样做能使管内焊缝宽窄、高低一致，成形美观，圆滑过渡，清除了管内焊道上的凹陷、焊瘤、缩孔等缺陷，达到了图纸技术要求标准。

### （3）固定管件的焊接

固定管件的坡口形式、定位方法及定位管的取下方法与转动管件相同。

正确运用焊条角度和掌握电弧长度是保证焊接质量的关键。打底层、填充层、盖面层的焊条角度基本相同，只是电弧长度及运条方式不同，熔池的形状主要由电弧的长短及运条形式来控制。管的焊接分两个半周完成，起弧、收弧处均选在管的半周中心向前 10mm，详见图 1-129。

前半周焊接选用 $\phi 3.2mm$ 的电焊条，焊接电流 115～125A。施焊时，先以长弧将起焊点（6 点位置前 10mm）进行预热，当坡口内出现似汗珠状铁水时，迅速压低电弧，先从右侧横摆到左侧，再从左侧摆到右侧，向下灭弧，形成第一个熔池。再起弧时，为避免在管壁背面产生凹陷，要使电弧对准坡口内角，将焊条尽量往上顶，使电弧完全作用于管壁内。从 3 点位置到 1 点位置属立焊和上爬坡位置，电弧长度应改为 2～3mm（距坡口内表面），否则管壁内会形成焊瘤过大缺陷，从 11 点位置到 12 点位置已接近平焊位置，施焊操作应为左右交替断弧焊，即先在左侧起弧，当左侧坡口熔合好后，立即在左侧向上灭弧，然后在右侧起弧，当右侧坡口熔合好后，立即在右侧向下灭弧，保持熔孔的大小基本一致，焊条倾角与立焊时相似。换焊条接头时，速度要快，先把电弧拉长，以预热管件，当看到熔池处有冒汗现象时，迅速压低电弧进行焊接，当

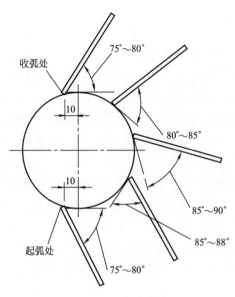

图 1-129　焊条角度

焊条摆动到坡口中心时，再将电弧有意识地往里压，并停留 2s 左右，听到"噗噗"声后，再恢复正常断弧焊接，这样做能有效避免管接头内焊缝出现凹坑或接头不良等缺陷。一直焊至超过 12 点位置 10mm 处方可熄弧。

后半周焊接前，用手砂轮将前半圈焊道的两端磨成缓坡状，同时将首端与末端各磨去 5～10mm，但不得损坏坡口边缘。施焊过程与前半圈相同，但应注意的是，当将后半圈焊缝焊至距前半圈焊缝末端 10mm 左右将收口时，绝不允许再灭弧，当封闭焊口时，应稍将焊条往下压，听到"噗噗"声后，说明根部熔透，已接好头，这时还不应熄弧，应将焊条在接头处来回摆动，延长时间，填充铁水，使封口处充分熔合，避免缩孔的产生。避免在距封口接头 20mm 左右再出现接头。

填充层、盖面层焊条随管直径的变化而变化，连弧焊接，焊接电流与运条手法和转动管件相同。

## （4）几点体会

① 打底焊的关键是通过控制熔孔的大小来保证管内部成形质量，过大，易造成焊瘤，过小，易造成未焊透等缺陷。熔孔的直径大小＝组对间隙＋3mm（每边坡口熔化 1.5mm）为宜。

② 打底焊时，焊条的熄弧位置绝不允许选在坡口中心间隙处，应选在坡口的任意一侧或焊完的焊肉上，这样才能使根部不出现缩孔。

③ 填充层焊用"8"字形运条法为宜，这样做能焊出坡口两侧没有夹角而又平缓整齐的焊道，能避免层间夹渣、气孔等缺陷。

④ 为获得表面圆滑过渡、成形美观的焊缝，盖面层采用月牙形运条为宜，并配合适当的焊接速度（填充层高的地方，焊接速度稍快，填充层低的地方，焊接速度稍慢些）来完成。

## （5）焊后处理

热力管线焊接完，按规定进行 X 射线检测→水压试验→焊口防腐处理→合格后回填掩埋。

用该工艺方法焊接热力管道，工艺简单，容易掌握，焊接效率高，焊缝返修率低，焊接质量好，易于推广。

## >> 36. 提高焊缝返修合格率的措施

在钢结构、压力容器产品制造安装中，出现超标的焊接缺陷时有发生，而抓好焊缝的返修工作是保证焊接质量的关键。在焊接施工中，对产品的焊接大多采用手工钨极氩弧焊、$CO_2$ 气体保护焊、焊条电弧焊与埋弧自动焊等焊接方法，而对焊缝缺陷的返修一般采用焊条电弧焊，以下为笔者在多年的生产实践中积累的提高焊缝返修合格率的经验，基本上做到了缺陷一次补焊成功。

① 缺陷性质的确认。返修前，由焊接技术人员、无损检测人

员与有返修经验的焊接人员共同结合 X 射线检测底片具体分析焊接缺陷性质，确定存在的位置与深度（缺陷靠近正面还是反面，是外侧还是内侧），制定返修工艺措施，以减少因位置误差而造成的过多返修工作量，为一次返修合格创造有利条件。

② 应由有丰富焊接返修经验、责任心强的持证焊工承担焊接返修工作。

③ 用碳弧气刨清除缺陷，每次气刨厚度应小于 3mm，以便发现缺陷。

④ 清除缺陷后，要用手砂轮打磨渗碳层，露出金属光泽，坡口底部呈 U 形。对裂纹、气孔等缺陷，经磁粉或着色检查，并确认缺陷已全部清除干净后，再补焊。

⑤ 焊接材料的要求。所用焊接材料必须有出厂合格证。补焊时焊条直径不宜大，一般直径不宜超过 4mm。第一层焊接时，根据返修母材的厚度，选择直径不大于 3.2mm 的焊条为好。焊接材料应按规定进行严格的烘干处理，随用随取，严格执行焊条使用管理制度，同批焊条不得连续烘干两次。

⑥ 焊前预热。补焊前，对焊接坡口及其两侧各 150mm 范围内预热，预热温度因被焊材料与部位及情况而定，力求预热温度上升均匀。层间温度不得低于预热温度。

⑦ 焊接热输入。严格遵守经过评定验证了的焊接工艺与返修焊接技术指导书，严格控制焊接热输入，对一个补焊部位要连续焊完，中间不得停顿。

⑧ 施焊注意事项。施焊中最易出现夹渣、未熔合、气孔、咬边等缺陷，造成返修失败。

a. 产生夹渣与未熔合的原因是焊接电流小，焊条角度不当或运条方法不合适。防止方法是适当加大焊接电流；宽坡口时，应采用多层多道焊，宜采用锯齿形或月牙形运条法，焊条摆动到坡口两侧时，要稍作停留，给足坡口两侧铁水，防止焊出中间高、两侧有夹角的焊道，如图 1-130 所示。利用合适的焊条角度和焊接速度，

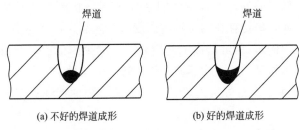

(a) 不好的焊道成形      (b) 好的焊道成形

图 1-130　焊缝成形状态的比较

避免焊渣越前，以保证坡口两侧熔合良好，防止产生夹渣和未熔合等焊接缺陷。

b. 密集性气孔也是补焊中最容易出现的缺陷，主要是采用低氢焊条引弧不当造成的。为保证一次返修成功，正确引弧是关键，严禁一起弧就焊接，也就是说，不能在起焊处或接头处引弧焊接。刚引燃电弧时，电弧燃烧还不稳定，没有形成良好的保护气罩，周围的空气很容易侵入熔池，形成气孔。合适的引燃方法是，在起焊处或接头处往前或往后在没有焊缝的坡口内（或多层焊时的前一焊道上）划擦引弧，电弧稍高点，待电弧稳定燃烧后，再迅速压低电弧，运动至起焊处或接头处进行接头焊接，待焊条运至引弧处时，要稍放慢焊接速度，将其重新熔化掉，这样做能有效防止气孔的产生，这种引弧法也称往返引弧法。

⑨ 对补焊焊缝的尺寸要求。返修焊缝要注意表面质量，不得有咬边现象出现。还要求返修焊缝不应少于两层，焊缝长不得小于 100mm，将焊缝打磨成与原焊缝外观尺寸形状一致，并圆滑过渡。

⑩ 后热处理。焊缝返修后，焊缝区域一般要进行后热处理，加热温度上升要均匀，温度为 350℃左右，保温 1～1.5h 缓冷。

⑪ 补焊的质量应符合有关标准规定，返修时，应有详细的焊接施工记录，并作为交工技术资料存档备查。

采取上述措施返修后，焊接质量稳定，合格率高，基本避免了二次返修。

# 37. $CO_2$ 气体保护焊接头产生未熔合的探讨

$CO_2$ 气体保护焊是利用从送丝焊嘴中喷出的 $CO_2$ 气体隔离空气，保护焊接电弧和熔化金属，并且不断向熔池送进焊丝与母材金属融合形成焊接接头的工艺方法。优点：明弧操作，施焊部位可见度好；焊接成本低，$CO_2$ 气体来源广，价格便宜，其焊接成本约为手工电弧焊和埋弧焊的 $40\%\sim50\%$；焊接生产效率高，由于焊接电流密度大，焊丝熔敷效率高，焊接生产效率比手工电弧焊高 $2\sim3$ 倍；电弧加热集中，受热面积较小，应力和变形小；应用范围广，适应于薄板、厚板及全位置的焊接等。缺点：焊接飞溅较大，抗风能力差，焊缝成形较差（特别是 $CO_2$ 单一气体＋实心焊丝），设备构造复杂，价格高。工程机械制造和钢结构行业广泛应用 $CO_2$ 气体保护焊，但是在操作过程中由于焊接工艺不当、管理人员业务水平和焊工操作水平所限，导致焊缝中出现未熔合缺陷的概率较大，严重影响了焊缝质量，造成焊件返厂率居高不下。通过现场调研和教学实践，针对未熔合缺陷，分析其产生原因有工艺因素和管理因素两方面。防止出现未熔合缺陷，对提高 $CO_2$ 气体保护焊焊接质量具有重要和实际的意义。

## （1）未熔合的特点及危害

① 未熔合的特点。未熔合是指熔焊时，在焊道与母材之间或焊道金属与焊道金属之间未完全熔化结合的部分。

未熔合属于面型缺陷，在 X 射线底片上常模糊不清，只有当射线透照方向垂直于未熔合面时，才有较深的黑化度，颜色深浅较均匀，通常采用超声波检测。对焊缝无损检测发现的缺陷中，未熔合占缺陷比重最大，约 $51.3\%$。所以，防止焊缝中产生未熔合，保证焊缝的焊接质量，是非常值得重视的问题。

② 未熔合的危害。根据未熔合所在部位，可分为坡口边缘未

熔合（侧壁未熔合）、层间未熔合（焊道之间未熔合）和焊缝根部未熔合三种。未熔合缺陷大都是以面状形式存在于焊缝中，是除裂纹外最严重的一种缺陷。未熔合减少了焊缝有效截面积，使焊缝强度降低，塑性和韧性下降，产生应力集中，并沿其边缘处向外扩展形成裂纹，最终导致焊缝整体开裂。

### （2）未熔合产生的原因

通过生产现场调研，发现产生未熔合缺陷的原因很多，有焊工技能水平的因素，也有焊接工艺参数选择不当的因素，还有一些管理方面的因素。

① 焊工水平较低。某车间有焊工 180 人，其中正式职工 52 人，临时职工 34 人，外包工程队焊工 94 人，经过培训取得国家质量监督检验检疫总局颁发的特种设备作业人员证的仅有 75 人，约占 41.7%。焊工稳定性差，大部分人员未经正规培训。

② 焊接操作不当。

a. 焊接电流选择不当。电流过小，焊接速度太快，焊接线能量过小，使母材坡口或上一层焊缝金属未能完全熔化；电流过大，熔敷金属过多，在母材边缘还没有达到熔化温度就覆盖上铁水而产生未熔合。

b. 焊接速度过慢。尤其是横焊位，焊接速度过慢，熔敷金属下坠会覆盖在下坡口母材上造成未熔合。

c. 坡口角度过小，焊枪角度不当。坡口角度过小，焊枪角度偏向某一边而另一边未完全熔化就被熔敷金属覆盖形成虚焊。

d. 焊接电流与电弧电压不匹配。当焊接电流与电弧电压不匹配时，电弧不能正常燃烧，热量不够造成未熔合。

e. 焊前清理不干净。母材坡口或层间焊缝有铁锈、氧化膜、对口固定物、熔渣等，污物未清除干净，焊接时未能将其熔化而盖上熔敷金属。

f. 预热温度不够。焊件过大、散热速度太快，由于预热温度低或未预热，热量不够，起焊部位温度低，使坡口的开始端未熔化，从而产生未熔合。

g. 未准确理解多层多道焊工艺。有些设计部门片面地强调多层多道焊，认为所有焊缝都要采用多层多道焊工艺，把平焊位的焊缝改成横焊位（有行车配合），增加了焊接操作难度，降低了效率。

③ 只求产量不注重质量。现场调研发现某些企业领导抓产量多，抓质量少，并且质量检测人员少，不专业。

关心焊工较少，不注重焊工培训。焊工一天要完成的任务需消耗两盘以上焊丝，有的甚至达到两盘半、三盘焊丝，焊工为了完成任务，把焊接电流调到最大施焊，质量难以保障。

### (3) 防止产生未熔合的措施

① 提高焊工操作水平是防止未熔合产生的基本途径。加强焊工培训，制定培训方案，分期分批把所有焊工轮训一次，使其熟练掌握 $CO_2$ 气体保护焊操作技能。同时，提高质检部门人员业务水平。

② 合理选择焊接工艺参数。焊接电流是重要的参数，电流的大小根据焊丝直径、母材厚度、焊接位置、焊道层次等选择，且焊接电流要与电弧电压相匹配。

焊接速度主要应根据母材厚度、焊接位置、焊道层次等选择，速度过慢时焊道变宽，焊缝厚度增加，在焊趾处出现满溢产生未熔合。通常 $CO_2$ 气体保护焊平焊位时，熟练焊工的焊接速度为 $30\sim60cm/min$。

焊丝干伸长为 $15\sim20mm$。当送丝速度不变时，干伸长越大，电流越小，熔滴和熔池温度降低，热量不足，易引起未熔合；干伸长过小，飞溅物黏附到喷嘴内壁，并妨碍视线，同时因导电嘴过热而夹住焊丝，使焊接不能正常进行。

按规程要求加工坡口，焊前对坡口和层间仔细清理，使其露出金属光泽。

对于散热速度快的焊件，可采取焊前预热，保持层间温度均匀的方法。

能进行平焊位的焊缝不要用横焊位，横焊位相对于平焊位更容易出现未熔合。对于碳钢和强度等级不高的材料、坡口宽度小于 25mm 的焊缝，完全可以采用平焊位多层焊接，但必须严格控制焊层厚度。这样既提高了生产效率，保证了焊缝质量，又降低了焊工的劳动强度。

③ 企业领导和职工应以心相交，关爱职工健康。企业领导关心职工身心健康，改善车间环境，给工人留出休息的时间，是一种关爱的体现，职工是能感受到的，工作时心情舒畅，自然会增强责任感，不仅仅以物质的得失为条件，会尽心尽力保证产品质量，共同提高企业利润。

### （4）结语

$CO_2$ 气体保护焊具有优异的特性和广阔的应用前景，在实际工作中应当分清产生未熔合的主要因素，采取合理的焊接工艺措施、改善企业管理方法，这样可有效地控制未熔合缺陷，获得满意的焊缝质量。

同时，还要提出一个问题与焊接同行们进行探讨。目前，大多焊接教材均认为 $CO_2$ 焊最容易出现的两大缺陷是气孔与飞溅，应该再加上未熔合缺陷。未熔合缺陷不可小觑，应与裂纹缺陷同等对待，望能引起广大焊接工作者的重视。

## 38. SB407 钢材焊接技法

### （1）性能指标

钢材、焊材基本情况见表 1-37。

表 1-37 钢材、焊材基本情况

| 钢材基本情况 | | | | | | | | | | | | |
| --- | --- | --- | --- | --- | --- | --- | --- | --- | --- | --- | --- | --- |
| 钢材牌号 | SB407 | | 规格 | | φ57mm×7mm(实际测量尺寸) | | | | | | | |
| 钢材的化学成分(质量分数)和力学性能 | | | | | | | | | | | | |
| 化学成分(质量分数)/% | | | | | | | | | | | 力学性能 | |
| C | Mn | Si | Cr | Ni | S | P | Ca | Ti | Al | Cu | 抗拉强度/MPa | 伸长率/% |
| 0.12 | 0.83 | 0.60 | 20.56 | 32.18 | 0.013 | 0.016 | 0.025 | 0.032 | 0.48 | 0.15 | 520 | 30 |

| 焊材基本情况 | | | | | | | | | |
| --- | --- | --- | --- | --- | --- | --- | --- | --- | --- |
| 焊丝牌号 | ERNiCr-3 | | 规格 | | | φ2.4mm | | | |
| 化学成分(质量分数)/% | | | | | | | | | |
| C | Mn | Si | S | P | Ni | Cr | Cu | Ti | Fe | 其他 |
| 0.15 | 2.5~3.5 | 0.5 | 0.015 | 0.03 | 70 | 18.22 | 0.5 | 0.75 | 3.0 | 0.50 |

## (2)焊接难点

① 焊接收弧时易产生火口裂纹。

② 打底层焊缝易氧化,坡口边及封口处极易未熔合。

③ 盖面焊时铁水黏度大、流动性差,易形成咬边。

## (3)坡口形式及对口尺寸

坡口形式为 V 形坡口,坡口形式及对口尺寸如图 1-131 所示。

## (4)焊接工艺

① 焊接设备:采用时代 ZX7-400G 逆变焊机。

② 焊接方法:手工钨极氩弧焊。

③ 钨极选用铈钨棒,规格为 φ2.5mm,在使用前应将端部磨制成圆锥形,如图 1-132 所示。

④ 焊接参数见表 1-38。焊接电流应保证铁水均匀铺开,熔池

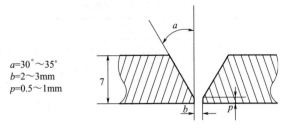

$a=30°\sim35°$
$b=2\sim3mm$
$p=0.5\sim1mm$

图 1-131　坡口形式及对口尺寸

图 1-132　钨极形状

清晰，在熔合良好前提下，提高焊接速度，降低焊层厚度，以达到控制焊接线能量的目的。

表 1-38　焊接参数

| 焊缝层次 | 名称 | 焊接电流/A | 焊接电压/V | 氩气流量/(L/min) | |
|---|---|---|---|---|---|
| | | | | 焊接流量 | 充氩保护流量 |
| 1 | 打底层 | $90\sim100$ | $9\sim12$ | $7\sim10$ | $5\sim8$ |
| 2 | 填充层 | $120\sim130$ | $9\sim12$ | $7\sim10$ | — |
| 3 | 填充层 | $120\sim130$ | $9\sim12$ | $7\sim10$ | — |
| 4 | 盖面层 | $100\sim110$ | $9\sim12$ | $7\sim10$ | — |

⑤ 质量要求：进行 100%射线检测（JB 4730，Ⅱ级合格）。

## （5）焊接操作

焊接操作流程如图 1-133 所示。

① 坡口加工及检查。坡口角度为 $30°\sim35°$，钝边为 $0.5\sim1.0mm$。对口前应对坡口及其两侧（内、外壁）各 15mm 范围内

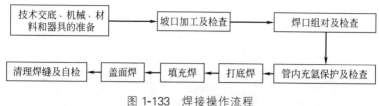

图 1-133　焊接操作流程

进行清理和打磨，应无油漆、水分、油脂及铁锈，并露出金属光泽。坡口及其附近不得有裂纹等缺陷（着色检验）。

②焊口组对及检查。焊口组对定位焊接与正式焊接规范要求相同，对口间隙为 2～3mm，在正面点固焊，定位焊缝长度为 10mm 左右，需充氩保护，焊层要薄。之后把定位焊缝的两头打磨成斜坡状，以便于接头。定位焊缝应无缺陷，如有焊接缺陷，必须用砂轮将缺陷磨掉，重新点焊。

③管内充氩保护及检查。因现场条件所限，从坡口直接充氩。焊口两侧用可溶性纸揉成球状堵塞，形成 400mm 左右长的密闭气室，对口缝隙用耐温胶带在外壁封闭（打底时会逐段烧掉）。充氩胶带前侧插一铜管或不锈钢小管，压扁成 C 形，外侧打磨薄，使其口朝下插入对口间隙内。具体充氩方法如图 1-134 所示。

充氩要由专人负责，氩气气流对准管子内侧距焊缝 10mm 以外，绝不能正对着电弧，焊前充氩流量为 7～10L/min，焊接时降到 5～8L/min，距打底封口 20mm 时快速取出充氩管。

焊前检查焊口充氩是否达到施焊要求，最简易的方法是把打火机的火苗放在坡口中心，如果火苗立即熄灭，说明充氩良好，如果火苗吹向一边但不熄灭，说明充氩欠佳，需要继续充氩。

④施焊过程。焊道的分布如图 1-135 所示。

a. 打底焊。操作时易出现的问题：打底层焊缝易氧化，焊接时铁水外溢；坡口边、接头和最后封口处及易出现未熔合；收弧时易产生火口裂纹。

原因分析：充氩时间短或充氩效果不好；电弧摆动间距较大，

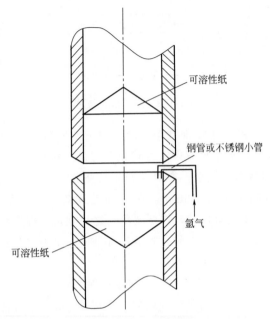

图 1-134　现场焊口安装焊接充氩示意图

坡口边和接头处停弧时间短；钢材线胀系数大，焊接弧坑易诱发火口裂纹。

处理方法：检查焊口两侧可溶性纸是否因对口敲打已掉，适当加长充氩时间；电弧深入坡口根部，均匀摆动，焊接速度不能过快，应在坡口边、接头处稍作停留，以保证熔化良好；选用小的焊接线能量，收弧时及时填满弧坑，熄弧点应在焊道外侧，即坡口侧。

焊接操作方法：水平固定、垂直固定焊接操作方法基本相似，注意焊丝端头始终处于氩气保护氛围中，采用连续送丝打底焊，电弧深入坡口根部（钨极尖距根部 2～3mm），焊丝紧贴坡口边，跟着电弧向前拖，电弧呈小锯齿形均匀向前带动铁水走，坡口两侧稍作停顿，焊到封口接头处留一小孔，不加焊丝转圈使其熔化约 15s

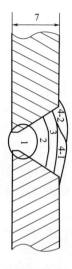

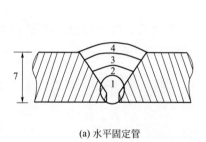

(a) 水平固定管　　　　　　　　　(b) 垂直固定管

图 1-135　焊道的分布

左右（由于铁水黏度大不易下淌），然后加焊丝封口，接着电弧退后 1cm 加丝慢速对封口处重新再熔焊一次，以保证接头熔合良好，防止内凹或熔合不良等缺陷产生。

操作要领：打底焊时能感觉铁水发亮并稍往里走，焊缝薄、窄且宽度均匀，才能使背面成形良好。

质量检查：根部焊接完成后，用钢丝刷对焊缝进行认真清理，在保证根层焊缝的质量后方可进行其他层道的焊接。

b. 填充焊。由于打底层较薄，管子较厚，故填充两层，电流比第一层稍大一些，禁止焊丝熔滴大滴过渡，保证层间熔化良好，每层焊缝厚度以 2～3mm 为宜，填充到距外坡口边缘 0.5～1mm 为宜。

c. 盖面焊。水平固定焊操作方法：焊道分布如图 1-135(a) 所示，仰焊部位起头，焊丝紧跟电弧，铁水给在坡口两侧（易于铁水迅速铺开，又防止咬边），电弧呈月牙形向上摆动，焊速均匀，收弧时填满弧坑，保持余高不大于 1mm。

垂直固定焊操作方法：焊道分布如图 1-135（b）所示，分别是焊道 4-1 和 4-2，采用月牙形摆动法，4-1 焊道填充至整个焊道宽度的 2/3，注意把下坡口熔化良好，并保持整齐，4-2 焊道填充至整个焊道宽度 1/2，其要领是电弧和焊丝必须同时到上坡口边，电弧要低，给丝要准，焊丝熔化铺开后电弧立即下移，谨防咬边。

⑤ 清理焊缝及自检。焊接完毕之后，清理焊缝，按照Ⅰ类焊缝的标准进行自检，焊口外观如图 1-136 所示。

 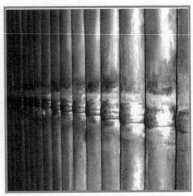

(a) 水平固定焊口　　　　　　　(b) 垂直固定焊口

图 1-136　焊口外观

## （6）结语

焊接 SB407 小径管时，采用小电流、给送焊丝时，应使铁水小滴过渡，每步多次给丝，中间多层填充，减少了焊层厚度，控制了热输入，严格按照参数焊接每一道。依据 JB 4730 的规定，对一期机组高温过热器进行了 100％无损检测，一次合格率达 99％以上，满足了施工工艺要求。

# ▷ 39. 大口径厚壁 Q345 钢管氩电联焊工艺

　　山西省万家寨引黄工程是国家水利重点工程，它的任务是向国家能源及化工基地的太原、大同、朔州等地区提供城市人民生活用水，以及向沿线附近地区提供工农业用水。在每年例行检查中发现引黄工程管理局南一泵站（扬程为 140m、流量为 25.8m³/s）压力钢管 1# ～6# 钢管材质与焊缝中存在质量问题及焊接缺陷，经专家论证，该隐患如不及时排除，一旦发生事故，将严重影响上述地区的供水，给国家带来巨大的损失。为此，引黄工程管理局决定尽快进行拆除更换。

　　钢管的材质为 Q345，规格为 $\phi$1800mm×20mm。为保证焊接施工进度和质量，决定采用氩电联焊（即手工钨极氩弧焊打底，焊条电弧焊填充、盖面）的焊接施工方案。氩电联焊方法既可保证焊缝质量，又可提高生产效益，也能达到节约材料的目的，同时还能保证焊缝良好的力学性能。

## （1）焊接施工

　　① 焊前准备

　　a. 焊接人员。焊接人员是保证焊接质量的关键，应挑选技术优秀、持证（注明氩弧焊＋焊条电弧焊两种方法焊接管试件合格）的焊工。焊工上岗前要进行模拟考试，考试的项目为 $\phi$159mm×10mm 的钢管件，验收标准参照 TSG Z6002《特种设备焊接操作人员考核细则》执行，焊好的试件先经 X 射线检测（Ⅱ级）合格后，再进行力学检验（侧弯试验）。现场考核合格的焊工，方能上岗进行焊接作业。

　　b. 焊接材料与焊接设备。打底焊采用 $\phi$2.5mm 的 ER50-6 氩弧焊丝，使用前清理其表面的油污、脏物并露出金属光泽，填充层

与盖面层焊接采用 $\phi3.2$mm 与 $\phi4.0$mm 的 E5015 电焊条,使用前需经 350℃ 烘干 1h,使用焊条保温筒保温,随用随取,氩气的纯度不低于 99.99%。

焊接设备采用 ZX7-400 逆变式直流手工/氩弧焊机。

c. 组对与定位焊。保证钢管合适的组对间隙并控制好错边量,是保证氩弧焊打底质量的关键,组对错边量不大于 2mm,坡口形式与组对间隙及钝边要求如图 1-137 所示,定位焊采用氩弧焊(参数与打底焊相同),每段焊缝长度在 20~30mm 之间,焊道厚度不小于 3mm,段与段以 400~500mm 之间的距离为宜,不得有裂纹、气孔、缩孔等缺陷,每段定位焊的两端磨成缓坡形,以便于接头。

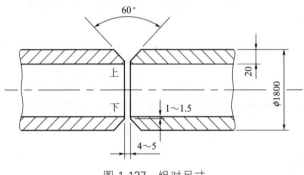

图 1-137　组对尺寸

② 施焊。焊接工艺参数见表 1-39。

表 1-39　焊接工艺参数

| 焊接类别 | 焊接方法 | 电弧电压/V | 氩气流量/(L/min) | 钨极直径/mm | 喷嘴直径/mm | 焊条(丝)直径/mm | 钨极伸出长度/mm | 焊接电流/A | 电源极性 |
|---|---|---|---|---|---|---|---|---|---|
| 打底焊 | 氩弧焊 | 10~12 | 8~10 | 2.5 | 8~10 | 2.5 | 4~6 | 95~105 | 直流正接 |
| 填充焊 | 焊条电弧焊 | — | — | — | — | 3.2~4.0 | — | 110~160 | 直流反接 |

续表

| 焊接类别 | 焊接方法 | 电弧电压/V | 氩气流量/(L/min) | 钨极直径/mm | 喷嘴直径/mm | 焊条(丝)直径/mm | 钨极伸出长度/mm | 焊接电流/A | 电源极性 |
|---|---|---|---|---|---|---|---|---|---|
| 盖面焊 | 焊条电弧焊 | — | — | — | — | 3.2～4.0 | — | 110～160 | 直流反接 |
| 封底焊 | 氩弧焊 | 10～12 | 8～10 | 2.5 | 8～10 | 2.5 | 4～6 | 95～115 | 直流正接 |

　　a. 打底焊。采用单面焊双面成形的焊接工艺，施焊时，应两个焊工对称焊，焊接顺序与操作位置如图 1-138 所示。

　　打底焊时焊枪与工件的角度为 70°～80°，焊丝与工件的角度为 10°～15°，这样能减少工件的受热，减小电弧的吹力，防止管内焊缝余高过大，易实现单面焊双面成形，并可使管内焊缝成形较为平坦。喷嘴与焊件的距离应适当，若距离过大，保护效果变差，过小则不但影响施焊，还会"打钨"（钨极碰工件），烧坏喷嘴。喷嘴与焊件的距离以 10～12mm 为宜，钨极伸出长度以

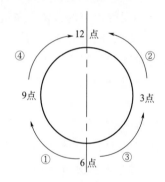

图 1-138　焊接顺序与操作位置

注：①、③为一个焊工施焊；②、④为一个焊工施焊。

4～6mm 为好。起焊时应尽量压低电弧，焊丝要紧贴坡口根部，在坡口两侧熔合良好的情况下焊接速度尽量快些，以防止焊接熔池温度过高而使铁水下坠，形成内凹。

　　采用间断送丝法施焊，焊丝在氩气保护范围内一退一进，一滴一滴地向熔池添送，焊枪稍有摆动，并随管子的曲率而变化，打底焊缝应厚些，以免发生裂纹。当焊到焊缝将要碰头时，不宜再熄

弧，焊枪应连续划小圈运动，使接头区域得到充分熔化，熔孔逐渐缩小，并及时填充焊丝，连续焊超过接头 10mm 后熄弧，以防止产生焊瘤与缩孔。

施焊时要控制熔池的形状，并保持熔池的大小基本一致，穿透均匀，防止产生焊瘤、凹陷等缺陷，使管内焊缝成形美观，余高以 0.5～1mm 为好。

b. 填充焊。采用直径 3.2mm 的焊条，焊接电流可取 115～130A，连弧焊接。施焊前，先将打底层焊渣清理干净。施焊时"以两侧稍慢，中间稍快"的原则用"8"字形运条法摆动，这种方法能使填充层焊道平坦，坡口两侧不出现深沟（夹角），防止层间夹渣等缺陷。施焊电弧要短，焊条摆动要均匀，以提高熔池温度，并使前一层焊道上的残渣、气孔有重新熔化的机会，以避免夹渣、气孔等缺陷。同时应注意第一层填充焊时，焊接速度不应太慢，以免烧穿氩弧焊打底层。为利于表面层的焊接，需使填充层焊道的上表面低于管表面 0.5～1.5mm，并保持坡口轮廓。

c. 盖面焊。采用直径 4mm 的焊条，焊接电流可取 150～160A，施焊操作与填充层相同。焊条摆动要均匀，焊缝成形才能美观。盖面焊道两侧应超过坡口边缘 2mm，焊缝余高为 2mm 左右。

d. 封底焊。使用电动工具（角磨机）对内部焊缝进行清理，并打磨出 2～3mm 的 U 形槽，采用手工钨极氩弧焊方法进行焊接，焊接方法与打底焊时相同。

## （2）焊后处理

① 焊后应立即进行后热处理并采取缓冷措施。

② 钢管线焊接完，按规定进行 X 射线检测→水压试验→焊口防腐处理→合格后交付使用。

## （3）注意事项

① 施焊过程中应严格执行焊接施工方案所制定的各项措施。

② 每道焊口在非特殊情况下中途不得停止焊接。

③ 同一位置焊缝返修不应超过 2 次。返修前应对焊缝进行预热，预热温度以 150～200℃为宜。

④ 每道焊口应采用分段对称氩弧焊打底，并及时以焊接电弧焊填充一遍，防止裂纹。

⑤ 每段焊缝的起始与终止端必须用角磨机磨成缓坡形，以便于接头。

⑥ 施焊中发生"打钨"，必须用砂轮磨净焊缝，并重新更换钨极或打磨钨极，方可重新接头焊接。

⑦ 焊接搭接线一定要接触良好，防止电弧擦伤钢管表面。

⑧ 每道焊口应有焊工的钢印标记。

## （4）结语

用该工艺方法焊接管道，工艺简单，容易掌握，焊接效率高，焊口返修率低，焊接质量好（共 21 道焊口，共拍 421 张片，一次合格率为 99.8%，其中Ⅰ级片 398 张，Ⅱ级片 22 张，仅有一张片不合格，但返修后，仍达到Ⅰ级），易于推广。

# 第二章
# 铸铁件的焊补

铸铁是机械工业中应用非常广泛的材料，但铸铁件在生产中，由于各种原因，经常会产生铸造缺陷，如砂眼、缩孔、密集性气孔、裂纹、夹砂、疏松、欠肉等，以及在使用过程中常出现裂纹或损坏，因此铸铁件的焊补就成为很普遍、很重要的问题，做好这项工作能为国家节约大量的人力、物力和财力，所以铸件的焊补具有很重要的意义。

## （1）铸铁的种类和性能

铸铁是含碳量大于 2.11％的铁碳合金。按照碳在组织中存在的形式不同，铸铁可分为以下四类。

① 白口铸铁。在白口铸铁中，碳几乎全部以化合物——渗碳体（$Fe_3C$）状态存在，断面显银白色，性硬而脆，不能进行机械加工，工业中很少应用，是焊补铸铁件中最难焊的种类。

② 灰口铸铁。在灰口铸铁中，碳以片状石墨形式存在，断口显暗灰色。由于灰口铸铁具有良好的耐磨、吸振、切削加工、铸造性能及较小的缺口敏感性等，所以在生产中得到了广泛的应用，也是在焊补铸铁中常见的种类。

③ 球墨铸铁。在球墨铸铁中，碳以球状石墨形式分布在基体上。球状石墨与片状石墨相比，对基体产生的应力集中小得多，所

以球墨铸铁比灰口铸铁的强度和塑性要高，可部分代替碳钢铸件使用，制造耐磨损、受冲击的重要零件，如曲轴、载重汽车的后桥、齿轮箱等，也是常焊补的铸铁种类之一。

④ 可锻铸铁。将白口铸铁加热到900～1000℃缓慢冷却，经过较长时间的退火处理，使 $Fe_3C$ 分解为团絮状石墨，称为可锻铸铁。可锻铸铁具有较高的抗拉强度和较好的塑性，但并不能锻造，适宜铸造形状复杂、受冲击载荷的薄壁小型零件。

## （2）常见灰口铸铁件的焊接性分析

灰口铸铁件的焊接性较差，如工艺不当，极易产生以下问题。

① 产生白口组织。铸铁件焊补时，由于石墨化元素不足和冷却速度快，往往会在焊缝与母材交界的熔合线处生成白口组织，严重时，会使整个焊缝断面全部白口化（宏观金相很直观）。白口组织既硬又脆，很难进行机械加工，而且容易在焊接区域产生裂纹。

② 产生热应力裂纹。焊补灰口铸铁件时，由于工件受热不均匀、焊接应力大及冷却速度快等，使强度低、塑性差的铸铁件在热应力下很容易形成裂纹。当焊接接头存在白口组织时，应力更大，加剧了裂纹倾向，严重时，可使整个焊缝沿半熔化区从母材上剥离。

③ 产生气孔和难熔的氧化物。铸铁件晶粒粗大，在铸造时或多或少会残留气孔、疏松、夹砂、缩孔等缺陷，在长时间使用中，这些缺陷又浸透了油、锈、水分、污物等，焊接时不可能得到彻底的处理，经高温挥发，焊接时熔池金属从液态转变为固态时有部分气体来不及逸出，而形成气孔缺陷，尤其是铸件中杂质形成的氧化物（主要是 $SiO_2$），这些氧化物熔点高，易形成夹渣和未熔合及熔合不良缺陷，这些缺陷严重影响了焊接质量。

④ 变质铸铁不易熔合。有些铸铁件由于长时间在高温等环境下工作，石墨析出量增多并聚集长大，石墨熔点高，难以熔合，同时高温生成 Fe、Mn、Si 等的金属氧化物，其熔点也高，焊补时铁

水与熔渣不清，形不成熔池，烟雾大，焊条熔滴打滚，不熔合，增加了焊补难度。

### （3）铸铁件的焊补方法

铸铁件的焊补方法主要有冷焊法与热焊法两种。选择焊补方法时，主要应根据铸件大小、厚薄、形状、复杂程度及考虑焊后是否要机械加工，致密性、强度、颜色等方面的技术要求。

# ▶ 40. 铸铁件冷焊的工艺措施

铸铁件的冷焊一般采用焊条电弧焊。它工艺简单，焊工劳动条件较好；焊前不预热，焊件在冷态下焊接，受热小、变形小、熔池小，可进行全位置焊接，在焊接工艺得当的情况下，白口层较薄，可进行机械加工。经过多年实践，总结出保证铸铁冷焊质量的 20 条工艺措施，具体如下。

### （1）缺陷检查

焊前对铸件缺陷（主要指裂纹）进行检查是非常重要的，只有发现全部问题，才能处理彻底，其做法如下。

① 用 5～10 倍放大镜查出裂纹的最终点。

② 将裂纹不明显的部位用火焰加热到 200℃左右，可用热胀冷缩法将不明显的裂纹显示出来。

③ 还可以采用煤油渗透法来检查，渗煤油后，擦去表面的油渍，再撒上一层滑石粉，用小锤轻敲，不明显的裂纹就会显露出来。

### （2）坡口形式

坡口可开成 V 形或 U 形，坡口底部要求带有圆角，坡口角度视铸件厚薄、缺陷形状而定，一般以 50°～70°为宜。这样可减少母材在焊缝中的熔合比，从而达到减少焊接应力、防止裂纹、避免焊道根部剥离的目的。

## （3）钻止裂孔

钻止裂孔是为了防止铸件在焊接过程中受热时裂纹继续向两端延伸扩展，减缓焊接应力。根据铸铁件缺陷厚薄，一般钻 $\phi 6 \sim 10mm$ 孔即可，孔的上端用较大的钻头扩成喇叭口状，以使焊接熔合良好。

## （4）焊接场地

最好选择温度在 15℃以上的室内施焊，一般不宜在露天作业，严禁在通风处施焊。

## （5）焊前清理

由于使用过的铸铁件一般沾满油污、水分及存在锈蚀等，焊接时如不彻底清理干净，将严重影响焊接质量，甚至焊接不能顺利进行，所以焊前的清理工作十分重要，要求露出金属光泽。

## （6）焊接材料

为确保焊补质量，正确选择焊接材料是关键。由于铸铁材质不同，各种金属元素含量不一，石墨的存在形式不同，缺陷内部的腐蚀渗透也不一样。选用焊条应主要看焊条熔化时对焊件的吻合是否良好，与母材熔合良好，能均匀稳定地进行焊接，就是较理想的焊接材料。

普通低合金钢焊条（E4315、E4316、E5015、E5016 等）的优点是成本低，抗裂性较好，能与母材较好地熔合，有一定的强度，适合不要求机械加工的铸铁件焊补。其缺点是焊缝的塑性较差，如工艺采取不当，焊缝易产生裂纹和剥离现象。

采用镍基铸铁焊条，其抗裂性及机械加工性均好，能溶解碳而不形成脆硬组织，同时镍是较强的石墨化元素，对减弱熔合区白口层有利，不易出现裂纹。但价格较贵，不利于大量或大面积的铸铁焊补。可以采用镍基焊条焊过渡层，再用普通低合金钢焊条填充坡口。实践证明，选用该方法进行铸铁冷焊，不但焊接质量令人满意，而且大大降低了焊接材料成本。

与此同时，将 $CO_2$ 气体保护半自动焊用于铸铁件焊补（焊丝选用 H08Mn2SiA），也取得了很好的效果。

### （7）电源极性

焊接电源交、直流均可，但以直流为宜。镍基焊条应采用直流反接，碳钢焊条（指碱性）采用直流反接为好。

### （8）焊前预热

焊前低温预热能均衡焊接区域的温度，对控制白口层，减少焊接热应力，进一步清理坡口内的油污、水分等杂质，使焊缝熔合良好大有好处。

其做法是用氧-乙炔等火焰将坡口以及坡口两侧各 100mm 范围内预热到 150℃左右，但应注意的是，预热温度上升要均匀，不能在某一点或某一区域上升太快。

### （9）焊接电流

焊接电流的大小选择很重要，必须严格控制。当电流过大时，焊接区域温度上升得既快又高，热影响区增大，产生的热应力也明显增高，出现裂纹剥离的倾向也会增大；而焊接电流过小，使母材熔合不好，强度下降，也容易产生裂纹。为降低焊接温度并使其熔合良好，应尽量采用小直径焊条施焊，焊接电流可按表 2-1 选取。

表 2-1  焊接电流选用

| 焊条直径/mm | 2.5 | 3.2 | 4 |
|---|---|---|---|
| 焊接电流/A | 75～85 | 90～120 | 140～160 |

## (10) 运条方法

根据铸铁的特性，焊道宜窄不宜宽，宜采用直线划小圈而不宜以月牙形或锯齿形等两边摆动的运条法施焊，宜采用中等弧长而不宜采用短弧或长弧施焊。

## (11) 控制焊接

控制焊接温度除采用适当的电流和运条手法外，还要做到每段焊缝不宜过长，不使电弧高温在某一焊接区域停留时间过长而造成局部温度过高，从而减少焊接应力，不产生焊缝剥离和裂纹现象。每段焊道应控制在 $40\sim60mm$，每段焊道温度冷却到 $50\sim60℃$（手摸能忍耐住），再焊下一道。

## (12) 焊接顺序

合理的焊接顺序能均衡焊接区域的温度，减少焊接应力，这是控制和减薄白口层、防止焊道裂纹和剥离的关键。一般焊接顺序应遵守"先短后长""先里后外""分段退焊""分段跳焊"的原则。

## (13) 填满弧坑

实践证明，弧坑是铸铁焊接的薄弱部位，对焊接应力十分敏感，弧坑不填满，极易出现爆裂形的弧坑裂缝。如在焊接中未消除或存在于焊缝中，机件受载后，就有扩展的可能。焊补过程中除填满弧坑外，还要注意严禁在焊缝以外乱打火引弧而造成弧疤。

## (14) 焊后锤击

每焊完一小段焊道，应立即用尖头小锤锤击焊肉，使其均匀布满小麻坑。这样做能使晶粒拉长，组织紧密，消除部分焊接应力。

### （15）多层多道焊法

对一些厚度大的铸铁件，用窄焊道、多层堆焊法，将坡口填满。此种方法能较好地控制和减少焊接应力，防止裂纹和剥离。焊接时由底部开始，从两侧往上焊起，如图 2-1 所示。

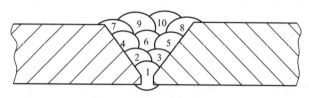

图 2-1　多层多道焊接层次

### （16）栽丝法

在坡口两侧钻孔攻螺纹，拧入钢螺钉（栽丝），相互焊牢，并逐步将螺钉熔合于焊缝中。此种方法能提高强度，是防止焊缝剥离的极好措施，同时也是焊补厚大件及强度要求高的铸铁件常用的方法之一。

### （17）挖补镶焊法

对于无法修复且破损严重的铸铁件，去除缺陷后，按其缺陷尺寸的几何形状下料，进行挖补镶焊（材料用低碳钢板或从废弃的铸铁中取料均可）。施焊时，要严格按照铸铁焊接工艺进行。

### （18）渗镍（铜）法

焊接铸铁时，常用碳钢焊条，这些焊条对一般铸铁吻合很强，熔合较好。但由于该种焊条的抗拉强度较高，产生的焊接应力大，白口层也厚，容易产生裂纹及焊缝剥离，故采用渗镍（铜）法。

渗镍法是将用过的 BH-Z308（铸 308）、BH-Z408（铸 408）、BH-Z508（铸 508）焊条头去除药皮并剪成 5～6mm 小段，填入坡口内，施焊时使镍与碳钢充分熔融成打底层，然后再用碳钢焊条按第（15）条说明填充形成焊缝。渗铜法是将 $\phi 2.5\sim 3\text{mm}$ 的废铜丝剪成小段填入坡口，施焊方法同上。

### （19）变质铸铁的焊法

有些铸铁由于经受高温，其化学成分会发生变化。如用气焊，熔化铁水与白渣混淆在一起不熔合，如用电弧焊，不管选用什么焊条，熔化的铁水打滚与母材不熔合，给焊接带来困难。产生这种情况一般被认为是可焊性差，不能焊。

遇到这种情况，为改善焊条与母材的熔合情况，多采用 E4303 等焊条在坡口内敷焊，然后用砂轮打磨后再焊，直至焊条与母材熔合良好为止。

### （20）焊缝表面不宜高

铸铁焊补应严格控制，尽量不使焊缝高于母材的表面，如果高于母材表面，就会因中间的焊缝收缩而产生较大的应力，这对防止焊缝裂纹及剥离很不利。如果焊缝低于或平于母材表面，有利于减少焊接应力。

## ▶ 41.　大型球磨机底座挖补银焊

国家某重点水泥厂扩建工程的主要生产设备大型球磨机，在安装过程中不慎将底座严重损坏，材质为灰口铸铁，详见图 2-2。该机底座体积大，破损面积大，焊缝长，焊缝的填充量大，被焊处受力也较大，尤其是在坡口加工时，还发现该件原铸造质量不好，在破碎处有多处铸造缺陷。如焊接工艺不当，还易在焊缝区域产生硬度较高的白口层及产生裂纹。这一切不但给焊补工作带来很多的不利因素，也给焊后机械加工带来很大的困难，为此制定了挖补银焊工艺。

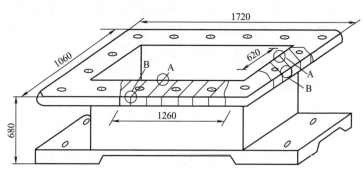

图 2-2　底座及破碎处尺寸

## （1）坡口及锒块制备

① 将球磨机底座破损处用机械方法削平取直，并用砂轮磨出不带钝边的坡口，坡口形式如图 2-3 所示。

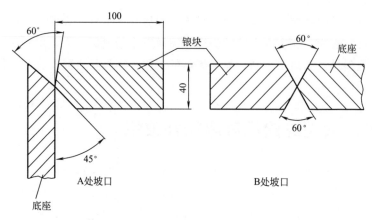

图 2-3　坡口形式

② 按底座原形状尺寸划料（材料选用废弃灰口铸铁件），用龙门刨床加工成锒块，但其尺寸要稍大于原形状尺寸（留出再加工余量），以便焊补后再进行精加工，以恢复原尺寸形状。

③ 将焊补区域内的气孔、疏松、夹砂清除干净，并露出金属

光泽。

## （2）焊接材料及焊接设备

① 氧-乙炔焊设备。

② 直流弧焊机，反接施焊。

③ 抗裂及加工性能较好的铸 408 焊条，焊前需 150℃烘干 1h，随用随取。

## （3）施焊

① 焊前预热。为平衡焊接前、焊接中及焊接后的温差，减小焊缝白口层的厚度和宽度，防止产生裂纹，采取焊前局部预热的方法，用氧-乙炔焰将施焊处及锒块加热至 150℃左右。

预热时，力求周围温度上升均匀，因为不均匀的加热产生的热应力会导致母材内部产生微裂而形成裂源。预热面积可稍大些，这样做可防止或减少焊缝区产生淬硬组织（白口层）。

② 定位焊。将锒块对正进行定位焊（坡口两面），要求定位焊缝每段长度为 60mm 左右，高度为 4～5mm，间距为 150mm 左右，定位焊缝两端呈缓坡状。

③ 焊补。控制变形量，将施焊部位垫成横焊位置，采用对称分段、分散退焊、多层多道焊方法完成，如图 2-4 所示。

施焊过程中，运条速度要慢些，以划小圈方式运条为宜。电弧在尖角处要多停留一段时间，以保证夹角处熔合良好，避免未熔合、气孔、夹渣等缺陷。每焊完一层要清除焊渣，用 5 倍放大镜检查确无气孔、裂纹后再焊下一层。

每段焊道应控制在 60mm 左右，每焊完一段立即锤击，减少焊接应力，等冷却到大约 60℃再焊下一段。

电弧长度要适中，焊接电弧过短，影响渣的上浮，易造成夹渣、熔合不良，电弧过长，会使电弧保护气幕形成不好而产生气孔，电弧长度最好保持在 4mm 左右。弧坑要填满，防止弧坑裂纹

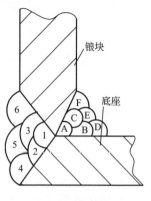

(a) 各层焊道排列顺序

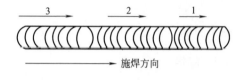

(b) 每段焊道焊接顺序

图 2-4 焊接顺序

的产生。

焊接电流的大小对焊补质量有很大的影响，焊接电流过大，焊条药皮易发红，容易脱落，也能造成夹渣及熔合不良，电流大，还容易产生裂纹或焊缝剥离现象，所以一定要严格控制焊接电流，一般 $\phi 3.2$mm 焊条选用 120A，$\phi 4$mm 焊条选用 $140 \sim 150$A 为宜。

### （4）焊后处理

施焊结束后，清除焊渣，用 5 倍放大镜检查焊缝确无气孔、裂纹等缺陷后，再把施焊部位重新加热到 300℃ 左右，用石棉被覆盖，室温冷却后机械加工至要求尺寸。

大型球磨机底座挖补锒焊成功，保证了工程进度，节省资金 4 万余元，为国家重点工程建设做出了贡献。

## ▷42. 汽轮机汽缸底座栽丝冷焊

某电厂建设中，不慎将一台新 3000kW 汽轮机的下汽缸右底座严重摔坏（下称缸体），缸体及破坏状况图略。汽轮机是发电厂的核心设备，各项技术指标均有严格的要求，尤其是该设备价格昂贵，又没有现成的同型号设备更换，厂方十分着急，为节省资金，保证工期，成立了汽轮机焊接修复攻关小组进行处理。

该缸体体积大（重9.5t），破损处的断面厚（厚98mm），焊缝的填充量大，被焊处受力也较大，易变形，尤其是在坡口加工时，还发现该件原质量不好，在坡口处出现铸造夹砂、疏松、气孔等缺陷，如焊接工艺采取不当，极易在焊缝区域产生硬度较高的白口层及产生裂纹。这些不但给焊补工作带来很多的不利因素，也给焊后机械加工带来很大的困难。经慎重研究，并征得制造厂家与发电厂有关人员同意，采取下述栽丝冷焊工艺，并收到良好的效果。

## （1）焊前准备

将缸体破坏处用砂轮加工成 X 形坡口，将焊补区域内的气孔、疏松、夹砂清除干净并露出金属光泽。为提高焊接接头的强度，降低焊接应力，防止焊缝剥离和产生裂纹，坡口内采用栽丝加固的方法进行焊接。

均布钻孔、攻螺纹，将 M8 螺钉拧入 X 形坡口内壁后，用焊条逐个将螺钉周围焊住，再连接整个焊缝，填满坡口。由于螺钉承担了一部分焊接应力，所以，在大厚度铸铁件焊补中能有效防止焊缝剥离和产生裂纹。螺钉间距为30～40mm。

## （2）施焊

① 焊前预热。为平衡焊接前、焊接中及焊接后的温差，减少焊缝白口层的厚度和宽度，防止产生裂纹，采取焊前局部低温预热的方法，用氧-乙炔焰将坡口两侧各 100mm 范围内加热至 100～150℃。

预热时，力求周围温度上升均匀，因为不均匀的加热产生的热应力会导致母材内部产生微裂而形成裂源。预热面积可稍大些，这样做可防止或减少焊缝区产生淬硬组织（白口层）。

② 定位焊。将断块对正进行定位焊，要求定位焊缝每段长度为 30mm 左右，高度为 4～5mm，间距为 100mm 左右。定位焊缝两端呈缓坡状。

③ 焊补。为控制变形量，将施焊部位垫成横焊位置，采用对称分段、分散退焊、多层多道焊方法完成。

施焊时，应先将 M8 螺钉逐个焊住，再连接整个焊缝。施焊过程中，运条速度要慢些，以直线划小椭圆圈方式运条为宜。电弧在夹角处要多停留一段时间，以保证夹角处熔合良好，避免未熔合、气孔、夹渣等缺陷，每焊完一层要认真清渣，用 10 倍放大镜检查确无气孔、裂纹、夹渣后再焊下一层。

每段焊道应控制在 60mm 左右，每焊完一段立即锤击，减少应力，等冷却到 60℃左右再焊下一段。

电弧长度要适中，焊接电弧过短，影响渣的上浮，易造成夹渣、熔合不良，电弧过长，会使电弧保护气幕形成不好而产生气孔，电弧长度保持在 4～5mm 为宜，弧坑要填满，一般选 Z408 焊条，$\phi$3.2mm 焊条选用 110～120A，$\phi$4mm 焊条选用140～150A 为宜。

### （3）焊后处理

施焊结束后，清除焊渣，用 10 倍放大镜检查焊缝，确无气孔、裂纹等缺陷后，再把施焊部位重新加热到 300℃左右，用干白灰覆盖，室温冷却后机械加工至要求尺寸。

汽轮机缸体的焊补成功，保证了工程进度，挽回经济损失 78.6 万元。

## ▷ 43. 铸铁件热焊材料及注意事项

热焊，工件需预热至 600～700℃，半热焊，工件需预热至 400℃左右。预热方法可采用电加热、加热炉，也可以采用煤气火

焰或气焊火焰加热。根据缺陷处刚度大小，可整体预热，也可局部
预热。焊接方法一般有焊条电弧焊、氧-乙炔焊。热焊法的特点是
生产率低，施焊条件差，对于大焊件，预热困难，甚至不能采用热
焊；焊接时，熔化的金属量多，冷却时速度又慢，因此要预先在焊
接处制备模子，防止熔化金属流失，故只适于平焊位置焊接。主要
优点是焊后工件白口化不严重，便于机械加工；焊缝的强度与基体
金属一致。

焊接材料的选择见表 2-2。

表 2-2　焊接材料的选择

| 焊补方法 | 所用焊条(丝) | 焊剂 |
|---|---|---|
| 电弧焊热焊 | 铸 238、铸 248 | |
| 电弧焊半热焊 | 铸 208、铸 238、铸 248 | |
| 氧-乙炔焊 | 丝 401-A、丝 401-B、自制铸铁焊丝、废汽车活塞环等 | 剂 201 |

氧-乙炔焊是焊补铸铁件常用的焊接方法，采用该方法焊补的
铸铁件能有效防止白口组织与裂纹的产生，致密性好，焊补后的铸
铁件强度、焊缝颜色与母材基本相同，焊接质量较好，但劳动条件
差，必须做好防热、防烫等安全防护。

加热方式一般采用地炉（炭火炉），如工件小可以直接用氧-乙
炔火焰加热到 700℃左右进行焊补。焊丝一般采用铸铁焊丝或废活
塞环，焊剂采用剂 201。

焊补注意事项：

① 坡口不要开透，一般开到工件缺陷深度的 4/5 即可。

② 施焊时，因工件红热灼人，不易操作，应将除焊补区域外
的其他部位用石棉板或其他隔热材料覆盖，并采取其他防护措施。

③ 工件较大的情况下，应设两套以上氧-乙炔焊具，一人施
焊，其他人进行辅助加热。

④ 施焊过程中，应控制好熔池温度，熔池温度高，会使焊缝
变硬、变脆，熔池温度低，会使焊缝熔合不良，影响接头强度。合

适的熔池温度从目测看是铁水清晰，有油感，且流动性较好，焊丝与母材熔合也好。

⑤ 气焊焊补操作要点是搅、挑、刮。

搅：施焊时采用中性焰或微碳化焰，焰心距离工件 5～6mm，焊嘴以划圈方式运动，焊丝蘸上剂 201 在熔池中搅动，这样能使被焊铸铁件坡口底部充分熔化，并促使熔渣浮到熔池的表面。

挑：将缺陷底部或坡口表面的氧化膜、夹杂物等从熔池中挑出来，使熔池铁水清晰，避免产生夹杂、熔合不良、气孔等焊接缺陷。

刮：将多余的焊肉刮去，清除新的氧化膜，达到整形、恢复原来工件表面形状的目的。

焊后立即用炭火覆盖，使温度重新达到 600～700℃，然后随炉冷却。

#  44. 氧-乙炔气焊与焊条电弧焊热焊铸铁件

### （1）氧-乙炔气焊热焊

① 日本 50t 三菱吊车汽缸体的焊补。该缸体在水道处原产生裂纹 70mm，曾先后两次用电弧焊焊补，因工艺不当，使裂纹扩展到 220mm，为保证焊补质量，决定采用氧-乙炔气焊热焊方法进行焊补。首先将原焊肉彻底清除，开 U 形坡口，坡口两端钻 $\phi8mm$ 止裂孔，将焊补面朝上填平，围缸体四周砌炭火炉，用焦炭加热，当温度上升到 600～700℃时（目测暗红色），按上述方法进行焊补，焊后立即用炭火将被焊面覆盖，重新将缸体加热到 600～700℃，随炉冷却，焊缝质量良好。

② 铸铁齿轮断齿的焊补。该齿轮直径为 650mm，由于使用不当，使轮齿断掉一个。为保证轮齿强度及焊后机械加工性能，采用氧-乙炔气焊热焊方法，从根部逐层堆焊成形比较合适。方法是将

齿轮填起，断齿的焊补面朝上，四周砌炭火炉，用焦炭与木柴填满，生火，将齿轮整体加热到 600～700℃，进行堆焊。需要特别强调的是第一层焊肉的焊接，填充金属（铸铁焊丝）和断齿的根部必须确实熔合在一起，不得有夹渣、气孔、熔合不良等焊接缺陷，否则是焊不牢固的。如发现熔化的焊丝在断齿部位滚动，不易熔合，这时应将火焰抬高一些，多撒些焊剂（剂 201），用蘸有焊剂的铸铁焊丝在熔池底部反复搅动，使氧化物与脏物浮起，并挑出，使填充金属与断齿部位真正熔合好后再继续往上堆焊。

由于断齿处加热、堆焊时间较长，堆焊层易产生脱碳变质，表面形成一层硬壳，使继续焊补困难，这时应适当加大碳化焰，适当抬高火焰，慢慢施焊，使铁水下沉，然后将硬壳轻轻用焊丝拨去，再继续焊接，这样才能降低堆焊层的硬度，有利于机械加工，焊后用炭火将齿轮覆盖，重新加热到 600～700℃后，随炉冷却。

### （2）焊条电弧焊热焊

铸 248 是铸铁芯强石墨化型药皮交、直流两用的铸铁焊条，适用于一般灰口铸铁的补焊。它的特点是焊缝组织较稳定，气密性好，而且机械加工性能良好，施焊时操作容易，手感好，电弧燃烧稳定，飞溅小，与母材熔合也好，适用于大、中厚度铸铁件的焊补，如床身、齿轮箱、底座、床身工作台等。

焊补工艺如下。

① 采用铸 248 焊条一般都是焊补较大铸铁件，可采用低碳钢焊条（E4303）以较大电流或碳弧气刨开坡口，坡口形式以 U 形为宜。

② 施焊时，为防止熔池铁水流失，焊前应在裂纹的两侧采用石墨炭条、耐火砖或耐火泥造型。

③ 施焊时，可采用比同直径焊条正常焊接时大 10%～15% 的电流及较长电弧连续焊接。

④ 对于长焊缝或大面积的焊补，为提高熔池的温度和减小焊

接应力，可分段进行阶梯形退焊，如图 2-5 所示，连续焊完。

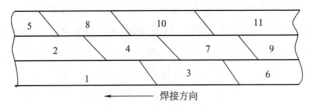

图 2-5　阶梯形退焊示意图

⑤ 在焊补过程中，如发现新缺陷，应立即处理，严禁等焊件冷却后再处理。

⑥ 焊补过程越快越好，因焊补条件恶劣，焊工可轮流作业，施焊区域应用石棉板隔离，焊工应戴石棉手套、石棉围裙等防护用品。

⑦ 焊补完的工件，立即用炭火覆盖，重新加热到 600～700℃后，随炉冷却。

## ▶45.　多路阀壳体焊补

多路阀为某精密设备的液压件，工作压力为 4.2MPa，采用灰口铸铁铸造而成。裂纹长度 120mm，裂纹部位的厚度为 13mm 左右。该件已先后用铸 308 与铸 408 焊补过两次，经试压仍然泄漏。根据该件已焊过两次和使用状况，决定采用铸 248 电弧热焊法进行焊补。其焊补过程如下。

① 将有缺陷的焊肉用低碳钢焊条以大电流吹掉，用角向砂轮打磨，露出金属光泽。

② 将多路阀壳体焊补部位朝上填平，砌炭火炉，将多路阀壳体加热到暗红色（600～700℃）。

③ 将施焊部位用石墨炭条造型，防止铁水流失。

④ 采用 $\phi$4mm、铸 248 焊条，直流正接，焊接电流为 160～

170A，连续施焊。

⑤ 焊后立即用炭火将多路阀壳体覆盖，重新加热至 600～700℃后，随炉冷却。

用角向砂轮稍加打磨，经 5MPa 水压试验，稳压 10min 无泄漏。装机使用至今已 6 年，未发现异常。

# 46. 大型铸铁齿轮毛坯件焊补

该毛坯件直径为 860mm，厚为 265mm，粗加工时发现有深 20mm、面积为 120mm×64mm 的疏松、夹杂缺陷。考虑到该齿轮的使用强度与加工后的颜色（焊缝与母材同色），决定采用铸 248 焊条热焊修复。

该齿轮修复后经加工，焊接区域熔合良好，基本上分辨不出焊缝，效果很好。

# 47. 铸铁件镶补低碳钢板

某单位的东方红拖拉机在冬季施工时，因故汽缸体水套壁冻裂，裂缝长达 100mm 左右。曾先后焊补两次，因工艺不当，致使裂缝扩展到 140mm 左右，同时又出现多道不同方向的裂纹。根据上述情况，改用了镶补低碳钢板工艺，并严格遵循电弧冷焊的操作要点，予以修复。焊后运行良好，未发现渗漏现象。现将工艺要点简介如下。

## （1）焊前准备

① 清洗工件。仔细找出裂纹和微裂纹的位置并确认尺寸大小，做好标记。

② 按标记用钻头直径为 6～8mm 的手电钻钻孔（要按标记转一圈，孔与孔之间的间距尽量小，孔与孔之间连接部分用扁铲铲

掉），然后锉成 30°坡口。

③ 制备镶块。镶块为厚 4mm 的 Q235 钢板，镶块的几何形状、尺寸应与缸体挖掉部分相同。然后锉成 30°坡口，并用氧-乙炔焰烤红再自然冷却。

### （2）施焊

① 选用直流弧焊机反接；焊条为 $\phi$3.2mm 铸 308；焊接电流为 95A。

② 焊接电弧要短。

③ 焊条稍作划圈式摆动。

④ 施焊时，严格采取短段、分散、断续和锤击相结合的方法。其焊接顺序如图 2-6 所示。

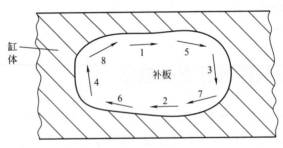

图 2-6　焊接顺序

⑤ 每段焊缝长度不得超过 30mm；每段焊缝一次成形，焊完一段立即用小锤锤击。锤击时频率要快、用力要轻，而且一定要待第一段焊道冷却到不烫手时再焊第二段。每段焊后应经认真清渣和检查，确认无缺陷后再施焊下一道，直至焊完为止。

## ⋙ 48. 大型减速机箱焊补

某砖瓦厂大型制砖机，由于长期使用和维护不当，致使减速机箱底座的滑道断碎（材质为灰口铸铁），如图 2-7 所示。由于该机

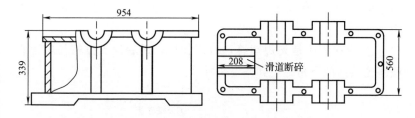

图 2-7　减速机箱底座滑道断碎位置

承担任务重，又买不到新配件，采用了镶补低碳钢板焊接后手工加工的方法进行修复。

该机修复后至今连续工作八年多，未在焊补处发现裂纹等现象，证明效果良好，现将工艺要点简介如下。

## （1）焊前准备

① 首先量好滑道尺寸，并做好记录，然后把破损的滑道全部铲除，并将施焊部位铲齐，开 30°坡口。

② 用同样厚度的 Q235 低碳钢板按原来的尺寸焊成滑道，并将与减速机箱底座对接时焊接部位也铲成 30°坡口。

③ 将对焊好的滑道用氧-乙炔焰烤红后自然冷却。

④ 为加强滑道的强度，在滑道底部加焊支撑板，做法是按图 2-8 中位置钻两个 $\phi$12.5mm 的孔，并穿入 M12 长螺栓，焊牢，然后穿在变速箱壳体上，按原滑道尺寸用螺母调整拧固（但不要拧得太紧）。

⑤ 准备 $\phi$3.2mm、$\phi$4mm 的铸 208 焊条。

⑥ 交、直流弧焊机均可，但用交流弧焊机更好。

## （2）施焊

① 先用氧-乙炔焰将施焊部位预热到暗红色（约 500℃）。

② 将组对焊好的低碳钢板滑道按原尺寸对在减速箱底座上，

用 φ3.2mm 的铸 208 焊条点固,点固焊点要长些,焊接电流
为 110A。

　③ 焊接顺序是先焊短缝,后焊长缝,最后焊支撑板与减速箱
底座连接的两条角缝,如图 2-8 所示。

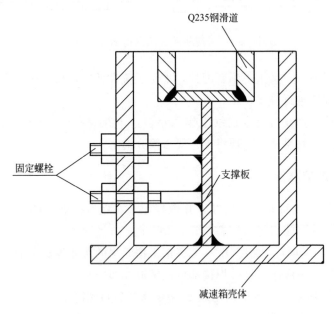

图 2-8　减速机箱焊补

　④ 施焊时,每条焊缝最好摆成船形位置,使焊缝平滑过渡,
焊满坡口即可;尽量焊平,不让焊缝金属高出母材,以减少加
工量。

　⑤ 每条焊缝焊接两遍,第一遍用 φ3.2mm 的铸 208 焊条,焊
接电流为 110A,第二遍用 φ4mm 的铸 208 焊条,焊接电流为
145A,焊接过程不得中断,连续焊接而成。

　⑥ 施焊时作划圈式运条,注意使焊缝两侧充分熔合,不得有
夹渣、气孔、未熔合等缺陷。

### （3）焊后处理

① 各道焊缝均焊完后，仔细检查确认无裂纹、未熔合等缺陷后，再将补焊区重新预热到暗红色（约500℃），随室温冷却。

② 因焊补区域在减速箱边缘处，焊接应力能自由释放，所以在焊接过程中以及焊后不必锤击。

③ 工件冷却至100℃左右，将减速箱内外4个螺栓拧紧。

④ 等工件彻底冷却后，用手砂轮磨去焊缝高出部分，并用锉刀、油石磨光，滑道即可使用。

## ▶ 49. 空气锤锤身裂纹 $CO_2$ 气体保护焊接修复

750kg空气锤锤身出现一条520mm长、46mm深的横向裂纹。空气锤锤身材质为灰口铸铁。

### （1）焊接方法

采用 $CO_2$ 气体保护半自动焊方法焊接修复，选用 NBC-500 $CO_2$ 气体保护焊机，$\phi1.2mm$、H08Mn2Si 焊丝，纯 $CO_2$ 气体，使用前进行提纯处理。

### （2）焊接工艺

① 坡口用电弧气刨沿裂纹开出上宽30mm的U形坡口，如图2-9所示，用砂轮去除氧化层并磨出金属光泽。

② 焊前重新用氧-乙炔焊方法将坡口区域预热至150℃左右。

③ 焊接电流为160～180A，电弧电压为22～24V，气体流量为15L/min，在熔合良好的情况下，焊接速度应快些。

④ 采用多层多道焊，每段焊道长度应小于60mm，焊后立即锤击，每段焊道焊后应冷却到低于60℃后，再焊下一段，焊丝要做直线划小圈，不宜横向摆动。

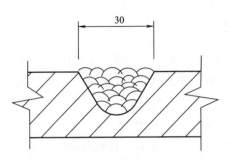

图 2-9　开 U 形坡口多层多道焊接

⑤ 施焊中层间焊道接头要相互错开，如发现焊道起棱、泛花、剥离等熔合不良现象，应用砂轮清除，直至熔合良好。弧坑要填满，表面焊道高出锤身表面 1～1.5mm，不得有咬边等缺陷。

⑥ 焊后自然冷却。

该锤修复后已工作近 10 年，未在焊缝区域发现裂纹，证明该方法是可靠的。

## ≫ 50.　球墨铸铁管焊补

施工时不慎将一埋地输水管道弄破，如图 2-10 所示。

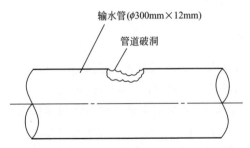

输水管($\phi$300mm×12mm)

管道破洞

图 2-10　输水管破损示意图

输水管材质为球墨铸铁，不马上修理将严重影响附近企业和居民的用水。由于管路两端的建筑物不能扩挖以更换新管，只能进行焊补。根据球墨铸铁的焊接特性，采取了以下焊补措施，并获得了成功。

### (1) 焊前准备

① 关闭供水阀门，抽出管内余水。

② 用氧-乙炔焰烘烤焊补区域的水分，用手砂轮清理泥土、锈蚀，并露出金属光泽，确认破损处扩散的裂纹终端。

③ 为减少焊接应力，防止焊接裂纹的出现，补板不采用对接焊口，而采用搭接焊口。

④ 补板采用 $\phi300mm \times 10mm$ 的 20 钢无缝钢管下料，按球墨铸铁管缺陷尺寸放大，下料补板要压过缺陷边沿 50mm，接触面越贴紧越好，补板一周磨出单边 35°坡口。

⑤ 将下好料的补板用氧-乙炔焰整体加热到 700℃左右（红热状态），自然冷却。将球墨铸铁管缺陷处加热到 400℃左右，自然冷却。

⑥ 选用 Z×5-400 弧焊机，直流反接，选用 $\phi3.2mm$ 的 A302 奥氏体不锈钢焊条，按规定烘干，随用随取。

### (2) 过渡层的焊接

① 将冷却后的补板放在球墨铸铁管补焊区中心上，用粉笔做好记号，取下补板，然后用 $\phi3.2mm$ 的 A302 焊条沿粉笔处球墨铸铁管的表面敷焊一层过渡层，要求过渡层宽 20～25mm，高为 4mm，如图 2-11 所示。

② 熔敷焊层时，焊接电流在能熔合良好的情况下尽量小些，$\phi3.2mm$ 的 A302 焊条选 100～110A，焊速要匀，尽量将过渡层焊平，避免焊道间出现沟棱，并做到焊缝宽窄一致。

③ 控制热输入不得过大，采用分段、断续、间隔焊法，焊每段过渡层的面积在 400～600mm$^2$，焊完一段应立即锤击。过渡层不得有裂纹、气孔、夹渣、弧坑等缺陷。

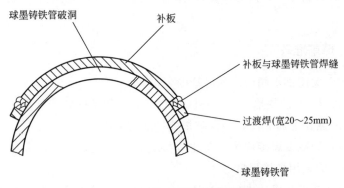

图 2-11　焊补球墨铸铁管剖面图

④ 过渡层焊完，将补板放上，有不合适的地方，用砂轮打磨补板，镶入过渡层内，进行定位、焊接。

### （3）过渡层与补板的焊接

采用 $\phi 3.2mm$ 的 A302 焊条进行焊接，施焊时要严格按照铸铁冷焊的要求进行，即短焊道、焊接电流适中（110A 左右）、对称、分散，严格控制每段焊道的长度不大于 60mm，控制焊接温度，待冷却到不烫手时（＜40℃）再焊下一段，以分散应力。

焊后不热处理，自然冷却，确认无裂纹、夹渣、气孔等缺陷后，通水使用。

球墨铸铁管修复后至今已 11 年多，未发现泄漏现象。

## >> 51.　齿轮断齿焊补

某大型轧钢机由于使用不当，有一对齿轮运转时掉入铁块，拐掉两个齿。齿轮直径为 740mm，齿长 105mm，齿高 42mm，材质为球墨铸铁。采用栽丝加固、$CO_2$ 气体保护半自动焊堆焊的方法进行了焊补，多年运转，使用良好。

## （1）焊前准备

① 用角向砂轮将断齿处磨平，并清理油污等，露出金属光泽。

② 沿齿的长度方向均匀钻三个孔，攻螺纹，拧入 M14 的螺钉，拧入深度为 30mm，露出长度为 20mm。

③ 用石墨炭块作齿模镶入断齿处，如图 2-12 所示。

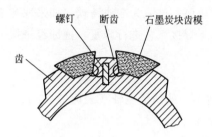

图 2-12　齿轮断齿焊补前的准备

## （2）施焊

焊接电流为 150～160A，电弧电压为 22～24V，$CO_2$ 气体流量为 15L/min。

将断齿处朝上垫稳后，用氧-乙炔焰加热断齿处，温度达 300℃左右时，先将三个螺钉一周与齿轮焊牢，然后连续将断齿堆焊高于齿平面 2～3mm。检查确认无裂纹、气孔、未熔合等缺陷后，迅速将焊补部位埋入白灰中，使其缓冷。

## （3）后热处理

冷却后，用样板（按原齿尺寸用薄钢板制成）检查外形，用角向砂轮打磨成原齿尺寸即可使用。

该方法既保证了齿轮的使用强度和焊补质量，同时也易于操作，修复时间短，收效明显。

## >> 52. 变质铸铁尼桑 60t 拖车发动机轴瓦焊补

某单位日产尼桑 60t 拖车发动机缸体，由于铸造缺陷和长期使用不当，第一、二道主轴承座产生严重的动不平衡，使该机无法使用。经分析，缸体材质为灰铸铁，由于主轴瓦长期与油接触，加上瓦座表面碳化层较厚，已成为变质铸铁，如采取常规冷焊工艺，很难成功，采用以下焊接工艺进行修复，挽回经济损失 16000 余元。

### （1）焊前准备

① 用镗床将磨损的两道主轴瓦表面镗去 1mm，去除其表面的碳化层，露出金属光泽。

② 焊接材料选用 $\phi$2.5mm 的 E4303 和 $\phi$3.2mm 的 Z308 焊条，两种焊条均需 150℃烘干，恒温 1h 后随用随取。焊机选用 AX1-320 直流弧焊机，正接施焊。

③ 为清除轴承座内的渗油及水分，减小焊件温差，减少焊缝区白口层厚度，必须将焊补部位用氧-乙炔焰加热至 200℃左右，力求温升均匀，不冒油烟。

### （2）施焊

① 隔离层。预热后立即用 $\phi$2.5mm 的 E4303 焊条，焊接电流为 70A，在焊补表面快速划擦，使表层有电弧划擦痕迹比较均匀的断断续续的焊点。这样做有利于通过电弧热进一步烧去渗入基体内的油污、水分，烧损和破坏残存的碳化层，以保证焊补时熔合良好。

② 打底层。用 $\phi$3.2mm 的 Z308 焊条在主轴承座上整圈堆焊一层。由于焊补处位于缸体的边缘部位，焊接应力能得到松弛，因而可以采用比一般铸铁冷焊高一些的焊接温度，即整个焊接过程可连续进行，其方法是在第一道和第二道主轴承座上相互交替、分

散、窄道、多道施焊，焊接顺序如图 2-13 所示。焊接位置保持 45°爬坡焊。

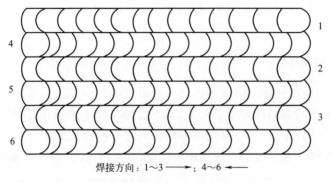

焊接方向：1~3 ——▶ ；4~6 ◀——

图 2-13 焊接顺序

在保证熔合良好的前提下，焊接电流要适中（$\phi3.2mm$ 的 Z308 焊条选用 110A 为宜），焊接速度要快些，直线法运条，尽量减小熔深，每焊完一道要立即锤击，仔细清渣，检查确认无气孔、裂纹、未熔合、夹渣等缺陷后再焊下一道。每条焊道宽要相互搭接 1/2，电弧长度要适中，要求保持在 4mm 左右，弧坑要填满。

③ 盖面层。在打底层上面再堆焊一层，对前层焊道有退火作用，有利于改善焊缝及其切削加工性能。在保证熔合良好的情况下，焊接电流应选择小一些，$\phi2.5mm$ 的 E4303 焊条，可选择 70A，焊接顺序与方法同打底层。

**（3）焊后处理**

焊补结束后，清除焊渣，检查焊缝确认无气孔、夹渣、裂纹等缺陷后，随室温冷却。然后按技术要求进行机械加工。

## ▶ 53. 变质铸铁件焊补方法

铸铁件经受高温或遇酸、碱介质，铸铁的化学成分发生变化

（变质），给焊接带来困难。如气焊时，熔池有泛火星、泛浆、铁水不清现象，白渣很多不熔合；电弧焊更困难，焊条一熔化根本就留不住，熔化的铁水打滚、起泡、起渣，与母材不熔合。对变质铸铁件进行焊补，总结出以下方法。

## （1）钎焊法

① 铸铁钎焊的质量与焊口清理得干净与否有很大关系，因此要严格清理焊口内外的氧化层、油污、水分等，并露出金属光泽。

② 铸铁的钎焊与熔化焊不同，其坡口的面积要大一些，目的是增加熔合接触面，以提高焊补质量，坡口形状如图 2-14 所示。

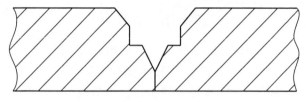

图 2-14　变质铸铁钎焊坡口形状

③ 焊补时，采用黄铜气焊丝，焊剂为剂 301。根据被焊工件决定焊枪型号，一般采用中号焊枪（H01-12）、2～4 号焊嘴。

④ 焊补时，宜采用微氧化焰，采用该火焰形式有两个好处，一是能将坡口表面的石墨烧掉，提高钎焊的熔合强度；二是在钎焊过程中，减少铜焊丝中锌的蒸发和氧化，防止产生气孔。

⑤ 施焊温度要适宜：过低，钎料（黄铜焊丝）一熔化就成球状，与母材不结合；过高，钎料熔液冒蓝烟（锌烧损严重），也会不熔合。施焊时，当焊补区加热到暗红状态时（600℃左右），立即撒上一层薄焊剂（剂 301），当温度继续加热到 950℃左右时，用黄铜焊丝蘸上剂 301 往坡口内涂擦，焊上一层薄焊层，然后再继续填满整个焊缝。

⑥ 钎焊时，也要防止温度过高，产生较大的焊接应力。选择合理的焊接顺序，如由里往外焊补，避免热量集中；先焊短焊缝，后

焊长焊缝；长焊缝要分段焊，每段长 100mm 左右，焊完一段，待温度下降到 300℃ 左右时，再焊另一段，并注意各段之间要衔接好。

### （2）碳化焰焊补法

施焊时，严格采用碳化焰焊补，用内焰加热，当焊补区周围的温度达到 900℃ 左右时，熔池已形成，再停留几分钟（有渗碳还原作用，再添加焊丝就能熔合）。气焊焊丝采用废活塞环（汽车上的铸铁胀圈），焊剂采用剂 201。

在施焊过程中，气焊焊丝在碳化焰的包围下，在熔池中搅动，并添加焊剂，帮助清渣，当熔池中的白渣浮起时，应及时用焊丝将其挑出，再焊接就能顺利进行了。碳化焰焊补变质铸铁如图 2-15 所示。

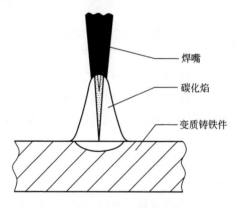

焊嘴

碳化焰

变质铸铁件

图 2-15　碳化焰焊补变质铸铁

### （3）电弧焊切割、焊接法

焊补裂纹时，应将裂纹的两端钻直径 6mm 的止裂孔。然后用大电流（裂纹呈立焊位置）、碳钢焊条电弧切割坡口，切割好的坡口不可用砂轮磨光，用打渣锤打净飞溅、氧化物即可。待切割温度冷却到 60℃ 左右时，用直径不大于 3.2mm 的碱性焊条（E5016、

E5015、E4315、E4316 均可），严格按铸铁冷焊的方法进行焊补，施焊过程中如遇到焊条一熔化就打滚、不熔合的状况，还应用焊条切割的方法进行切割，直到熔合良好为止。

## ⟩ 54. 东风 153 载重汽车康明斯发动机缸体水套裂纹冷焊

东风 153 载重汽车康明斯发动机缸体水套外壁上，平行于上平面有一条 260mm 的裂纹，其焊补工艺如下。

### （1）焊前准备

① 将裂纹处用氧-乙炔焰把油污烧净，再用钢丝刷刷出金属光泽。

② 检查裂纹长度，在裂纹的两端（超过裂纹 5～10mm 处）钻 $\phi$6mm 止裂孔。

③ 沿裂纹的走向用角向砂轮开出 U 形坡口，坡口深度为缸体裂纹处壁厚的 2/3，坡口两侧也打磨露出金属光泽。

④ 选用铸 308 焊条，$\phi$3.2mm，交、直流均可，但以直流反接为宜。

### （2）施焊

① 将裂纹处进行低温预热，温度高于 150℃ 为宜。低温预热有两个好处：一是减小焊接时的温差，这对减少焊接应力、防止焊接裂纹有好处；二是进一步清理裂纹处的油污，增加熔敷金属的熔合能力，同时也能防止气孔的产生，增加焊缝的致密性。

② 焊接电流为 110～120A。

③ 采用分段逆向焊法，每段长度应不大于 30mm，按图 2-16 进行焊接。

④ 在熔合良好、高度高出缸体平面 1～2mm 的情况下，焊接

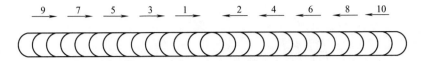

图 2-16　缸体水套裂纹分段逆向焊法

速度尽量快些。

⑤ 每段焊后，轻轻迅速锤击焊缝及焊缝两侧，使其布满锤击小坑，待冷却到手能摸时（大约 60℃）再焊下一段。

⑥ 如发现焊道自身卷曲、起棱、不与母材熔合时，应磨去重焊，直到熔合好为止。

⑦ 焊好裂纹，再分两次将止裂孔补焊好，补焊止裂孔的运条手法为划圆圈，从孔的外围往里圈焊，填满孔后，立即锤击。

### （3）焊后检验

冷却后，在焊缝区域涂上白灰浆（或用白粉笔涂擦），干燥后，在焊缝背面（缸体内）涂抹煤油，进行渗漏试验，如发现小黄点，进行焊补，确认无渗漏后装机使用。

## ▶ 55. 球墨铸铁高炉冷却壁渗漏焊补

冷却壁是高炉的重要组成部件之一，其材质为球墨铸铁。结构简图如图 2-17 所示。

在上海第一钢铁厂 750m³ 大型高炉安装施工中，发现由于铸造工艺不当，造成冷却水循环蛇形管与冷却壁的接触面强度低，且蛇形管内部接头焊接质量差，打压时渗漏严重。为不影响施工进度，通过对冷却壁具体情况的分析及现场试焊，采取镶焊 20 钢加固套的方法修复了冷却壁，挽回近 80 万元经济损失。现将焊补工艺介绍如下。

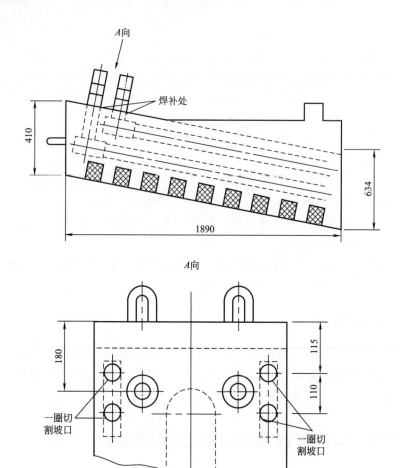

图 2-17 冷却壁结构简图

## （1）焊前准备

① 坡口制备。用气割炬沿铸造管外圈在冷却壁母材上切割上宽 20mm、下宽 16mm、深 10mm 的坡口，底部呈圆弧状，并用微型角向砂轮将坡口打磨至露出金属光泽。

② 焊条选择。选用 $\phi3.2mm$ 的 Z408 焊条和 $\phi4mm$ 的 J506 焊条。焊前，Z408 焊条需经 150℃、J506 焊条需经 350℃烘干处理，恒温 1h 后随用随取。

③ 预热。焊前用大号焊炬将坡口及两侧加热至 350℃，温度上升力求均匀。

### （2）施焊

预热后立即进行套管的定位焊，定位焊缝对称分布，焊缝要饱

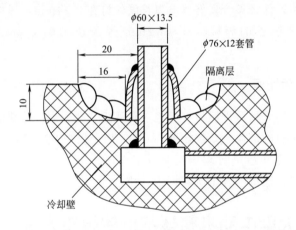

(a) 焊接位置

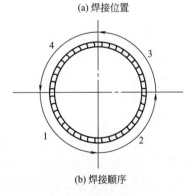

(b) 焊接顺序

图 2-18 焊接位置及焊接顺序

满,填满弧坑,每道焊缝长 30～40mm。

焊补时,先用 φ3.2mm 的 Z408 焊条在坡口内堆焊一层隔离层,焊接位置如图 2-18(a) 所示,焊接顺序如图 2-18(b) 所示。

每焊一层,立即锤击焊道,以减少内应力,并用 5 倍放大镜检查焊道,确认无裂纹、气孔缺陷后再焊下一层。焊完隔离层后,再用 φ4mm 的 J506 焊条焊满坡口,余高约 6mm,焊接顺序同上。最后焊接管与管角焊缝。焊接需连续进行,以保持层间温度。

焊接过程中运条速度要慢,以划圈式运条为好,电弧在尖角处要作停留,保证熔合良好。电弧长度保持在 3～4mm,焊接电流略大于一般铸铁的焊接,对 φ3.2mm 焊条选 120A,φ4mm 焊条选 160A。

### (3) 焊后处理

焊后用 5 倍放大镜检查焊缝,确认无气孔、裂纹等缺陷后,再将焊前预热的部位重新加热到 300℃,用干燥白灰粉覆盖焊缝,保温缓冷。冷却后进行水压试验(工作压力为 0.5MPa,超载试压 1.3MPa),稳压 10min 无渗漏为合格。

## ▶ 56. 大型电动机整体不拆的焊接方法

某单位在设备检修中,发现一台大型电动机的底座断裂而无法使用,材质为灰口铸铁,断口组织疏松、气孔十分严重。该电动机为进口配套设备,价格高,又没有备件更换,厂方十分着急,慎重起见,要求在保证质量的前提下,整机不拆(电动机不解体)进行焊接,电动机底座断裂部位如图 2-19 所示。

在电动机不解体的情况下进行焊接有很大难度。

① 补焊时,焊接区域的温度不能太高(不高于 100℃),否则由于过热,电动机内的绕组将会烧损,使电动机报废。

② 由于底座断口十分粗糙,油、锈侵蚀严重,如采用焊条电

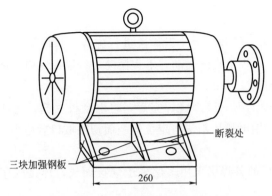

图 2-19 电动机底座断裂状况及
加钢板位置示意图

弧焊方法，不管选用哪种焊条，均难与母材熔合良好，保证不了焊接质量。

根据上述情况，采用了焊接变形小、热输入容易控制、焊接质量高的 $CO_2$ 气体保护焊，并配合敷湿毛巾降温的方法进行焊补，取得了满意的效果，具体做法如下。

## （1）焊前准备

① 将电动机断裂部位按原尺寸形状组对，并在一个面上定位焊三处，定位焊道应长些，以免开裂。

② 将电动机立起，使裂纹处于垂直立焊位置。

③ 将定位焊的背面裂纹处用 $\phi 3.2mm$ 的 E4303 焊条电弧切坡口，坡口的深度应超过底座厚度的 1/2。在电弧切割的同时，应有人将裂纹以外的电动机外壳不断用湿毛巾冷却，避免焊接区域温度过高，然后用手砂轮打磨坡口处，露出金属光泽。

④ 选用 $CO_2$ 气体保护半自动焊方法，H08Mn2SiA 焊丝，$\phi 1.2mm$，$CO_2$ 气体流量为 12L/min，焊接电流为 100～120A，电弧电压为 18～20V，焊丝伸出长度为 10～12mm。

**（2）施焊**

① 采用多层多道短段退焊法进行施焊，每段焊缝长度控制在 60mm 左右，焊枪直线运动，不宜摆动，每段焊完应立即锤击焊缝及焊缝两侧。

② 一面的第一层焊缝焊完后，将电动机立起，还使其呈垂直立焊位置，用电弧切割法将定位焊一面切割坡口后施焊，做法与前述相同。

③ 随后的各焊层采用多层多道焊接而成，焊接顺序如图 2-20 所示。

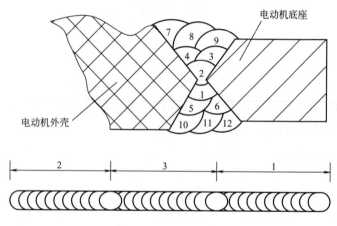

图 2-20　焊接顺序

④ 施焊时要严格控制焊接温度，以低于 80℃ 为宜，必要时仍采用湿毛巾降温法配合进行。

⑤ 施焊过程中如果发现熔合不良、裂纹等缺陷，应用砂轮处理掉，重新焊接。

⑥ 两面焊缝焊满，用三块 $\delta=8mm$ 低碳钢板，按图 2-19 进行底座的加固并焊接。

## （3）焊后处理

焊后经检查，确认无裂纹后，专业电工应对电动机进行干燥处理，合格后方能装机使用。

该机修复后已使用 6 年多，至今没有发现异常，效果很好。

# 第三章
# 铝及铝合金的焊接

## （1）铝及铝合金的性能及分类

铝密度小、耐腐蚀性好，有很高的塑性和良好的焊接性以及优良的导电性和导热性等，因此铝及铝合金在航空、汽车、电工、化学、食品及机械制造中得到广泛的应用。

纯铝强度较低，根据不同的用途和要求，在铝中加入一些合金元素（如 Mn、Mg、Si、Cu、Zn 等）来改变其物理、化学和力学性能，形成一系列的铝合金。

按铝合金制造工艺可分为两大类：一种是能经辗、压、挤成形的铝合金，称为变形铝合金（熟铝）；一种是铸造铝合金（生铝）。

## （2）铝及铝合金的焊接特点

① 铝及铝合金的表面有一层致密的 $Al_2O_3$ 氧化膜（厚度为 $0.1\sim0.2\mu m$），该氧化膜熔点高（2050℃），而纯铝的熔点是 658℃，焊接时，这层薄膜对母材与母材之间、母材与填充材料之间的熔合起着阻碍作用，极易造成焊缝金属夹渣和气孔等缺陷，影响焊接质量。

② 铝合金的热导率高，约为钢的 4 倍，因此焊接铝及铝合金时，比钢要消耗更多的热量。为得到优质的焊接接头，应尽量采用

热量集中的钨极交流氩弧焊、熔化极气体保护焊等焊接方法。

③ 铝的线胀系数和结晶收缩率是钢的 2 倍，易产生较大的焊接变形和应力，对厚度或刚性较大的结构，大的收缩应力可能会产生焊接接头裂纹。

④ 液态铝可大量溶解氢，而固态铝几乎不溶解氢，铝的高导热性又使液态金属迅速凝固，因此液态时吸收的氢气来不及析出，而留在焊缝金属中形成气孔。

⑤ 气焊、焊条电弧焊、碳弧焊等焊接时，如焊剂清洗不净，易造成焊接区域腐蚀。

⑥ 铝及铝合金焊接时，固-液态转变，无颜色变化，易造成烧穿和焊缝金属塌落，焊接过程中，合金元素易蒸发和烧损，降低使用强度。

## （3）常用铝及铝合金的焊接方法

根据铝及铝合金的牌号、焊件厚度、产品结构、生产条件及接头质量要求等来选择焊接方法。

① 焊条电弧焊。一般板厚在 4mm 以上的铝及铝合金板或小铸件的焊补才采用手工电弧焊。因铝焊条为盐基型药皮（含氯、氟等），极易受潮，为防止气孔，使用前必须进行严格的烘干处理（150℃烘 1～2h）。使用直流反接电源。施焊时，焊条不宜摆动，焊接速度要快（比钢焊接时快 2～3 倍），在保持电弧稳定燃烧的前提下采用短弧焊，以防止金属氧化，减小飞溅和增加熔深。焊后应仔细清除熔渣。

② 气焊。氧-乙炔焊是厚度不大于 4mm 的铝及铝合金薄板的焊接与较小铸件缺陷焊补常用的焊接方法。

使用铝焊剂（气剂 401）溶解和清除覆盖在熔池表面的 $Al_2O_3$ 薄膜，火焰为轻微碳化焰。施焊时要控制好焊接温度，保持熔池形状，该方法如操作得当，可以使厚度不大于 4mm 铝板的平对接接头达到单面焊双面成形的效果。

③ 碳弧焊。该方法利用炭棒作为电极，炭棒的引弧端磨成圆锥状，以利于电弧稳定燃烧所产生的电弧热熔化被焊母材，完成焊接接头或工件缺陷的焊补。这种方法的特点是设备简单、成本低、生产率高，但劳动条件差，焊接质量不稳定，适用于较大厚度铝及铝合金板及铸件的焊接。

④ 钨极氩弧焊。在氩气流保护下，以不熔化的钨极和焊件作为两个电极，利用两极之间产生的电弧热熔化母材金属及焊丝进行焊接。

该方法采用交流电源，这样既对熔池表面的氧化膜有阴极破碎作用，又可采用较高的电流密度，具有电弧稳定、成形美观、焊件变形小、操作灵活、可全位置焊接等优点。适用于厚度小于 8mm 的铝及铝合金板或中小型铸件的焊补。

⑤ 熔化极半自动氩弧焊。在氩气流保护下，以焊丝和焊件作为两个电极，利用两电极之间产生的电弧热熔化母材金属和焊丝形成焊接接头。

熔化极半自动氩弧焊采用直流反接电源，对铝及铝合金表面的氧化膜有阳极破碎作用；电弧的自身调节作用强，焊接电流与电弧电压合理配合，形成射流过渡，热量大，电弧稳定，是目前焊接中厚度铝及铝合金板或焊补较大铝及铝合金铸件的最佳方法。

### （4）铝及铝合金的焊接材料

① 焊条电弧焊焊接铝合金焊条的选择见表 3-1。

表 3-1　铝及铝合金焊条

| 焊条牌号 | 焊芯成分/% | | | 焊接接头抗拉强度/MPa | 用　　途 |
| --- | --- | --- | --- | --- | --- |
| | 硅 | 锰 | 铝 | | |
| 铝 109 | — | — | 约 99.5 | ≥65 | 焊接纯铝及一般接头强度要求不高的铝合金 |
| 铝 209 | 约 5 | — | 余量 | ≥120 | 焊接铝板、铝硅铸件、一般铝合金及硬铝 |
| 铝 309 | — | 约 1.3 | 余量 | ≥120 | 焊接纯铝、铝锰合金及其他铝合金 |

② 氧-乙炔焊和钨极氩弧焊焊接铝及铝合金焊丝的选择见表 3-2。

表 3-2　铝及铝合金焊丝

| 焊丝牌号 | 名称 | 焊丝长度/m | 用　　途 |
|---|---|---|---|
| 丝 301 | 纯铝焊丝 | 1 | 焊接纯铝及要求不高的铝合金 |
| 丝 311 | 铝硅合金焊丝 | 1 | 焊接除铝镁合金外的其他各种铝合金。焊缝金属抗裂性能好,也能保证一定的力学性能 |
| 丝 321 | 铝锰合金焊丝 | 1 | 焊接铝锰合金及其他铝合金,焊缝有一定的耐腐蚀性及一定的强度 |
| 丝 331 | 铝镁合金焊丝 | 1 | 焊接铝镁合金及其他铝合金,焊缝有良好的耐腐蚀性和力学性能 |

氧-乙炔焊均采用铝焊剂（气剂 401）。

③ 熔化极半自动氩弧焊焊丝的选择与气焊和钨极氩弧焊基本一样，就是焊丝直径较细（$\phi 1.2mm$、$\phi 2.5mm$），是整盘包装，上机使用。

## （5）铝及铝合金的焊前准备

① 焊件与焊丝的清理。

a. 清理的目的。除去表面油污、脏物及氧化膜，是保证铝及铝合金焊接质量的重要工艺措施。

b. 清理部位。清理焊件的坡口两侧或缺陷四周宽度不小于 40mm 范围。焊丝要整体浸洗。

c. 清理的方法及措施。采用化学清洗与机械清理的方法。

化学清洗是用 10% 的氢氧化钠（NaOH）水溶液（$40\sim50℃$），将清理部位擦洗 $10\sim20min$ 后，用清水冲净，这样能使氢氧化钠与氧化铝作用，生成易溶的氢氧化铝 $Al(OH)_3$，以保证焊接质量。

机械清理是用丙酮或酒精擦拭待清理部位，再用细的不锈钢钢丝轮（刷）及刮刀除去氧化膜，并用干净白棉布（纱）擦拭。处理完的工件应尽快在 12h 内焊接完成，以防再生成新的氧化膜。

②预热。由于铝的热导率较大，为了防止焊缝区热量的流失，焊前对厚度大于或等于 8mm 的铝板或较大铸件进行预热，一般可根据情况选择 100～300℃预热温度。

③氩气。钨极氩弧焊与熔化极半自动氩弧焊用的氩气纯度应不低于 99.96%。

### （6）铝及铝合金的焊后处理

焊后留在焊缝及两侧周围的残留焊剂和焊渣，在空气、水分的作用下会激烈地腐蚀铝件，所以必须及时清理干净。

焊后清理的方法是将焊接区域在 30% 的硝酸（$HNO_3$）溶液中浸洗 3min 左右，用清水冲洗后，再风干或在低温（50℃左右）下干燥。

## ▶ 57. 北京 212 发动机缸体焊补

北京 212 发动机缸体的材质为铝合金铸件。一时疏忽没有放水，在水道处缸体壁冻裂，裂缝长 150mm。由于条件所限，决定采用焊条电弧焊焊补。施焊过程如下。

①在裂纹的起、终端各钻 $\phi8mm$ 止裂孔一个。

②用机械方法（角向打磨机）打磨成 U 形坡口，注意不要磨透，坡口两侧各 40mm 处打磨干净，并露出金属光泽。

③预热。用氧-乙炔焰将施焊部位加热到 150℃左右。

④采用直流反接电源，铝 209 焊条、$\phi3.2mm$，焊接电流为 100～110A，中长电弧进行焊接。

⑤采用分两段倒退焊法，第一道焊缝留止裂孔，先不焊。

⑥为保证缸体的致密性，第一遍焊完，立即用角向打磨机把第一道焊缝沿厚度方向磨去 1/2，再用上述焊接方法分两道焊缝完成（图 3-1），最后将两个止裂孔焊好。

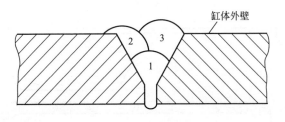

图 3-1　焊接顺序

⑦ 施焊过程中各接头要相互错开，以直线快速运条为宜，焊条尽量不要摆动。

⑧ 焊后冷却到室温用清水洗净，自然风干，用角向打磨机将焊缝修磨成圆滑过渡。

修复后，该机一直使用到车辆报废（5 年多），焊缝完好无损。

## 58. 铝油底壳氧-乙炔焊焊补

8t 载重汽车，其发动机油底壳材质为铸铝。由于长期使用，不少车的油底壳开裂（最大裂纹长达 400mm），如图 3-2 所示。在没有进口备件和氩弧焊设备的情况下，采用气焊的方法进行焊补，收到了良好的效果。

### （1）焊前准备

① 用气焊火焰将裂纹及其两侧各 20mm 范围内清理干净。烘烤时温度不宜过高，以防烧塌。

② 将裂纹处开 60° V 形坡口，钝边为 3~4mm，并将坡口两侧各 4mm 范围内的氧化铝薄膜清理干净。

③ 利用废旧铝质汽车活塞铸成 $\phi$5~7mm、长 350~400mm 的焊丝，然后用锉刀或砂轮除去表面氧化膜，备用。

④ 用沉淀后的开水将铝焊粉调成糊状，用小毛刷均匀刷到清理干净的坡口和焊丝上。

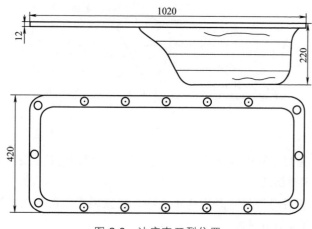

图 3-2　油底壳开裂位置

## （2）施焊

每条焊缝焊两层。如有数条裂纹，要先焊短的裂纹，后焊长的裂纹。焊完一条，再焊另一条，不要两条裂纹同时焊补，以免焊接温度过高，使工件烧塌。

① 第一层焊接。第一层为打底焊。焊接方法是，先用焊炬均匀地加热坡口及其周围至 200℃ 左右，将气焊火焰调成轻微碳化焰或中性焰，由于铝在高温时与氧的亲和力很强，在熔池表面产生一层熔点高达 2050℃ 的氧化铝薄膜，有碍焊接进行。因此，必须及时地用沾有焊剂的钢丝在熔池中搅动，以破坏氧化膜。

每形成一个熔池，用钢丝轻微向下压，然后迅速向坡口两边划圈，以使坡口底部熔合良好；同时焊炬迅速离开熔池向上挑，并用钢丝搅动熔池，以免温度过高。焊接过程中要密切注视熔池大小，一旦发现熔池过大，有下陷趋势，焊炬立即向上挑起，暂停焊接，待熔池温度下降后，再继续焊接。整个焊接过程做到：熔池尽量小，焊速要快，焊接火焰对准焊缝中心，焰心与焊缝距离保持 5～6mm。焊嘴与工件的夹角为 50°，钢丝与工件夹角为 70°。

② 第二层焊接。由于铝达到熔点时，流动性极差，且熔化时无颜色变化，所以稍不注意就会因温度过高而焊漏。因此必须仔细观察加热情况，当熔池表面起皱时，再将沾有焊剂的焊丝送入熔池，并用焊丝端部不断地拨去氧化膜。焊接时焊丝仍做挑起划圈动作，要使焊接处和焊丝同时熔化，并熔合良好，焊丝与焊嘴角度如图 3-3 所示。

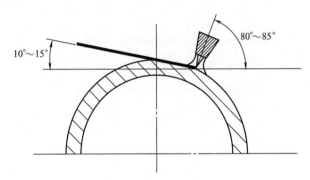

图 3-3　焊丝与焊嘴角度

焊接过程中，如发现熔池有杂质（耀眼发亮的东西），必须用焊丝及时拨去，以免焊缝产生夹渣及气孔。当中断焊接后继续焊接或更换焊丝时，要从原熄火处退后 5～10mm 开始焊接，以保证接头处的焊缝质量。

焊后将油底壳置于室内自然冷却后，彻底清洗焊缝上残留的熔渣，以免腐蚀焊件。

## 59. 铝母线碳弧焊

厚 40mm、宽 400mm 铝母线（铝板），由于当时熔化极氩弧焊在国内还没有推广使用，采用气焊或钨极氩弧焊，受功率和设备的限制，焊接这么厚大的铝板（工业纯铝）有较大困难，经研究采用了碳弧焊方法来完成。具体做法如下。

① 将石墨炭板锯成 20mm×20mm、长 120mm 小条，头部磨成尖锥状，作为电极。

② 用 4～5mm 扁钢自制电极夹钳（焊把钳），以便夹持石墨炭条。该焊钳要求轻便、耐用，并做好防电、防烫措施。

③ 焊接垫板用 20～30mm 厚石墨炭板制成，垫板中间磨制成一圆弧，如图 3-4 所示。

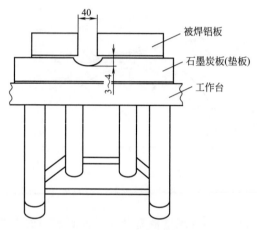

图 3-4　焊接垫板及铝板示意图

④ 将母材的铝板剪成（10～12）mm×（10～12）mm×600mm 的铝板条作为填充焊丝。

⑤ 将调成糊状的焊剂（气剂 401）涂在焊缝间隙的两侧及填充焊丝上。

⑥ 采用两台直流 AX1-500 焊机串联或一台硅整流-1000 焊机，直流正接。

⑦ 铝板与垫板用钢板压紧，间隙应小于 1mm，焊缝两侧用石墨板条挡住，焊缝两端用黄泥堵住，以防熔化的铝液流失。

⑧ 焊接电流为 650～700A，在石墨炭板上引弧，电极沿焊缝往返运动，进行预热。待母材底部开始熔化时，立即填加焊丝。

⑨ 起焊时，电极与工件垂直，随着温度的上升、熔池的形成，

电极应逐渐向前倾斜 60°～70°。施焊过程中应避免焊条与电极碰撞而产生电弧，造成未焊透或熔合不良等焊接缺陷，电极与工件保持 25～35mm 的距离，以保证电弧稳定燃烧。

⑩ 每条焊缝尽量一次焊完，中途不得停顿。如中途停顿，应重新在石墨炭板上引弧，重新预热，等接头处充分熔化形成熔池后再填加焊丝，继续施焊。焊后应将焊接区域残留的焊剂清洗干净，以防腐蚀焊件。

⑪ 在焊接接头没有结晶好、温度较高的情况下，严禁搬动被焊铝件。严禁直接在铝板母板上起弧。

# 60. 小直径铝合金管氩弧焊

某军用多功能背架（以下简称背架，图略），材质为 LD31。该背架的特点是重量轻，承重较大，结构复杂，折叠装配尺寸严格，焊接质量要求高。

由于该背架使用的铝合金管的直径小、壁薄，其焊接接头形式及焊接位置都给焊接操作带来极大不便，极易造成焊缝区域过烧、合金氧化，并产生焊缝成形不好、咬边、未熔合、弧坑、焊瘤等缺陷，影响背架的使用性能，这是图纸技术要求所不允许的。背架的各部位接头形式及铝合金管的规格如图 3-5 所示。背架生产最大的难点就是焊接质量问题。

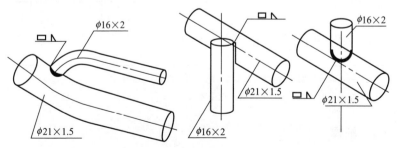

图 3-5 各部位焊接接头形式及铝合金管规格

经反复焊接试验，采用手工钨极氩弧焊方法及下述工艺措施，保证了焊接质量。

## （1）焊前准备

① 设备及机具。

a. NSA-500-1 交流氩弧焊机 4 台。

b. 为保证背架焊后的几何形状尺寸和焊接质量，制作组对焊接胎具（以下简称胎具）10 套。对胎具的要求如下：胎具在焊接位置上可任意旋转 360°，以保证焊工在最佳操作位置（爬坡焊位置）焊接；胎具应组对、焊接、使用方便。

② 焊接材料。

a. 选用丝 331、$\phi1.6mm$。

b. 氩气：纯度应不低于 99.96％。

③ 铝合金管与焊丝的处理。

a. 用砂轮机、圆锉将管内、外壁上的毛刺打磨干净，以保证组对时铝管接头紧密配合。

b. 铝合金管及焊丝的清洗工艺见表 3-3。

表 3-3　铝合金管及焊丝的清洗工艺

| 材料 | 除油 | 碱洗 | | | 冲洗 | 中和反应 | | | 冲洗 | 干燥方法 |
|---|---|---|---|---|---|---|---|---|---|---|
| | | 溶液 | 温度/℃ | 时间/min | | 溶液 | 温度/℃ | 时间/min | | |
| 铝合金管及焊丝 | 汽油、丙酮 | 8％NaOH | 50～60 | ≤8 | 流动清水 | 30％HNO₃ | 40～60 | 3 | 流动清水 | 风干、低温干燥 |

注：1. 清洗后的铝合金管及焊丝使用时间不得超过 12h。

2. 焊丝宜保存在 100℃烘箱内，随用随取。

## （2）施焊

① 定位和点固焊。为保证背架的几何尺寸与形状要求，背架

必须在胎具上定位和点固焊。

每个焊口点固焊不应少于 2 点，焊点尽量小，且熔合良好。

② 焊枪与铝合金管及焊丝的位置。为保证焊接质量，焊枪与铝合金管及焊丝采取合适的位置至关重要。施焊时应采取左焊法。每次转动胎具，起焊位置应在爬坡位置（经实践证明，这一位置焊工易操作，焊缝成形美观并饱满，不易出现烧塌、咬边、未熔合等缺陷，胎具的灵活转动能保证调整到这一位置），如图 3-6 所示。

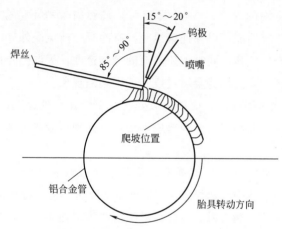

图 3-6　焊枪与铝合金管及焊丝的位置

③ 焊接工艺参数见表 3-4。

表 3-4　焊接工艺参数

| 钨极直径 /mm | 焊丝直径 /mm | 焊接电流 /A | 喷嘴直径 /mm | 钨极伸出长度/mm | 氩气流量 /(L/min) |
|---|---|---|---|---|---|
| 1.6～2 | 1.6 | 70～80 | 10 | 3～4 | 7～8 |

④ 焊接过程。起焊时，钨极应对准焊缝的中心，焊接时电弧要尽量短，焊枪不作摆动。焊缝熔化后形成的第一个熔池十分重要（一般宽应控制在 5～6mm 之间，高在 1mm 左右为宜），采取间断送丝的方法施焊。施焊时焊枪与焊丝的运动要搭配好，即送丝时焊

枪应稍微向后运动，而焊枪向前推进时，焊丝一进一退、一滴一滴地间断向熔池填送，焊丝端头应呈圆形，注意焊丝不可直接插入熔池，送丝的动作一定要稳、准，控制焊缝两侧熔化均匀，按熔池的形状一点一点地堆焊而成，两个熔池之间应相互搭接2/3，使焊缝成形为鱼鳞状，整齐、均匀又美观。

⑤ 施焊过程中应特别注意以下几个方面。

a. 施焊过程中，如发现熔池温度过高（熔池形状过大，熔化金属有往下塌的现象），应立即停弧，停弧时焊枪不应立即抬起，应用滞后停气功能，以保证熔池在没有冷凝之前免受外界空气的侵入，防止产生气孔，同时加速熔池的冷却速度，等温度降低后再起弧继续焊接，防止焊缝金属过烧及产生塌陷现象。

b. 每次再引弧时，应在熄弧处往后 5～6mm 处起弧，熔化后，再添加焊丝往上堆焊，但焊缝应一致，以达到焊缝成形圆滑过渡的目的。

c. 每个焊口焊完，熄弧前，应往前继续焊接 5～6mm，填满弧坑，并往熔池中快速添加 1～2 滴焊丝液滴，将焊枪移离焊缝中心，在焊缝的一侧熄弧，熄弧后继续将喷嘴罩住熔池，待焊缝冷凝后，抬起焊枪，这样能有效地防止气孔及缩孔的产生。

d. 施焊时，搭接线位置要适当、牢固，以防擦伤铝合金管表面，同时也严禁在焊缝以外的铝合金管表面上乱引弧或熄弧。

## （3）易出现的焊接缺陷及防止方法

焊接缺陷产生原因及防止方法见表 3-5。

表 3-5　焊接缺陷产生原因及防止方法

| 缺陷名称 | 产生原因 | 防止方法 |
|---|---|---|
| 气孔 | 氩气不纯，流量小，焊丝、铝合金管表面清理不净，焊接场地空气对流大，操作方法不当等 | 有针对性地解决，并防止"打钨"现象的产生 |

续表

| 缺陷名称 | 产生原因 | 防止方法 |
|---|---|---|
| 焊缝外观成形不良 | 熔池大小控制不一致,胎具转动角度或焊枪与铝合金管的倾角不当,焊接技术不熟练等 | 提高焊接操作水平,根据熔池形状,掌握送丝的时机,调整好胎具转动角度及焊枪与铝合金管的倾角等 |
| 咬边 | 焊枪的倾角不当,焊接电流大,送丝动作不当,氩气流量过大,焊接熔池温度高等 | 提高焊接操作水平,根据熔池形状及时、准确送丝,严格控制熔池温度等 |
| 过烧 | 钨极端头氧化,焊接电流过高,焊接速度慢,电弧高,电弧在某位置上停留时间过长,造成焊缝区域过宽,焊接操作不熟练等 | 正确修磨钨极端头形状,调整不当的焊接参数,断弧焊接,提高焊接操作水平等 |

## (4)焊后处理

焊后整形,进行强化、着色处理。

用该工艺焊接小口径、薄壁铝合金管工艺简单,容易掌握,焊接质量高,使用性能可靠,尤其是焊缝外观成形美观,达到了国外技术标准,现已成批生产。

# ▷ 61. 铝母线熔化极半自动氩弧焊

由于铝及铝合金具有较强的导热性,因此在大厚度铝板的焊接中,采用氧-乙炔焊或钨极氩弧(TIG)焊等方法使其局部熔化进行焊接十分困难。在山西榆次恒裕铝厂施工中,经多次试验,成功地采用了电弧热量集中的熔化极氩弧焊(MIG)焊接大厚度铝板。

## (1)技术要求

该铝厂电气安装工程的铝母线正、负极采用厚度为440mm的大厚度铝板与25mm厚铝板组对焊接而成,如图3-7所示。为满足电气要求，通电截面必须保证厚度，焊后其厚度应比大厚度铝板（440mm）高出 4～6mm。

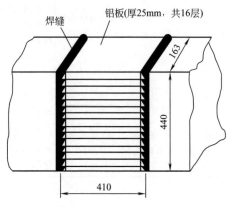

图 3-7    组对焊接示意图

铝板材质为 L2 工业纯铝。设计要求铝母线通过 $6.6 \times 10^4$ A 电流。共有 1100 个接头，焊接质量要求高，焊缝表面要求光滑，不得有明显的凹坑、未熔合及气孔等缺陷。为此，铝厂在施焊现场设专人监理，进行严格检查。

## （2）焊接设备及焊接材料

采用 NB-500 双轮推丝式半自动气体保护焊机和 NBC-500K 半自动气体保护焊机。这两种焊机送丝平稳可靠，焊接电弧燃烧稳定，稍加改动后可适用于铝及铝合金的焊接。

采用纯铝焊丝 HS301（$\phi 1.6$mm）。保护气体为工业纯氩，纯度应不低于 99.99%。

## （3）焊前准备

焊接坡口形式及组对尺寸如图 3-8 所示。两侧厚铝板长度不小于 4970mm，25mm 厚铝板叠加 16 层，层与层间隙为 3mm，每层铝板坡口尺寸一致。

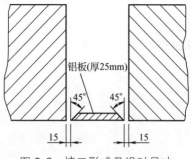

图 3-8 坡口形式及组对尺寸

施焊前，将厚铝板的立面、25mm 厚铝板坡口及其附近 100mm 范围内清理干净，先用丙酮将油污和尘垢擦净，然后再用角向打磨机和不锈钢钢丝刷去掉 $Al_2O_3$ 氧化膜，使之露出金属光泽。

## （4）焊接工艺

实践证明，按常规焊接工艺方法焊接大厚度铝板是行不通的，焊接工艺稍有不当，就会在厚铝板一侧造成不熔合现象，这是铝板的厚度大、没有坡口以及铝本身的导热性强等因素造成的。针对这种情况，经多次试验，总结出以下工艺措施。

施焊时采用左焊法为宜，如图 3-9 所示，这种焊接方法气体保

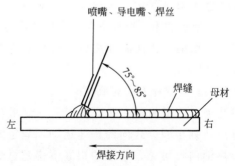

图 3-9 左焊法示意图

护效果好，适用于大厚度铝板深坡口的焊接，操作时喷嘴不挡视线，熔池清晰可见，焊缝成形均匀、平缓、美观，焊道两侧不产生夹角。另外，正确的焊丝角度及位置是保证厚铝板一侧熔合良好的关键（图 3-10）。

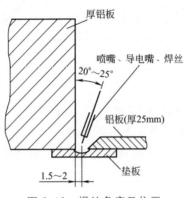

图 3-10　焊丝角度及位置

焊接工艺参数见表 3-6。

表 3-6　焊接工艺参数

| 焊接材料 | 焊丝直径/mm | 焊接电流/A | 电弧电压/V | 焊丝伸出长度/mm | 氩气流量/(L/min) | 焊接速度/(mm/min) |
|---|---|---|---|---|---|---|
| HS301 | 1.6 | 280～300 | 25～27 | 16～20 | 24～26 | 210～350 |

铝熔化后颜色无明显变化，这给操作者掌握焊接温度带来不便。在焊接第一层铝板的第一层焊道时，为保证熔透、背面成形良好，并防止烧穿、塌陷，背面需加垫板（材料宜为紫铜或不锈钢板）。施焊时，为保证焊缝质量，防止熔合不良等缺陷，采用先从厚板侧开始、多层多道堆焊方法完成（图 3-11）。

按照上述几项工艺措施，在保证厚铝板一侧熔合良好的情况下，焊丝以直线或划小圈方式向前快速运动，焊道要细，焊层要薄，始终保持熔池清晰可见，熔化的铝液不得超过焊丝，否则厚铝一侧会出现未熔合、焊道堆起太高及焊道两侧夹角过深等

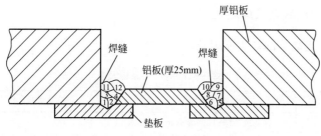

图 3-11　焊接顺序

缺陷。

　　熄弧时，当焊丝运动到坡口边缘时，应再回焊 20mm 以上，防止弧坑缺陷的产生，并避免坡口边缘或铝板端头未焊满，焊枪也不要马上抬起，使滞后停氩气功能继续保护未凝固的熔池免受空气的侵入，防止产生气孔。

　　每焊完一层 25mm 厚铝板，应将余高铲去，再组对叠加下一层板，焊接方法同第一层。

　　每个大接头（指 16 层 25mm 厚铝板的组对叠加）要一次焊完，中途不得停焊，因焊接温度越高，焊接过程就越顺利，焊接质量就越能保证。

## （5）注意事项

　　① 室外焊接作业应有良好的防风措施。

　　② 厚铝板的焊接，焊缝填充量大，焊接温度高，应有防变形措施（采用反变形或刚性固定法均可）。

　　③ 搭接线接触焊件位置要适当、牢固，以防止擦伤铝板表面，并影响焊接电弧的稳定燃烧。

　　④ 施焊过程中，应防止焊接温度过高而烧坏喷嘴。

　　⑤ 每次熄弧再引弧时，应先将焊丝端部的熔球剪掉，并保证焊丝伸出长度不超过 20mm。

　　⑥ 焊接过程中不得震动工件。

## （6）焊接缺陷及焊后处理

焊接缺陷的产生原因及防止方法见表 3-7。

表 3-7　焊接缺陷的产生原因及防止办法

| 缺陷 | 产生原因 | 防止办法 |
|---|---|---|
| 气孔 | 母材清理不净,风的影响,喷嘴堵塞,氩气流量不合适,气体质量不符合要求等 | 采取有针对性的解决方法 |
| 电弧不稳 | 压丝轮太紧或太松,焊接电流与电压不匹配,焊丝伸出长度不当,搭接线接触不良,导电嘴磨损等 | 调整压丝机构,选用合适的焊接参数,压紧搭接线,更换导电嘴 |
| 飞溅大 | 电感量过大或过小,电压过高,导电嘴磨损严重 | 调整焊接电流与电压相匹配,更换导电嘴 |
| 未熔合或熔合不良 | 焊丝的端头位置不对,焊接电流小,焊接速度不当,焊丝摆动形式不当等 | 调整焊丝接触位置及喷嘴角度,选用合适的焊接参数 |

铝母线焊完后，将焊缝表面修磨成圆滑过渡，不得有弧坑、凹陷和未焊满等缺陷，用 5 倍放大镜检查，不得有裂纹、未熔合、密集性气孔等缺陷。

用该工艺方法焊接大厚度铝板不需预热，工艺简单，容易掌握，焊接效率高，焊接质量好，易于推广。

## >> 62. 薄铝板制品氧-乙炔焰焊接

某单位因生产需要准备制作三个较大的蒸馏水箱，最大的外形尺寸为 5m(长)×2m(宽)×1.5m(高)。原设计材料为 8mm 厚的 1Cr18Ni9Ti 不锈钢板，但由于该种板材价格昂贵及材料来源缺乏，后改用 1mm 的薄铝板为衬里，用 Q235 钢板和角铁制作外套，要求两者装配间隙越小越好，在没有氩弧焊设备的情况下，采用氧-乙炔焰焊接方法。

## （1）焊前准备

① 铝板对接处进行机械或人工翻边，装配成卷边接口。如采用角接接头，将一板的边缘翻起 3～4mm，装配成图 3-12(a) 所示的形式；如采用对接接头，两边都应翻起 3～4mm，装配成图 3-12(b) 所示形式。

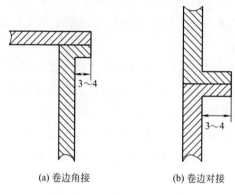

(a) 卷边角接          (b) 卷边对接

图 3-12　铝板装配示意图

② 用细砂布擦拭卷边处，将氧化膜清除干净。

③ 用去掉外绝缘的铝电线代替铝焊丝（直径 3mm），用细砂布擦净表面氧化膜，备用。

④ 用沉淀后的水将铝焊粉调成糊状，用小毛刷均匀地刷到已清理干净的卷边接口及焊丝上。

⑤ 选用小号焊炬、2 号焊嘴。

## （2）施焊

① 每间隔 60mm 做一点固焊，间距不宜太长，以免焊件受热翘起，影响焊接。焊点尽量小、短，熔合好即可。

② 每条焊缝分两遍焊成。焊接过程中，由于铝板薄，焊缝长，为了减少变形，采用中间向两边焊，每一半焊缝又采用分段倒退跳

焊的顺序进行焊接。

第一遍焊接不填丝进行自熔。将焊接火焰调节成轻微碳化焰，焊接时仔细观察火焰加热的地方，当发现有倒棱现象时，立即用钢丝搅动熔池，使两边棱同时熔合成一体。一旦发现熔池过大，有下塌趋势，焊炬立即向上挑起，待熔池温度下降后，再继续焊接。整个焊接过程做到熔池小、焊速快，焊炬火焰对准焊缝中心，焰心与焊缝距离 8~10mm，焊嘴与焊缝的夹角为 35°，钢丝与焊缝夹角为 70°。钢丝要勤换，以免钢丝上的氧化皮熔于熔池，造成夹渣、不熔合等。

第二遍焊接的目的主要是使焊缝重新熔化，进一步消除焊缝中的气孔、未焊透、夹渣、下塌、未熔合、熔洞等缺陷，以提高焊缝质量，使焊缝成形美观。

由于铝焊接时，在熔池表面易产生一层熔点高的氧化铝膜，阻碍焊接正常进行；再加上铝达到熔点时流动性极差，且熔化时无颜色变化，所以稍有不注意，就会因温度过高而焊漏。因此，必须仔细观察焊口加热变化的情况，当熔池表面起皱时，即将涂有焊粉的铝焊丝送入熔池，轻微向下压，然后迅速向前作划小圈运动，以保证焊缝彻底熔透，背面成形良好。每形成一个熔池，焊炬应速离开熔池向上挑。焊接时火焰要集中，始终对准焊丝与焊缝中心，做到焊丝与焊缝同时熔化，并熔合良好。

焊接时，严禁随便翻动或震动工件，焊缝要垫平。如发现熔池中有杂质（耀眼发亮的东西），必须用焊丝及时拨出，以免焊缝产生夹渣和气孔。当中断焊接后再继续焊接或更换焊丝时，应在原熄火处退后 5~10mm 重新熔焊，以保证接头处的质量。焊缝表面高出工件 1~2mm 为好。

焊完后待工件彻底冷却，方可翻动，用木锤平整外形。焊后应彻底清除焊缝上残留的熔渣，以免腐蚀工件。用煤油渗漏法对焊缝进行致密性检查。检查合格后，方可装入保护套内进行固定。

## ▶ 63. 锌铝合金铸件的补焊工艺

汽车上的锌铝合金铸件很多，如汽化器、汽油泵、车门把手等，在使用中经常出现螺钉滑扣、裂纹、破碎等缺陷，由于锌铝合金的熔点低（420℃左右），焊补厚度又较薄，给焊补工作带来很大困难，稍有不当，就会使焊件塌陷或阻塞，现将焊补工艺介绍如下。

### （1）焊前准备

① 将废弃的汽化器或汽油泵壳体熔化（熔液表面一层暗灰色的氧化皮及杂质去掉）浇铸成直径 3mm 左右的焊条，呈银白色。

② 氧-乙炔焊设备一套，小号焊枪，根据被焊工件大小、厚薄选择焊嘴型号，越小越好。

③ 将补焊处表面的氧化层、油污等用刮刀、锉刀或砂布清理干净，露出金属光泽。

④ 由于锌铝合金铸件的熔点低，件较小又薄，为防止焊补过程中塌陷或阻塞，应在不妨碍施焊的情况下，用耐火泥或黄土泥先将喉管、螺钉孔等堵塞，用湿棉纱将施焊处两侧及其他位置缠裹好。

⑤ 为防止变形或塌陷，被焊工件必须放平垫牢，施焊部位不得悬空，置于平焊位置最好。

### （2）施焊

① 由于锌铝合金施焊时易氧化，铸件又较薄，一般不需开坡口。施焊时，应一边加热，一边用 $\phi 3.2mm$ 焊条的夹持端（没有药皮的一端）刮出焊缝坡口，并焊好打底层。

② 使用轻微还原中性焰，要求焰心尖、火焰轮廓正。火焰引出方向应朝向工件较厚或湿棉纱缠裹的地方，如条件允许，火焰朝

向工件外面引出最好，以免烧坏工件。

③ 焊嘴与焊面的角度是保证施焊顺利的关键，稍有不当，就会造成焊补失败，焊嘴距被焊工件表面 20mm 左右，如图 3-13 所示。

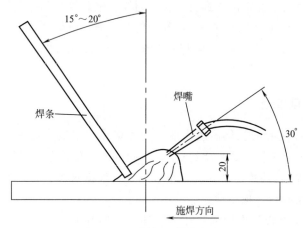

图 3-13　焊条、焊嘴角度

④ 施焊时，要密切注意熔池温度状况，由于锌铝合金铸件加热熔化时，不易从颜色上区分，看到表面有微小细粒渗出来或表面稍有起皱现象，立即用焊条把表面那层氧化层拨掉，露出银白色熔液，然后再添加焊条。

施焊中焊嘴划小圈向前运动，添加焊条时，也应沿焊缝作划小圈摩擦运动，以保证焊缝金属熔合良好。在施焊过程中如发现有亮点，必须先将其挑出来，然后再继续焊接。在保证熔合良好的情况下，焊接速度越快越好。

⑤ 施焊过程中要控制焊接温度，如发现温度过高或焊完一部分，应冷却一会儿再继续焊接，否则熔池金属易氧化造成不熔合或塌陷现象。

⑥ 在工件没有完全冷却的情况下，严禁翻动。

⑦ 施焊时，焊工应占上风处或戴口罩，因氧化锌的烟气有毒，

易使人产生恶心、呕吐现象。

⑧ 焊后进行修整，焊补的螺钉口应重新钻孔攻螺纹。

⑨ 对氧化、腐蚀严重的锌铝合金铸件不宜焊接。

用氧-乙炔焊工艺焊补锌铝合金铸件设备简单，修旧利废效率高、修复费用少，易于掌握，容易推广，适用于修理及铸造行业锌铝合金铸件的焊补修复工作。

# 64. 铝板两人双面同步手工钨极氩弧焊

某酒厂 10 台贮酒罐，由厚度为 10mm 的纯铝板制作而成，其形状为圆柱体（直径 2.6m、高 3.2m），制作中所有的主焊缝、横焊缝及角焊缝，均采用了两人双面同步手工钨极氩弧焊方法，在保证焊接质量的前提下，与单枪焊接相比，提高焊接工作效率显著，明显降低了焊接成本，并且操作难度不大，有利于推广。

## （1）焊前准备

① 立焊与横焊的对接铝板双面均用砂轮倒角（角焊缝铝板对口不用倒角），每边 15°～20°即可，钝边为 6mm。

② 采用 WSE-350 交、直流方波氩弧焊机，交流焊接，焊丝采用 $\phi$3mm 的 HS301 纯铝焊丝。

## （2）定位焊

清理坡口及焊接区域后，进行定位焊，保证 3～4mm 间隙，定位焊的焊缝间隔为 20mm 左右，长度为 15mm 左右，高度不大于 3mm，不得有裂纹、气孔、熔合不良等缺陷。

## （3）焊接工艺参数

两人双面同步手工钨极氩弧焊焊接工艺参数见表 3-8。

表 3-8 两人双面同步手工钨极氩弧焊焊接工艺参数

| 焊接位置 | 钨极直径 /mm | 焊丝直径 /mm | 焊接电流 /A | 喷嘴直径 /mm | 氩气流量 /(L/min) |
|---|---|---|---|---|---|
| 立焊 | 3 | 3 | 160～180 | 14～16 | 14～15 |
| 横焊 | 3 | 3 | 160～180 | 14～16 | 14～15 |
| 角焊 | 3 | 3 | 170～180 | 14～16 | 14～15 |

## （4）操作要求

两人施焊的焊接参数应基本一致，要求两名焊工在横焊与角焊时必须一人左手持焊枪焊接，另一人右手持焊枪焊接，这样方向才能一致，而且互相配合较好。如不同步，两焊枪错开，因焊接温度不够，焊接起来很困难。双人双枪对弧焊接法如图 3-14 所示。

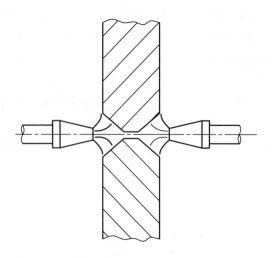

图 3-14 双人双枪对弧焊接法

施焊时焊接速度稍慢些，两名焊工填充料丝的动作要协调，要有共同的节奏感，正常的情况下，双面焊接均能一次成形，如局部焊肉不够（欠肉），可单面再焊一遍即可达到要求。其他焊接操作过程与单人焊相同。

### （5）双人双面同步手工钨极氩弧焊的特点

① 焊接热量互补，热量集中，提高了焊接速度。

② 加强了熔透和熔合。

③ 双面熔化金属均在氩气的保护氛围内，使液体金属免受空气的侵袭，使液体金属更纯净。

④ 减少了清根和清理氧化层的麻烦。

⑤ 减少了焊接变形量。

⑥ 该方法也适用于不锈钢等金属的焊接，应用范围较广。

## ▶ 65. $\phi$89mm×5mm 铝镁合金管焊接

焊接铝镁合金，由于镁的蒸发温度很低，又易氧化，极易产生气孔等缺陷，严重降低了焊接性能，铝镁合金比其他铝合金难焊接。

### （1）焊前准备

① WSE-350 交、直流方波氩弧焊机，交流施焊。

② 为补偿镁元素的烧损，选用丝 331（铝镁合金焊丝），规格为 $\phi$3mm。氩气纯度应不低于 99.99％。

③ 组对尺寸如图 3-15 所示，组对错边量应小于 1.0mm。

④ 清除焊件与焊丝表面的氧化膜，防止焊接过程中再氧化，这是焊接的关键。焊口区域与焊丝均采用化学方法清理，清洗工序见表 3-9。

焊工应戴洁净的白线手套取用焊丝并焊接。凡是清洗过的管件或焊丝，应在 12h 内焊接和使用完，否则将会生成一定量的新的氧化膜，需要重新清洗后方能使用。

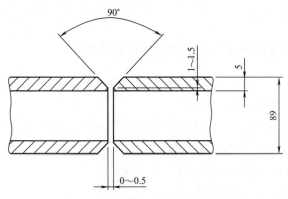

图 3-15　铝镁合金管的组对尺寸

**表 3-9　化学清洗工序**

| 碱洗 | | | 冲洗 | 光化 | | | 冲洗 | 干燥 |
|---|---|---|---|---|---|---|---|---|
| NaOH /% | 温度 /℃ | 时间 /min | | HNO₃ /% | 温度 | 时间 /min | | |
| 10~15 | 50~60 | 4~8 | 冷净水 | 30 | 室温 | 2~4 | 冷净水 | 置于 100℃ 烘干或晒干 |

### （2）定位焊

定位焊为两点（将管外圆周长均分三份，管底部 6 点位置为起焊点，另两处为定位焊点），定位焊缝长不大于 10mm，高不大于 3mm，要求焊透，不得有气孔、裂纹、未熔合等缺陷，两端打磨成缓坡状，以便于接头。

### （3）焊接工艺参数

焊接工艺参数见表 3-10。

### （4）施焊

分为两层焊接完成，即打底层与盖面层，均采用两个半圈焊接而成。

表 3-10  焊接工艺参数

| 焊层 | 钨极直径 /mm | 焊丝直径 /mm | 喷嘴直径 /mm | 焊接电流 /A | 氩气流量 /(L/min) | 钨极伸出长度/mm |
|------|------|------|------|------|------|------|
| 打底层 | 3 | 3 | 14 | 170~180 | 12 | 6~8 |
| 盖面层 | 3 | 3 | 14 | 180~200 | 12 | 6~8 |

① 打底焊。焊前应先在引弧板（铝板）上引燃电弧，并调试焊接参数。施焊时，引弧点应在管底部 6 点处往后 10mm 左右，焊枪（钨极）对准管接口中心，焊枪喷嘴随管的曲率变化而改变焊接位置，但其左右角度始终为 90°，与管件表面的角度也始终为 80°~85°，焊丝与管表面的角度始终为 15°~20°。引燃电弧，待坡口根部形成熔池后，要及时在熔池的侧前方填送 1~2 滴熔化的焊丝，压低电弧，稍停片刻即可熔透，随即焊丝作间断性送丝，即焊丝在不离开氩气保护范围内一退一送，一滴一滴地向熔池填充金属，同时，在送丝时要有往上顶送的动作，焊枪往前移，焊丝往后移，而焊枪往后移时，焊丝再往熔池边缘填送，送丝、焊枪的移动要配合默契，送丝早了会造成焊不透，晚了又会使熔透过多，要恰到好处，快或慢都将造成不良后果，易出现未焊透、凹陷、气孔、焊瘤、过烧、氧化等焊接缺陷。

施焊时，焊接位置超过管的 9 点（3 点）时，要密切注意熔池的状况，熔池铝液稍有下沉，就要适当停弧，但焊枪不能抬起，待熔敷金属稍微冷却后，再引弧进行焊接，否则易产生管内成形焊肉下垂严重，而形成焊瘤。打底焊时应超过管的 12 点位置 10mm 左右熄弧，后半圈的焊接与前半圈一样，接头方法与前述氩弧焊焊接方法相同。

② 盖面焊。焊前要认真清理打底层，管的底部（仰焊部位）不得有过高的焊道，如过高，应用角向砂轮修磨，但要注意，不得损坏坡口轮廓；管的上部不能太低，一般情况下，应从管的 2 点~12 点和 10 点~12 点位置再补焊一层，使其焊缝高度低于管平面 1~1.5mm 为宜，也不能破坏坡口边沿轮廓，以便于盖面层焊接，

否则管的上半部焊缝高度比管下部低，不能保证管接口一圈焊缝高度的一致。施焊时，仍在管的 6 点位置引弧焊接，焊枪喷嘴角度与焊丝的角度和打底焊时相同，电弧长度根据焊缝的宽度而定，一般弧长 4～5mm 为宜，熔池形成后即可摆动送丝焊接，即焊接时，焊丝在一侧坡口边上向熔池送一滴填充金属，然后移向另一侧坡口边上又送一滴填充金属，焊枪喷嘴随焊丝的摆动一起向上运动。施焊时要注意观察熔池形状和温度，及时给送焊丝并与焊接速度默契配合，用焊丝给送多少、位置、频率和焊速来控制熔池的温度和形状，这样焊接才能顺利进行，获得鱼鳞形光滑美观的焊缝。

## ▷66. 铝合金压力集成块焊接修复

某单位意大利进口旋挖机铝合金压力集成块产生裂纹，不能使用。该集成块工作压力大（15MPa），是旋挖机油路集中分散向设备各部件供油的关键部件，该部件制作工艺复杂，价格昂贵，进口困难，厂方已先后请三人进行焊接，却没有成功，成了棘手的焊接难题。铝合金高压力集成块的形状及裂纹部位如图 3-16 所示。

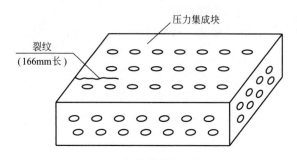

图 3-16　压力集成块的形状及裂纹

### （1）焊前准备

① 选用 WSE-350 交、直流方波氩弧焊机，交流施焊。

② 虽然该集成块为铝合金，但没有资料可证明是何种铝合金，故采用具有优良抗热裂能力、力学性能亦佳，特别是对易产生热裂的热处理强化铝合金有较好效果的 HS311 铝硅焊丝（$\phi3mm$），使用前去除焊丝表面的氧化膜。

③ 先用丙酮擦拭裂纹处的油污，然后再用氧-乙炔焰烘烤裂纹区域（但温度应不高于 200℃），进一步清理浸进裂纹区域的油等杂质。

④ 用角向砂轮将焊缝打磨干净，并开坡口，要求坡口底部呈 U 形，坡口角度应稍大些。

**（2）施焊**

为增加压力集成块裂纹焊补处的致密性和强度，防止产生焊接裂纹与气孔，采取多层多道焊接方法，要求每条焊道相互搭接，不得有沟槽，并熔合良好，其焊接顺序如图 3-17 所示。

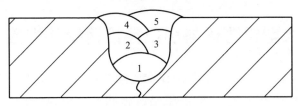

图 3-17　焊接顺序

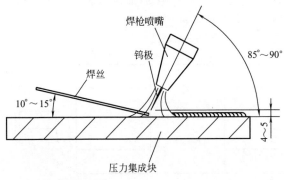

图 3-18　焊枪喷嘴、焊丝与集成压力块间的角度

施焊时，焊枪喷嘴角度在不遮挡焊工操作视线的情况下，尽量垂直，以充分利用电弧的热量来熔化母材，并在坡口根部熔合良好的情况下，再添加焊丝，并压低电弧，增大电弧的挺度，焊枪喷嘴作前后运动，填加焊丝，增大熔深，排除气体，防止气孔与熔合不良等缺陷产生。焊枪喷嘴、焊丝与集成压力块间的角度如图 3-18 所示，焊接工艺参数见表 3-11。

表 3-11  焊接工艺参数

| 钨极直径<br/>/mm | 焊接电流<br/>/A | 焊丝直径<br/>/mm | 喷嘴直径<br/>/mm | 氩气流量<br/>/(L/min) |
|---|---|---|---|---|
| 3 | 180～200 | 3 | 14 | 12 |

施焊时特别要注意两个问题：焊丝应始终在氩气保护氛围内；严禁"打钨"现象发生，如有发生，一定要认真处理后，再重新焊接。

## 67. 大型铝罐体与小口径铝管接头焊接

某化工厂一台大型铝罐（储存硫酸 60t）有一小口径铝管接头需要更换（图 3-19），但由于铝罐体积大、铝板较厚（厚度为 20mm），而更换的铝管接头管径细，又较薄（$\phi$38mm×6mm），施焊十分困难，成了棘手难题。

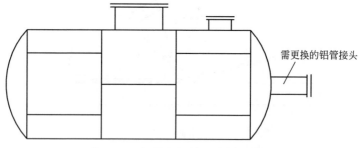

图 3-19  铝罐与铝管接头相对位置

## （1）前两次没有焊接成功的分析

该罐体（已按要求，彻底清洗干净）铝管接头先后请人焊过两次，都没有成功，经分析有以下原因：纯铝熔点为658℃，但又有较高的热容量和熔化潜热，散热比较快，因此在熔化时所需要的热量也较高；罐体的铝板较厚，而铝管壁厚相对较薄，施焊时罐体一侧焊接热量吸收、散热较快，在其还没有达到熔化温度时，而铝管一侧已经熔化了，甚至烧塌，这是造成焊接困难的主要原因；铝和氧的亲和力强，因此焊接时间越长，生成氧化膜越快且厚，也易产生未熔合或熔合不良等焊接缺陷。

提高罐体一侧的焊接温度，促使罐体与铝管接头焊接温度平衡，做到同时熔化，并与焊丝熔合良好，才能形成质量好的焊缝，同时在保证熔合良好的情况下，运用熟练而精湛的焊接操作技能，尽力提高焊接速度，也是保证焊接质量的关键。

## （2）焊前准备

① 选用WSE-500型方波交、直流氩弧焊机，交流施焊。

② 选用抗裂性较好的$\phi$3mm的HS311铝硅焊丝。

③ 氩气纯度应不低于99.99％。

④ 用角向打磨机将罐体接口处与铝管插入处氧化层打磨干净，露出金属光泽。所用焊丝也要经细砂布处理，并用干净白棉布擦拭干净，待用。

## （3）施焊

将铝罐体接口周围200mm处用氧-乙炔焰加热，加热温度为250～300℃。判断温度的办法是：在铝件表面预热处用黑色铅笔划几道，当铅笔的线条颜色与铝表面的颜色相近时，说明预热温度已基本达到，立即将铝管插入，对好尺寸，从管接头的底部直接进行焊接（为加快焊接速度，不用定位焊），同时继续用氧-乙炔火焰预热，防止预热温度下降，直到整个焊缝焊完为止。

焊接分为两层三道，如图 3-20 所示，各焊道焊接工艺参数见表 3-12。

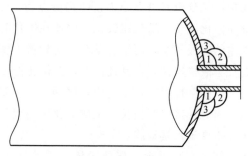

图 3-20　焊道排列

表 3-12　焊接工艺参数

| 焊道 | 焊接电流/A | 钨极直径/mm | 喷嘴直径/mm | 焊丝直径/mm | 氩气流量/(L/min) |
|---|---|---|---|---|---|
| 1 | 180～200 | 4 | 14 | 3 | 15 |
| 2 | 170～180 | 4 | 14 | 3 | 15 |
| 3 | 180～200 | 4 | 14 | 3 | 15 |

焊接第一层（第 1 道）焊缝时，从管接口的 6 点位置（仰焊位）起弧，焊枪喷嘴的角度为 $40°\sim45°$，如图 3-21 所示。

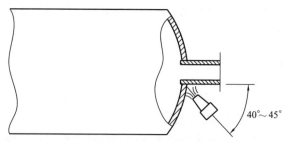

图 3-21　焊枪喷嘴角度

焊接过程中基本保持这一角度。形成熔池后，焊枪要作轻微左右摆动，并及时在熔池的边缘填送焊丝，当看到焊丝与罐体及铝管的夹角熔合良好时，就应及时退出焊丝，焊枪要往前跟进，形成一个熔池，再恢复上述动作，即熔化→焊枪后移→填丝→退丝→焊枪前移……这样一个熔池压一个熔池往上焊接，完成半圈的焊接，后半圈的焊接与前述一样。需要强调的是，焊接过程中不管是填丝、退丝，焊丝的端头应始终在氩气保护氛围内；焊枪喷嘴的角度应随管的曲率变化而变化，熄弧、引弧均不能抬起焊枪，以保护熔池不受外界空气的侵入，防止气孔产生；施焊时，要注意观察熔池形状和温度，及时填送焊丝，与焊枪运动要配合默契，方能获得成形良好、无气孔、熔合良好的焊道；在保证熔合良好的情况下，焊接速度应快些；接头时，焊枪应往后 10mm 处引弧，待焊道熔化，形成熔池后，再前移焊枪，填送焊丝，防止未熔合现象发生。

第一层焊缝焊完后，第二层第 2、3 道焊缝就相对容易一些。施焊时，焊枪角度与第一层第 1 道时基本一样，但值得注意的是，焊接第 2 道焊缝时，要着重使铝管与第 1 道焊缝熔合好，焊第 3 道焊缝时要着重使第 2 道焊缝与铝罐本体熔合良好。特别要提示的是，第 2 道与第 3 道焊缝中间要搭接过渡好，这是促使外观成形良好、保证焊接质量的关键。还要强调的是，不论哪一道的焊接，都要防止"打钨"现象的发生，如有发生必须及时清理，并更换钨极或修磨钨极端头后，方能继续焊接，同时不管哪一道焊缝，出现焊接费劲（不熔合现象）时，说明预热温度已低，要等预热温度上升后，再继续施焊，否则就会造成未熔合缺陷的发生。

## ▶ 68. 铝合金管母线焊接

### （1）铝合金的焊接性能分析

铝及铝合金的熔点低，比热容高（约是钢的 2 倍），热导率大（约是钢的 3 倍），线胀系数大，在焊接中容易产生变形，需采用热量较集中的热源。

铝的化学性质活泼，表面易形成氧化膜，在焊接时容易形成未熔合及夹渣缺陷，使接头的性能降低；氧化膜对水分有很高的吸附能力，易产生气孔缺陷；另外，还出现裂纹、接头软化和耐蚀性降低等问题。

① 气孔。铝合金焊接时主要产生的气孔是氢气孔，而氢的来源有三：空气中的水分侵入熔池；保护氩气中含水量大；坡口及焊丝清理不干净。解决气孔的主要措施如下。

a. 适当预热，降低熔池的冷却速度，有利于气体逸出。

b. 制定合理的焊接工艺，采用短弧焊接。

c. 提高氩气的纯度。

d. 清除焊丝和母材坡口及其两侧的氧化膜、水、油等。

② 裂纹。铝合金焊接中产生的裂纹主要是热裂纹，其中大部分是产生在焊缝中的结晶裂纹，有时在热影响区也出现液化裂纹。

除了接头中拘束力的影响之外，结晶裂纹的产生主要是受铝合金化学成分和高温物理性能的影响。当焊接线能量过大时，在铝合金多层焊的焊缝中，或与熔合线毗邻的热影响区，常会产生显微液化裂纹。

防止裂纹的主要途径如下。

a. 选配合适的焊丝和尽可能优选母材成分。

b. 正确选择焊接方法和工艺参数，宜采用功率大、加热集中的热源。

c. 应避免不合理的工艺和装配所引起的应力增大，尽量将焊接应力降低到最小。

d. 避免接头在高温下受力，人为造成裂纹。

③ 接头软化。铝合金管焊接后会产生明显的接头软化现象，其主要原因是由于焊缝和热影响区的组织与性能变化引起的。

防止接头软化的主要方法如下。

a. 采用加热迅速、热量集中的焊接方法，以减小接头的强度损失。

b. 选择合适的焊丝。

④ 接头的耐蚀性降低。铝合金接头耐蚀性降低的原因，主要与接头的组织不均匀、焊接缺陷、焊缝铸造组织和焊接应力等有关。

防止接头耐蚀性降低的措施如下。

a. 选用高纯度的焊丝。

b. 调整焊接工艺，减小热影响区，并防止过热，同时应尽可能减少工艺性焊接缺陷。

c. 碾压或锤击焊缝，有利于提高焊接接头的耐蚀性。

d. 减小焊接应力。

## （2）焊接工艺

### ① 焊接方法

通过以上分析和结合现场实际情况，确定焊接方法采用交流钨极氩弧焊。其优点是：具有阴极破碎作用；设备结构和线路简单，不易出现故障；TIG 保护性好，电弧稳定、热量集中、焊缝成形美观、强度和塑性高、管材变形小；现场地面施焊，管材可以转动，以平焊位为主，操作容易，便于保证质量；可形成较大的熔池，有益于气体逸出，故焊缝中气孔极少。

### ② 焊前准备

a. 采用 WSE-315 交直流钨极氩弧焊机，焊材选用 HS5356，直径为 5mm。

b. 铝合金管母线和衬管都有包装，保护比较好，为了避免污损，在组装焊接时才拆除包装。现场使用坡口机开坡口，用丙酮擦拭坡口及其附近处，然后用铜丝刷清理铝合金管母线坡口及其内外壁 30mm 范围、衬管和加强孔附近的范围，之后再用丙酮擦拭，如图 3-22 所示。焊丝用化学方法进行清理。

管母线、衬管、焊丝的清理应根据焊接进度完成，不要一次清

图 3-22 清理好的焊口                图 3-23 焊接支架

理过多，以免造成再次氧化和污染。

　　c. 制作焊接支架如图 3-23 所示，要求管母线的轴心线重合，安装可转动胶轮使管母线免受损伤，且焊接位置一直处于水平位置，以便于施焊，减小操作难度，保证焊接质量。

　　衬管的加工要求如图 3-24 所示。

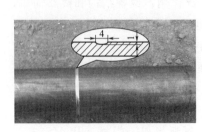

图 3-24 衬管                图 3-25 对口夹具

　　制作对口夹具如图 3-25 所示，便于焊接过程中转动管子时，高温焊缝不受外力而产生缺陷。

　　组对尺寸如图 3-26 所示。

　　由于衬管和管母线之间只有 1～2mm 间隙，且有沟槽，可以对背面焊缝起到氩气保护作用，所以内壁不需要专门进行充氩处理。

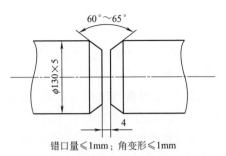

错口量≤1mm；角变形≤1mm

图 3-26　组对尺寸

d. 焊前用氧-乙炔中性焰对坡口及其两侧各 150～200mm 范围内进行加热，加热温度为 200～250℃（测温笔测试），预热温度不宜过高，否则易使焊接接头的力学性能下降得太大。

③ 焊接工艺参数

铝合金管母线焊接电流与加热温度的选择尤为重要，如果焊接电流过大，熔池形成速度较快，容易造成烧穿、塌陷等缺陷；如果焊接电流过小，母材较难熔化，熔深浅，易产生气孔、未焊透和熔合不良等缺陷。可通过适当提高预热温度来补偿焊接区热量的不足，使焊接顺利进行。具体焊接工艺参数见表 3-13。

表 3-13　$\phi$130mm×5mm 铝合金管母线的焊接工艺参数

| 项目 | 电源极性 | 焊接电流/A | 电弧电压/V | 钨极直径/mm | 焊丝直径/mm | 氩气纯度/% | 气体流量/(L/min) | 喷嘴直径/mm | 坡口形式 | 预热温度/℃ |
|---|---|---|---|---|---|---|---|---|---|---|
| 第一层 | 交流 | 200～210 | 10～15 | 4 | 5 | 99.99 | 13～15 | 16 | V形 | 200～250 |
| 第二层 | 交流 | 210～220 | 10～15 | 4 | 5 | 99.99 | 13～15 | 16 | V形 | 200～250 |
| 加强孔 | 交流 | 240～250 | 10～15 | 4 | 5 | 99.99 | 13～15 | 16 | | 200～250 |

焊接 $\phi$110mm×4mm 铝合金管母线时，焊接电流可适当减小，

为 160～170A，焊加强孔选择电流 200～210A。

④ 操作工艺要点

a. 铝合金在熔化时几乎没有颜色变化，操作时必须熟练掌握技巧，且注意力要高度集中。

b. 组对和焊接时可采用夹具（图 3-25），以保证接头装配间隙、错边量、角变形，同时也可以防止管子转动时高温的焊缝受外力而产生裂纹，还可以提高焊接效率。焊接完成后，立即卸掉对口夹具，待温度降到 200℃ 以下才可将管母线移离支架。

c. 把管外圆周长三等分，定位焊焊三点，位于各等分点，定位焊缝长 10～15mm，厚约 4mm。焊接分两层完成，每层焊接采用分段退焊，按 1、2、3 的顺序依次进行，如图 3-27 所示。第二层要和第一层的接头错开，避免缺陷集中。

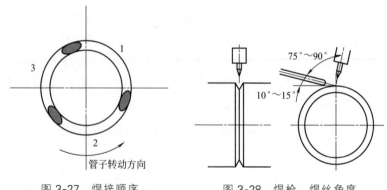

图 3-27　焊接顺序　　　　图 3-28　焊枪、焊丝角度

d. 焊接时采用左向焊，钨极伸出长度为 4～5mm，弧长为 2～3mm，可作间歇停留，达到一定的熔深后，再添加焊丝向前移动。

e. 焊枪、焊丝角度如图 3-28 所示，焊丝与管子切线的夹角为 10°～15°，焊枪与管子切线的夹角为 75°～90°，也可适当变换，但力求满足以下要求：容易观察熔池；熔池始终处于氩气保护下；电弧对熔池前端焊道起预热作用。

f. 打底焊时，先不加焊丝，充分熔化熔池，待出现熔孔后给熔池中心添加一滴熔滴，焊枪轻微横向摆动，再添加一滴熔滴，再熔化，这样有节奏地送进熔滴，形成焊缝。

g. 电弧长度为 2～3mm，若电弧长度过短，容易和熔池短路，造成焊缝污染，若电弧长度过长，会产生电弧不稳定，热量不集中，且氩气保护性较差。

h. 平焊封口接头处，当焊至距对面焊缝 3mm 时，移开焊丝，焊枪划圈，将对面焊缝充分熔化，再把焊丝从旁边送进，填满熔池，焊枪左右摆动，继续向前移动，搭接对面焊缝 10mm 时，填满弧坑，灭弧后，焊枪不允许离开，继续保护熔池。

i. 层间温度不应低于预热温度，焊接过程中也可进行辅助加热。

j. 在焊接第二层焊缝之前，要用铜丝轮或不锈钢丝轮刷掉焊缝表面上的氧化物。

k. 盖面焊起头时，先不添加焊丝，焊枪横向摆动，待起头部位焊缝出现湿润现象时，加少量熔滴，熔化，逐渐过渡到正常焊接，这样使起头焊缝较低，便于下一段焊缝搭接收尾，以保证收尾质量。

l. 盖面焊收弧填满弧坑，利用电流衰减熄弧，焊枪不允许离开，继续保护熔池。

m. 焊接过程中仔细检查焊缝内外表面上是否存在未焊透、裂纹、表面气孔、焊瘤、未熔合等缺陷，发现后立即清除重焊。

## （3）结语

经过以上处理，在 $\phi130\text{mm} \times 5\text{mm}$ 管母线 50 多个焊口、$\phi110\text{mm} \times 4\text{mm}$ 管母线 80 多个焊口的焊接过程中，没有出现因焊口变形返工现象，进展顺利，按期完工。焊缝成形美观，如图3-29所示，经 X 射线检测和导电率测试，均符合要求，一次合格率达99％以上。

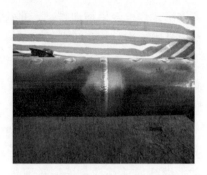

图 3-29　焊缝成形

# 第四章
# 铜及铜合金的焊接

## （1）铜及铜合金的分类

纯铜呈紫红色，俗称紫铜。在纯铜的基础上加入不同的合金元素，成为不同性能的铜合金，常用的铜合金有黄铜、青铜及白铜等。

## （2）铜及铜合金的焊接性

铜及铜合金经辗压或拉伸成不同厚度的铜板及铜合金板、不同规格的管子或各种不同形状的材料，可以用焊接的方法制成各种不同的产品。铸造的铜及铜合金是通过模型直接浇铸成需要形状的部件或产品，焊接只用于修复或焊补。在焊接与焊补过程中应注意下列问题。

① 难熔合。铜及铜合金的导热性比钢好得多，铜的热导率是钢的 7 倍，大量的热被传导出去，母材难以像钢那样局部熔化，对厚大的铜及铜合金材料的焊接，应在焊前预热，采用功率大、热量集中的焊接方法进行焊接或焊补为宜。

② 易氧化。铜在常温时不易被氧化。但随着温度的升高，当超过 300℃时，其氧化能力很快增大，当温度接近熔点时，其氧化能力最强，氧化的结果是生成氧化亚铜（$Cu_2O$）。焊缝金属结晶

时，氧化亚铜和铜形成低熔点（1064℃）结晶，分布在铜的晶界上，加上通过焊前预热，并采用功率大、热量集中的焊接方法使被焊工件热影响区很宽，焊缝区域晶粒较粗大，从而大大降低了焊接接头的力学性能，所以铜的焊接接头性能一般低于母材。

③ 导热性好。铜的焊接熔池比钢凝固速度快，液态熔池中气体上浮的时间短，来不及逸出会形成气孔。

④ 易产生热裂纹。铜及铜合金焊接时，在焊缝及熔合区易产生热裂纹，形成的主要原因如下。

a. 铜及铜合金的线胀系数几乎比低碳钢大 50％以上，由液态转变到固态时的收缩率也较大，对于刚性大的工件，焊接时会产生较大的内应力。

b. 熔池结晶过程中，在晶界易形成低熔点的氧化亚铜-铜的共晶物。

c. 凝固金属中的过饱和氢向金属的显微缺陷中扩散，或者它们与偏析物（如 $Cu_2O$）反应生成的 $H_2O$ 在金属中造成很大的压力。

d. 母材中的铋、铝等低熔点杂质在晶界上形成偏析。

e. 施焊时，由于合金元素的氧化及蒸发、有害杂质的侵入，焊缝金属及热影响区组织粗大、加上一些焊接缺陷等问题，使焊接接头的强度、塑性、导电性、耐腐蚀性等低于母材。

## （3）铜及铜合金的焊接方法

选择铜及铜合金的焊接方法，主要应考虑被焊工件的焊接性、厚度、生产条件、空间位置及焊接质量要求，表 4-1 列出了常用铜及铜合金的焊接性及适用厚度范围。

表 4-1　常用铜及铜合金的焊接性及适用厚度范围

| 焊接方法 | 材料的焊接性 | | | | 适用厚度范围 /mm |
|---|---|---|---|---|---|
| | 紫铜 | 黄铜 | 青铜 | 镍白铜 | |
| 钨极氩弧焊（TIG 焊） | 好 | 较好 | 较好 | 好 | 1～10 |

续表

| 焊接方法 | 材料的焊接性 | | | | 适用厚度范围 /mm |
|---|---|---|---|---|---|
| | 紫铜 | 黄铜 | 青铜 | 镍白铜 | |
| 熔化极半自动氩弧焊（MIG 焊） | 好 | 较好 | 较好 | 好 | 4～50 |
| 气焊 | 差 | 较好 | 差 | — | 0.5～6 |
| 碳弧焊 | 尚可 | 尚可 | 较好 | — | 6～25 |
| 焊条电弧焊 | 差 | 差 | 尚可 | 较好 | 2～10 |
| 埋弧自动焊 | 较好 | 尚可 | 较好 | — | 6～30 |
| 等离子弧焊 | 较好 | 较好 | 较好 | 好 | 1～16 |

## （4）铜及铜合金的焊接材料

铜及铜合金所用焊接材料的种类和应用范围见表 4-2～表 4-4。

表 4-2　铜及铜合金焊丝的牌号及用途

| 牌号 | 名称 | 主要用途 |
|---|---|---|
| 丝 201 | 特制紫铜焊丝 | 适用于紫铜的气焊、钨极氩弧焊，焊接工艺性好，力学性能高 |
| 丝 202 | 低磷铜焊丝 | 适用于紫铜的碳弧焊、气焊 |
| 丝 221 | 锡黄铜焊丝 | 适用于气焊黄铜和钎焊铜、铜镍合金、灰铸铁与钢，也可用来钎焊合金刀具（头） |
| 丝 222 | 铁黄铜焊丝 | 用途与丝 221 相同，流动性好，焊缝表面略显黑斑点，焊接时烟雾较少 |
| 丝 224 | 硅黄铜焊丝 | 用途与丝 221 相同，由于含硅量为 0.5％左右，气焊时能有效地消除气孔和得到满意的力学性能，实用性强，是常用的品种之一 |

表 4-3　铜及铜合金焊剂的牌号及用途

| 牌号 | 气剂 301 | 气剂 401 |
|---|---|---|
| 应用范围 | 适用于铜及铜合金气焊及碳弧焊 | 适用于气焊铝青铜 |

表 4-4　铜及铜合金焊条的牌号及用途

| 牌号 | 焊芯主要成分 | 焊接工艺要点 | 主要用途 |
|---|---|---|---|
| 铜 107 | 纯铜 | 焊件焊前预热至 400～500℃ | 适用于紫铜的焊接 |

| 牌号 | 焊芯主要成分 | 焊接工艺要点 | 主要用途 |
|------|------|------|------|
| 铜 227 | 磷青铜 | 磷青铜预热至 150～200℃，紫铜预热至 400～500℃。在碳钢上堆焊预热至 200℃。焊后锤击，使晶粒细化 | 适用于紫铜、黄铜、铸铁及钢的焊接和堆焊 |
| 铜 237 | 铝青铜 | 铝青铜的焊接及碳钢堆焊不预热。厚件换热至 200℃，黄铜焊接需预热至 300～350℃ | 适用于铝青铜与其他铜合金焊件的焊接及铜合金与铜的焊接 |

# ▷ 69. 焊条电弧焊焊补大型铸铜件

变压器调整机构机头系大型铸铜件，其成分为 Cu66.9%、Al5.6%、Mn1.6%、Zn22.1%。由于浇铸温度偏低，出现铸造缺陷，造成缩孔一处（面积约 $750mm^2$，深 25mm）、裂纹一条（深 8mm、长 140mm），详见图 4-1。

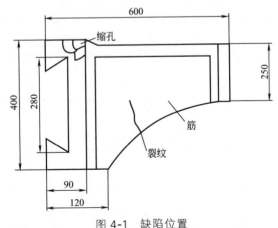

图 4-1 缺陷位置

由于铸件尺寸厚大，受热面积大，散热快，焊补时应集中热源，采用焊条电弧焊进行焊补，具体工艺如下。

## （1）坡口制备

裂纹处开 $60°\sim70°$ V 形坡口；缩孔处用扁铲铲除杂质后开 U 形坡口。坡口两侧各 15mm 范围内清理干净，露出金属光泽。

## （2）焊条及焊机的选择

选用 $\phi4mm$ 的铜 107 焊条，焊前经 $250℃×2h$ 烘干。焊机选用 AX1-500 直流焊机，直流反接。

## （3）施焊

将工件放入炉中加热至 400℃，出炉后置于平焊位置。先焊补裂纹，用短弧施焊，第一层焊接电流为 170A，从裂纹的两端往中间焊，焊接时焊条作往复运动，焊速要快，第二层的焊接电流比第一层略小（160A），焊条作适当的横向摆动，使边缘熔合良好。焊缝略高出工件表面 1mm，整条焊缝一次焊成，焊速越快，质量越好。

缩孔处因是 U 形坡，填充金属量较大，故采用堆焊方法完成，焊接顺序如图 4-2 所示。堆焊至高出工件表面 1mm 即可。焊接电流第一层大些，其余层小些（大的 160A，小的 150A）。各层之间要严格清渣。

整个焊接过程中，搬动和翻动焊件要注意，因焊件处于高温状

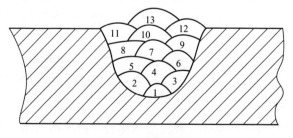

图 4-2　焊接顺序

态，容易变形、损坏。

### （4）焊后处理

焊后用平头锤敲击焊缝，消除应力，使组织致密，改善力学性能。焊件置于室内自然冷却即可。经机械加工，除焊缝颜色与母材略有不同外，未发现有裂纹、夹渣、气孔等缺陷。

## ▷ 70. 氧-乙炔焊焊接 2mm 厚薄紫铜板

高炉循环冷却水池止水带由 2mm 厚薄紫铜板组对焊接而成。施焊时，因紫铜导热性极好，要么由于温度不够形不成熔池，造成焊道上的金属不熔合或熔合不良，要么就是温度过高，焊接区域熔化了一大片，形成烧穿或焊瘤等焊接缺陷，薄紫铜板的焊接是比较棘手的难题。

针对上述情况采用黄铜钎焊的焊接方法，可以很好地解决这一难题。焊前的准备工作和焊接时操作工艺如下。

① 将焊缝的两侧各 60mm 范围内进行去污处理并用钢丝刷打磨至露出金属光泽。

② 焊件组对不开坡口，组对间隙应小于 1mm。

③ 采用 $\phi$3mm 硅黄铜焊丝（丝 224）与 301 焊剂。

④ 将被焊处垫平（垫板采用较平钢板，要求厚些，以防热变形）。

⑤ 预热。两名焊工采用中号焊枪、中性焰同时加热施焊处，温度达 500～600℃时一人焊接，另一人仍然在施焊位置的前方继续加热，以保证施焊过程稳定进行。

⑥ 预热焊工采用中性焰，施焊焊工采用微氧化焰。

⑦ 定位焊与正式焊接要连续进行，定位间距以 60～80mm 为宜，定位焊点应小些。

⑧ 加热与施焊时要密切注意焊接区域温度的变化，防止温度过高或过低，一般目测以暗红色（550～600℃）为宜。

⑨ 焊嘴的摆动要平稳，匀速地向前移动。火焰的焰心（白点）要高于熔池 5~8mm。火焰的外焰应始终笼罩着熔池，避免与空气接触。保证黄铜液很自然地漫延到焊缝的两侧，并渗入到间隙中去。

⑩ 为了使焊接接头的组织结晶细密，提高强度与韧性，焊后要用小锤适当地敲打焊肉。

⑪ 焊后进行致密性检验。

# ▶71. 氧-乙炔补焊黄铜合金轴瓦

黄铜是铜和锌的合金，锌的熔点仅为 419℃，沸点为 906℃，因此焊接或焊补黄铜时，在焊接高温下，锌熔化后即蒸发，不但操作困难，还很容易使焊肉产生气孔，影响焊工身体健康。锌的蒸发使黄铜的力学性能下降。采用含硅的焊接材料可以有效阻止锌的蒸发，又防止氢的侵入。

各种机械设备上的黄铜合金轴瓦在长期运转中易磨损，用氧-乙炔焰焊补、机械加工的方法进行修复，能收到较好的效果，其工艺方法如下。

## （1）焊前准备

① 焊接材料：选择焊接性及耐磨性良好的丝 224（硅黄铜焊丝）、气剂 301（铜焊剂）。

② 设备及工具：氧-乙炔焊炬、氧和乙炔气瓶、钢丝刷、炭火炉等。

③ 铜瓦拆卸时按组（对）打上钢印标记。

## （2）施焊

施焊铜瓦放在炭火炉中预热至 500℃左右，至不冒油烟为止，取出后用钢丝刷刷去铜瓦表面上的杂质和氧化物，按铜瓦磨损的程

度来决定焊补厚度（但必须留出机械加工余量 1mm 左右）。施焊
时采用左向焊，焊枪与铜瓦保持 70°～80°夹角，焊丝与焊枪保持
40°～50°夹角。起焊时用焊枪火焰加热被焊处至亮红色，待加热部
位的铜瓦表面呈现"出汗"状态，即铜瓦表面处于似熔化非熔化状
态时，立即用蘸有铜焊剂的铜焊丝在其表面摩擦。要掌握好焊接温
度，如温度过高，易造成焊接熔池沸腾，铜瓦合金过烧氧化，使焊
缝产生气孔，焊丝熔化后形成熔球滚走，与母材不熔合现象。最佳
焊接温度应是焊丝熔化后流动性很好，与母材熔合到一起，并能控
制熔池的大小、宽度，与焊道的高度保持一致。

施焊时采用微氧化焰，火焰焰心要尖，焊枪只能上下跳动，不
宜作横向摆动，应控制熔池不要过大，一般为焊丝直径的 2～2.5
倍为宜。焊丝与焊枪配合要得当，焊丝以点焊方式不间断地送入熔
池，即焊丝末端要始终在火焰外焰内，保持红热状态，一个熔池形
成后，立即向熔池内点一滴铜水，随即焊枪向前推移，焊丝退出，
一个焊点叠一个焊点地向前施焊，随着焊接温度的升高，焊接速度
和点送焊丝的速度也应逐渐加快。焊缝接头时，应在中断处退后
10mm 开始接头焊接，使焊缝金属接头质量好，焊道平整美观，并
注意在施焊过程中不能间断使用焊剂。

施焊顺序是先从铜瓦纵向边缘开始往里一条焊缝叠一条焊缝地
堆焊，因黄铜熔化后流动性好，所以每焊一道焊缝时都应将铜瓦填
平，一直焊到中间，如图 4-3 所示，然后再从另一边缘开始往里连
续堆焊，与已焊完的前一半焊道接上为止。每条焊道要求笔直平
整，高度一致，相互搭接焊道宽度的 2/3，不得有夹渣、气孔、熔
合不良、沟槽、缺焊肉等现象。最后将铜瓦立起来，再把两个半圆
弧面上的边缘处各补焊一条焊道（图 4-4），以满足加工要求。

**（3）注意事项及焊后效果**

① 施焊前铜瓦应垫牢，防止在施焊时滚动，避免烫伤。

② 焊接时，由于锌的蒸发，操作者应戴口罩，并注意通风或

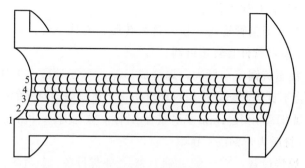

图 4-3　铜瓦堆焊顺序

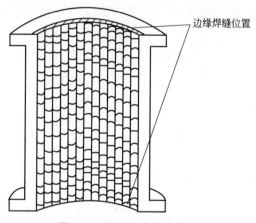

图 4-4　铜瓦边缘焊缝位置

在上风处施焊。

采用氧-乙炔焰焊补、机械加工修复铜合金轴瓦的方法简便易行，操作方便，能降低成本 70% 以上，此方法值得推广。

## ▶72. $\phi$273mm×12mm 黄铜管与黄铜管（H62）对接熔化极半自动氩弧焊

采用焊接热效率高、焊缝质量好的熔化极半自动氩弧焊能收到较好的效果，具体工艺如下。

① 为保证铜管连续焊接，自制转胎、夹具一套，该转胎能按焊接要求组对管件且转速可调。

② 液态黄铜流动性大，焊缝成形差，焊接时易产生烧穿、焊瘤、熔合不良等缺陷，采用衬环可防止上述缺陷。衬环的外径应小于被焊黄铜管内径 1mm，尽量紧配合，宽×厚＝40mm×（4～6mm），材质为黄铜或不锈钢。

③ 焊接设备：NB-500 焊机、氧-乙炔焊设备、氩气等。

④ 焊接材料：$\phi$1.2mm 青铜焊丝（QSi3-1）。

⑤ 坡口：组对角度为 85°，不留钝边，不留间隙，内外两侧各 30mm 范围内进行机械清理，露出金属光泽。

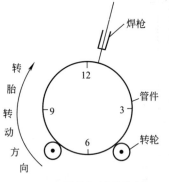

图 4-5　焊丝与管件位置

⑥ 预热。用氧-乙炔焰将焊接区域加热到 300℃ 左右，并每间隔 100mm 定位焊一点，定位焊缝两端用角向砂轮打磨成斜坡状。

⑦ 施焊。焊接电流为 200A 左右，电弧电压为 24～25V，氩气流量为 18L/min。焊丝与管件位置如图 4-5 所示。

打底焊时，焊丝对准焊缝中心，焊丝作小幅度反月牙形摆动。填充焊与盖面焊时，焊丝仍作反月牙形摆动，并在坡口两侧稍作停留（1～2s），防止坡口两端出现夹角，而产生夹渣、熔合不良等缺陷。

⑧ 每道焊口应连续焊完，并控制层间温度不得低于 300℃。

⑨ 焊后将工件（焊接区域）重新加热到 400℃ 左右，保温缓冷。

⑩ 施焊时要垫好管件。不得在坡口以外管件上乱引弧，搭接

线应夹紧。

# ▶73. 紫铜管手工钨极氩弧焊

某单位在设备安装中有 6 个 $\phi180\text{mm}\times10\text{mm}$ 紫铜管（牌号 T2）焊口需要焊接，采用手工钨极氩弧焊方法取得了良好的效果，其焊接工艺方法如下。

## （1）焊前准备

① 焊接设备为 WSE-350 交、直流氩弧焊机，直流正接。焊接材料选用紫铜焊丝（丝 201），直径为 3mm。氩气纯度不低于 99.96%。

② 坡口组对尺寸如图 4-6 所示，组对时不留间隙。

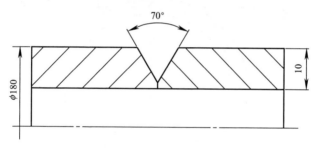

图 4-6 坡口组对尺寸

③ 紫铜管的焊接区域与紫铜焊丝不得有油污、氧化层、水分等，并露出金属光泽。

④ 钨极为 $\phi3\text{mm}$ 铈钨极，喷嘴为 $\phi14\text{mm}$，焊接电流为 160～180A，氩气流量为 15L/min。

⑤ 由于紫铜的热导率和线胀系数较大，又具有热脆性，所以焊前对紫铜管的坡口及坡口两侧各 60mm 范围内进行预热，预热方法采用氧-乙炔焰加热，预热温度为 500℃左右，测温方法为用点接触测温仪。

⑥ 将管件定位焊两处（将管外圆周长三等分，两个等分点为定位焊点，另一等分点为起焊点），定位焊缝长度不小于 10mm，高度以 3mm 为宜。

**（2）施焊**

分两层焊接，即打底层与盖面层，均为转动焊，焊接位置在时钟的 10 点到 11 点半位置，随机转动往上施焊。

① 打底焊。采用左向焊，施焊时要防止产生气孔、夹渣、焊瘤及未焊透等缺陷。焊丝与管表面夹角应尽量小些，以加强氩气保护效果，如图 4-7 所示。

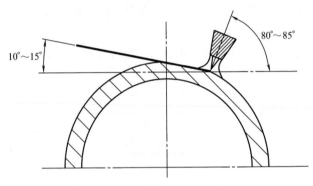

图 4-7　焊丝与管表面夹角

焊枪运动均匀，熔池温度控制适宜，不能太高或太低，焊接过程才能顺利进行，关键是要密切注意熔池中铜液的流动情况，掌握好熔化、焊透的时机，当熔池金属稍有下沉的趋势，说明已焊透（根部成形基本良好）。采取间断送丝法进行填丝，即铜焊丝一送一退，送得利索，退得干净，始终保持这种状态，均匀地向前焊接，如果焊接速度稍慢或焊透不匀，就会出现未焊透或烧穿，而形成焊瘤。

其引弧、接头等的操作方法和氩弧焊焊管方式相同。

② 盖面焊。焊枪左右摆动，焊丝随焊枪运动送丝，电弧运动

到坡口两侧时要稍作停顿，并添加焊丝，以填满坡口，并高出管表面 1.5～2mm，焊枪与焊丝相互配合恰当，并摆动均匀，才能控制熔池形状一致，焊出内外质量优良的焊缝。

### （3）注意事项

① 施焊中严禁"打钨"（即钨极与焊丝或钨极与熔池相接触）现象发生。焊接时"打钨"会产生大量的金属烟尘，金属蒸气进入熔池，焊缝中就会产生大量的蜂窝状气孔或裂纹，如发生"打钨"现象，必须停止焊接，处理打磨干净后再焊接，并更换钨极或将钨极尖端重新修整，直至无铜斑为止。

② 搭接线接触要牢靠，防止擦伤管表面。

③ 待焊缝稍冷却后，再转动管件，并垫牢固。

④ 控制层间温度，发现熔化困难时，说明温度已低，应重新预热至 500℃ 以上再焊接，否则易产生未熔合或熔合不良的缺陷。

⑤ 在保证熔合良好的情况下，焊接速度应稍快些，并保证送丝适宜，注意母材与焊丝同时熔化成为一体，防止产生未熔合或熔合不良等缺陷。

⑥ 熄弧时，焊枪不能立即抬起，应继续利用滞后停气保护功能保护熔池，以防产生气孔。

### （4）焊后处理

经检查，确无气孔、裂纹、夹渣等缺陷后，将被焊管接头的焊接区域重新加热到 600～700℃，用自来水急冷，使焊接区域塑性增加。

## ▶ 74. 黄铜齿轮断齿焊补

某大型设备的黄铜齿轮在使用中有两个齿断掉了，该齿轮直径为 560mm，厚度为 94mm，直齿齿高度 32mm。黄铜是铜和锌的合金，焊接黄铜时，在高温下，锌蒸发容易使焊肉产生气孔，影响齿轮的强度，为此采用热量集中、焊接质量好的手工钨极氩弧焊（TIG 焊）方法补焊，取得了较好的效果。

## （1）焊前准备

① 选用 WSE-350 交、直流方波氩弧焊机，交流施焊。

② 选用硅黄铜焊丝（丝 224），该焊丝含硅量为 0.5% 左右，能有效地控制锌的蒸发、消除气孔，得到满意的力学性能。

③ 氩气纯度不低于 99.99%。

④ 将断齿处用汽油清洗干净，用角向砂轮打磨，露出金属光泽，并将齿轮垫好，断齿处朝上，保持水平状态，以便于堆焊。

## （2）施焊

铜及铜合金有很强的导热性，同时焊黄铜也像焊紫铜那样，在熔化温度下，将产生氧化铜，并极易吸收大量气体，再加上焊黄铜时有锌的蒸发，所以产生气孔的问题比紫铜更为严重，为避免和减少上述问题的出现，黄铜的焊接速度应尽量快些，为此应预热，采用氧-乙炔焰，预热温度在 450℃ 左右，这样不但能加快焊补的速度，还能使锌的蒸发量大大减少，同时由于焊件的温度较高，焊道冷却速度较慢，在熔化时吸收的气体，在凝固前有足够的时间逸出，从而大大减少了气孔的产生，保证了齿轮的使用强度。

焊接工艺参数见表 4-5。

表 4-5　焊接工艺参数

| 焊丝直径/mm | 钨极直径/mm | 焊接电流/A | 氩气流量/(L/min) | 喷嘴直径/mm |
|---|---|---|---|---|
| 3 | 3 | 180~190 | 15 | 12 |

采用左向焊和多层多道往上堆焊而成，焊枪喷嘴和焊丝与断齿的平面角度与焊接铝镁合金管相同。第一层焊缝不填焊丝，采用自

熔焊法焊接，这一层的焊接是保证齿轮使用强度的关键。自熔焊时，齿轮根部一定要熔合好，不得有气孔、夹渣、裂纹、未熔合等缺陷，否则将会大大降低齿轮的使用强度和寿命。第二层缝道要比齿轮根部（自熔层焊缝）宽 4～6mm（断齿根部两侧每侧应宽出 2～3mm），以保证加工后齿面咬合尺寸，其余各层按此往上堆焊而成。施焊过程中，由于电弧温度很高，锌等合金元素极易蒸发、烧损，而产生气孔和焊缝裂纹，因此在各层熔合好的情况下，焊接速度应尽量快些，同时，这些蒸发、烧损的烟雾也会给操作者带来不便（影响焊工视线），还会影响操作者的身体健康，焊接时要注意通风良好和加强保护措施。

　　焊后不处理，自然冷却后，用角向砂轮打磨，用钢锉等工具加工成原齿轮形状。

# 75. ϕ32mm×5mm 紫铜管焊接

　　某厂的自备制氧压缩管道焊缝多处出现泄漏，管道无法使用，造成停工停产。该管道材质为 T2，规格 ϕ32mm×5mm。经了解发现，该管道采用气焊焊接，焊接前没有制定焊接工艺方案，所选焊材为黄铜焊丝，与母材不匹配，且焊工水平不高，焊缝成形较差。

　　通过对紫铜焊接性能的分析和现场实践，制定了采用钨极氩弧焊焊接紫铜压力输氧管道的工艺方案，通过工艺评定和实践，圆满解决了制氧压缩管道焊缝泄漏问题。

## （1）紫铜的焊接性能

　　对于紫铜的焊接，因其物理、化学性能与钢有很大差别，使紫铜焊接比低碳钢焊接困难得多，主要容易出现以下问题。

　　① 焊缝成形能力差。虽然铜的熔点比钢低，但铜的导热性特别强，在常温下热导率是钢的 7 倍，在 1000℃时是钢的 11 倍。焊

接时，若采用和钢相同的工艺参数，因大量的热量从工件散失，焊接区难以熔化，造成填充金属与母材不能很好地熔合，容易形成未焊透缺陷，且随着母材厚度的增加，这一问题更加突出。所以，紫铜焊接时，要采用较大功率的热源，同时，焊接时应充分预热。

② 焊缝及热影响区的热裂纹倾向大。由于紫铜没有固液共存的温度区间，所以产生热裂纹的倾向应该很小，但实际上在接头拘束度很大时，也常常产生热裂纹。其产生原因主要有两个方面：首先，为了保证焊缝熔透，在紫铜焊接时，一般都需要高温预热和采用大的热输入，这样不仅使焊接应力增大，还容易使接头生成粗大的柱状晶；另一方面，因为晶间存在偏析的杂质，这些杂质可能是来自母材或焊接材料中的铅、铋等低熔点金属，也可能与焊缝的含氧量有关，这都将促使裂纹的产生。为防止裂纹的产生应注意以下两点：严格控制母材与焊材中的氧、铅、铋、硫等杂质的含量；采用热量集中的焊接方法，选择合理的装配、焊接顺序，尽可能降低接头的刚性。

③ 易出现气孔。紫铜的焊接中，焊缝及熔合区均易出现气孔。其产生原因主要与氢的溶解度下降及冶金过程中氢和氧的反应有关。为防止气孔产生，可采取以下措施。

a. 严格控制氢、氧来源，在焊前应仔细清除焊件和焊丝表面的吸附水分及氧化物。

b. 向焊缝中加入一定量的脱氧元素，如硅、锰、铝、钛等，加强熔池的脱氧过程。

c. 采用预热等方法使熔池缓冷，以降低熔池冷却速度，创造有利于气体析出的条件。

④ 接头的力学性能差。紫铜焊接接头的力学性能，尤其是塑性，比母材有较大下降。改善接头力学性能的措施主要有以下几项。

a. 加强熔池保护和焊前清理，以控制和减少氧的来源。

b. 加入适当的合金元素，对焊缝进行合金化和变质处理，以细化晶粒和保证接头的力学性能。

　　c. 在制定焊接工艺时，应合理选择焊接方法和工艺参数，防止接头晶粒粗化。

　　通过以上分析，确定采用钨极氩弧焊焊接紫铜压力输氧管道，主要原因是该工艺具有焊接质量高，尤其适用于有障碍物的全位置管道的焊接，操作灵活、方便，焊缝成形美观，可降低劳动强度和生产成本低等优点。

## （2）焊前准备

　　① 选用丝 201，直径为 3mm。

　　② 采用逆变焊机，直流正接。

　　③ 坡口形式为 V 形，角度为 $60°\sim65°$，钝边为 0.5mm，间隙为 2.5mm，错口量$\leqslant$1mm，角变形$\leqslant$1mm。

　　④ 管件坡口边缘和焊丝表面的氧化膜、油污等都必须清理干净，避免产生气孔等缺陷。清理后，用铜丝轮或不锈钢丝轮在坡口附近打磨，然后用无水乙醇把气剂 301 调成糊状，涂于焊件坡口表面。

　　⑤ 焊前用氧-乙炔中性焰对坡口及其两侧各 $80\sim100$mm 范围内进行加热，加热温度为 $300\sim400$℃（测温笔测试），预热温度不宜过高，否则将使焊接接头的力学性能下降。

## （3）焊接工艺参数

　　紫铜焊接电流与加热温度的选择尤为重要，如果焊接电流过大，熔池形成速度较快，容易造成铜液流失，引起烧穿、塌陷等缺陷；如果焊接电流过小，母材较难熔化，熔深浅，易产生未焊透和熔合不良等缺陷。为适应全位置焊接及空间障碍较多的特点，确定采用较小焊接电流的工艺方案，并通过适当提高预热温度来补偿焊接区的热量不足。具体焊接工艺参数见表 4-6。

## （4）施焊

　　① 焊接时一般采用左向焊，弧长 $2\sim3$mm，达到一定的熔深

后，再添加焊丝向前移动。

表 4-6　φ32mm×5mm 紫铜管焊接工艺参数

| 层数 | 电源极性 | 焊接电流/A | 电弧电压/V | 钨极直径/mm | 焊丝直径/mm | 氩气纯度/% | 气体流量/(L/min) | 喷嘴直径/mm | 坡口形式 | 预热温度/℃ |
|---|---|---|---|---|---|---|---|---|---|---|
| 1 | 直流正接 | 200~230 | 10~15 | 3~4 | 3 | 99.99 | 8~12 | 10~12 | V形 | 300~400 |
| 2 | 直流正接 | 200~230 | 10~15 | 3~4 | 3 | 99.99 | 8~12 | 10~12 | V形 | 300~400 |

② 对口可采用夹具，保证接头装配间隙、错口量、角变形。但不允许强制对口，否则在打底层焊缝中易产生裂纹。

③ 焊丝与管子切线的夹角为 10°～15°，焊枪在不受障碍物影响的情况下，尽量保持与管子切线有较大的角度，也可适当变换，但应满足以下要求：容易观察熔池；熔池应始终处于氩气保护下；电弧对熔池前端焊道起预热作用。

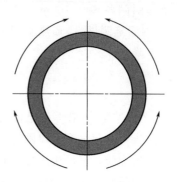

图 4-8　水平位置焊口焊接顺序

④ 焊接水平位置焊口时，将焊缝从 6 点位置和 12 点位置分为两个半圆，自下而上，分四段焊完，如图 4-8 所示。

⑤ 打底焊时，主要控制焊缝的背面成形。

⑥ 仰焊部位起头时，先在坡口内引弧，压低电弧拉至 6 点位置，焊枪横向摆动，使坡口根部熔化，每侧先少量滴一滴熔滴，然后对着中间加一滴熔滴，移开焊丝，焊枪横向摆动，充分熔化已形成的熔池，然后焊丝紧贴坡口根部再送一滴熔滴，充分熔化，依此循环，形成焊缝。

⑦ 立焊接头处，先不加焊丝，充分熔化熔池，左侧加一滴熔

滴，右侧加一滴熔滴，焊丝随焊枪摆动，有节奏地送进熔滴。

⑧ 平焊封口接头处，当焊至距对面焊缝 3mm 时，移开焊丝，焊枪划圈，将对面焊缝充分熔化，再把焊丝从旁边送进，填满熔池，焊枪左右摆动，继续向前移动，搭接对面焊缝 10mm 时，填满弧坑，灭弧，焊枪不允许离开，继续保护熔池。

⑨ 仰焊部位、平焊部位、立焊部位焊丝送进特点：为了防止仰焊部位背面焊缝产生凹陷，焊丝要紧压坡口根部，有意地向根部送进焊丝；平焊部位焊丝端头应送到坡口较高一点的位置，不能送到坡口根部；立焊部位介于两者之间。

⑩ 层间温度不应低于预热温度，焊接过程中也可进行辅助加热。

⑪ 在焊接第二层焊缝之前，要用铜丝轮或不锈钢丝轮刷掉焊缝表面上的氧化物。

⑫ 焊接过程中，仔细检查焊缝内外表面上是否存在未焊透、裂纹、表面气孔、焊瘤、未熔合等缺陷，发现后立即清除重焊。

### （5）结语

通过采用钨极氩弧焊方法焊接紫铜管道，焊缝成形美观，经 X 射线检测，符合 Ⅱ 级质量标准，无渗漏现象，一次合格率达 99％ 以上，证明其工艺方法是成功的。

## ▶ 76. 高炉波纹伸缩器焊补

在炼铁厂高炉的历次检修中，波纹伸缩器（图 4-9）的安装与焊接都是主要的工序之一。波纹伸缩器材质为 1Cr18Ni9Ti，壁厚为 0.5mm，工作介质是煤气，工作温度为 400℃，工作压力为 0.5MPa。

高炉煤气除尘改干法除尘后，煤气中的腐蚀成分（如 HCl 等）随煤气的流动进入下游管道或设备，并随着煤气的降温、降压析出而进入冷凝水，形成高腐蚀性的酸；同时，处于工作状态的波纹伸

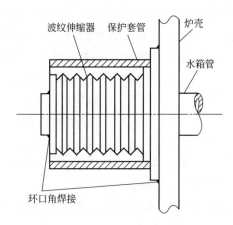

图 4-9　波纹伸缩器构造

缩器承受着由压力引起的环向膜应力、径向弯曲应力和位移引起的径向膜应力、径向弯曲应力；金属波纹伸缩器直接与管道内具有温度和压力的煤气介质接触，且有着充分的接触时间。采用 XJG-04 金相显微镜、扫描电子显微镜（SEM）、俄歇电子能谱对金属波纹伸缩器腐蚀产物进行分析，研究结果表明，低温下波纹伸缩器的点蚀穿孔和高温煤气腐蚀下的波纹伸缩器开裂均为多种酸介质环境下的应力腐蚀作用，腐蚀从晶界开始，在波纹伸缩器表面形成孔洞缺陷，不能起到密封作用。这种情况经常发生，数量较多，且位置分散，如果更换，必须去除保护套管，工序繁琐，更换波纹伸缩器价格较高，无疑增加了检修成本。如果能通过钎焊的方式焊补孔洞，既能恢复其密封作用，又可节约一定费用。

## （1）波纹伸缩器焊补的特点和工艺分析

① 波纹伸缩器焊补的特点

a. 波纹伸缩器主体的材质为奥氏体不锈钢，壁厚只有 0.5mm，采用焊条电弧焊会因为电流过小而难以引弧，采用气焊有可能因为温度过高而产生变形失去应有弹性，高温时间过长会产生晶间腐蚀，缩短其使用寿命。

b. 孔洞缺陷形状不规则，在波纹伸缩器的表面具有不确定性，有时在波纹伸缩器的最外层，也有不少孔洞位于保护套管的保护范围以内，保护套管与波纹伸缩器的间隙只有 6mm，如果施焊，则必须小心地将保护套管剥离，露出缺陷位置，这需要熟练的切割技术。孔洞缺陷常见的位置如图 4-10 所示。

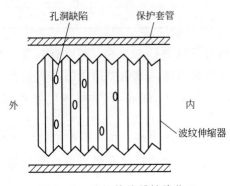

图 4-10　波纹伸缩器缺陷位置

c. 焊接位置较复杂，障碍较多，给操作带来困难。

② 波纹伸缩器焊补的工艺分析

a. 奥氏体不锈钢具有良好的可焊性，可在较大的温度范围内进行钎焊。

b. 黄铜钎焊的温度在 900℃左右，由于焊接面积较小，母材很薄，焊后散热较快，高温停留时间很短，故不会产生晶间腐蚀。

c. 利用氧-乙炔钎焊，操作方便、灵活，适应性较强，可进行全位置焊接。

d. 焊接速度快，黄铜液态停留时间短，不会产生应力开裂现象。

## （2）波纹伸缩器的焊补工艺

① 焊前准备。用角向打磨机、砂布、锉刀或锯条等将波纹伸

缩器待焊处及其周围 6～8mm 范围内的表面清理干净，露出金属光泽。如能在光洁的表面打磨出纵横交错的纹理，会增加毛细作用，更有利于钎料的润湿作用，提高强度，效果会更好。黄铜焊丝用砂布打磨干净，准备好焊剂（表 4-7）。

表 4-7　焊接工具、材料及工艺参数

| 焊炬 | 焊丝 | 焊剂 | 氧气压力 | 乙炔压力 |
|------|------|------|---------|---------|
| H01-6 | HS221，$\phi$3.2 | QI102 | 0.3MPa | 0.03MPa |

钎焊不锈钢的钎料 B-Cu68NiSi，可以有效避免裂纹产生，焊接时要严格控制焊接温度，避免奥氏体的晶粒长大。因黄铜焊丝（HS221）成本比钎料 B-Cu68NiSi 低得多，固选用 HS221 黄铜焊丝。

不锈钢表面的氧化铬较难清除，应使用 QJ102 银钎剂。因为 QJ102 比 HJ301 更能有效地溶解金属表面的氧化物，提高钎料的流动性。

② 焊接操作过程。钎焊温度和火焰形状对钎焊质量都有很大的影响。钎焊火焰应采用轻微碳化焰。施焊时首先将被焊处加热到 650℃左右（暗红色），然后将焊丝末端加热，沾少许焊剂，用气焊火焰的外焰为待焊处加热，把沾有焊剂的焊丝末端置于待焊处，加热焊剂，转动焊丝，使焊剂熔化并均匀分布在待焊处及周围表面，然后，再次将铜焊丝末端沾少许焊剂，开始焊接。焊接时，如果温度过高，会使焊剂与不锈钢表面发生氧化反应，形成一层黑色的质密的氧化层，从而降低不锈钢表面的润湿性，使熔化的焊丝难以渗透熔合。避免这种现象的方法是，在加热母材的同时，也加热焊丝，并不断用焊丝的末端在补焊表面摩擦。注意观察，一旦发现有焊丝熔滴与不锈钢表面熔合，均匀铺开，则表明钎焊温度适宜，应立即使焊丝末端挡住加热火焰，保持这一温度，能使熔化的焊丝与钎剂均匀分布于孔洞及其周围，直到补焊完成。如果孔洞在波纹伸缩器的两侧，则应使焊丝位于孔洞的上方，利用熔滴重力和火焰加

热的吹力作用，使钎料流至补焊处。焊接最好一次完成。施焊时要密切注意黄铜焊丝熔融状况，时间过长，可能导致母材温度过高，易产生晶间腐蚀，面积过大，也会产生裂纹现象。完成焊接后，应清理钎焊表面的残余熔剂，避免产生金属表面腐蚀现象。温度过高，还容易产生不熔合现象，钎焊温度与熔滴形状的关系如图4-11所示。

图 4-11　钎焊温度与熔滴形状的关系

## （3）结语

　　黄铜钎焊焊补波纹伸缩器在检修时使用较多，焊接效果良好。值得注意的是黄铜焊丝 HS221 的成分与 H62 的成分比较接近，在高温钎焊时，液态黄铜易使不锈钢发生应力开裂，所以在进行黄铜钎焊焊补时应力求一次完成，焊接迅速，温度不能过高，以避免应力开裂，满足使用要求。

# 第五章
# 不锈钢的焊接

各种不锈钢都具有良好的化学稳定性。通常不锈钢包括耐酸不锈钢和耐热不锈钢。能抵抗某些酸性介质腐蚀的不锈钢，称为耐酸不锈钢；在高温下具有良好的抗氧化性和高温强度的不锈钢，称为耐热不锈钢。

不锈钢可按成分和组织的差别大体分类如下：

不锈钢 $\begin{cases} \text{按化学成分分} \begin{cases} \text{铬镍不锈钢} \\ \text{铬不锈钢} \end{cases} \\ \text{按金相组织分} \begin{cases} \text{铁素体不锈钢} \\ \text{马氏体不锈钢} \\ \text{奥氏体不锈钢} \end{cases} \end{cases}$

## （1）马氏体不锈钢

马氏体不锈钢的主要特点是，除含有较多的铬外，还有较多的碳。随钢中含碳量的增加，钢的耐腐蚀性能下降。这类钢具有淬硬性。在温度不超过 30℃ 时，在弱腐蚀性介质中有良好的耐蚀性；对淡水、海水、蒸汽、空气也有足够的耐蚀性。热处理与磨光后具有较好的力学性能。

① 焊接特点。由于马氏体不锈钢有强烈的淬硬倾向，施焊时在热影响区容易产生粗大的马氏体组织，焊后残余应力也较大，容易产生裂纹。含碳量越高，则淬硬和裂纹倾向越大，所以可焊性

较差。

为了提高焊接接头的塑性，减少内应力，避免产生裂纹，焊前必须进行预热。预热温度可根据焊件的厚度和刚性大小来确定。为了防止脆化，一般预热温度为 $350\sim400℃$ 为宜，焊后将焊件缓慢冷却。焊后热处理通常是高温回火。

焊接马氏体不锈钢时，要选用较大的焊接电流，以减缓冷却速度，防止裂纹产生。

② 焊接方法。常用的焊接方法为焊条电弧焊，施焊时焊条选用见表 5-1。

表 5-1　焊接马氏体不锈钢时焊条的选用及要求

| 钢种 | 焊条（国标） | 焊接电源 | 预热及热处理 |
| --- | --- | --- | --- |
| 1Cr13 | E1-13-16 | 交、直流 | 焊前预热 $150\sim350℃$，焊后 $700\sim730℃$ 回火 |
| | E1-13-15 | 直流反接 | |
| 2Cr13 | E0-19-10-16 | 交、直流 | 一般焊前不预热（厚大件可预热 $200℃$），焊后不热处理 |
| | E0-19-10-15 | 直流反接 | |
| | E2-26-21-16 | 交、直流 | |
| | E2-26-21-15 | 直流反接 | |
| Cr12WMoV（F11） | E2-11MoVNiW-15 | 直流反接 | 焊前预热 $300\sim450℃$，焊后冷至 $100\sim120℃$ 后，再经 $740\sim760℃$ 回火 |

马氏体不锈钢的焊接还可以采用埋弧自动焊、氩弧焊和 $CO_2$ 气体保护焊等焊接方法。采用上述焊接方法时，可采用与母材成分类似的焊丝。

### （2）铁素体不锈钢

铁素体不锈钢的塑性和韧性很低，焊接裂纹倾向较大，为了避免焊接裂纹的产生，一般焊前要预热（预热温度为 $120\sim200℃$），铁素体不锈钢在高温下晶粒急剧长大，使钢的脆性增大。含铬量越高，在高温停留时间越长，则脆性倾向越严重。晶粒长大还容易引起晶间腐蚀，降低耐腐蚀性能。这种钢在晶粒长大后，不能通过热处理使其细化。因此，在焊接时，防止铁素体不锈钢过热是主要问题。

铁素体不锈钢一般采用焊条电弧焊方法进行焊接，为了防止焊接时产生裂纹，焊前应预热，为了防止过热，施焊时宜采用较快的焊接速度，焊条不摆动，窄焊道，多层焊时要控制层间温度，待前一道焊缝冷却到预热温度后，再焊下一道焊缝。对厚大焊件，为减少收缩应力，每道焊缝焊完后，可用小锤锤击。

焊接铁素体不锈钢时焊条的选用见表 5-2。

表 5-2　焊接铁素体不锈钢时焊条的选用及要求

| 钢种 | 对焊接接头性能的要求 | 焊条(国标) | 预热及热处理 |
|---|---|---|---|
| Cr17 | 耐硝酸及耐热 | E0-17-16 | 焊前预热 120～200℃,焊后 750～800℃回火 |
| Cr17Ti | | | |
| Cr17 | 提高焊缝塑性 | E0-19-10-15 | 不预热,不热处理 |
| Cr17Ti | | E0-18-12Mo2-15 | |
| Cr17Mo2Ti | | | |
| Cr25Ti | 抗氧化 | E1-23-13-15 | 不预热,焊后 760～780℃回火 |
| Cr28 | 提高焊缝塑性 | E2-26-21-16 | 不预热,不热处理 |
| Cr28Ti | | E2-26-21-15 | |

## （3）奥氏体不锈钢

铬镍奥氏体不锈钢在氧化性介质和某些还原性介质中都有良好的耐腐蚀性、耐热性和塑性，并具有良好的可焊性。在化学工业、炼油工业、动力工业、航空工业、造船工业及医药工业等部门应用十分广泛。

在该类钢中，用得最广泛的是 18-8 型不锈钢。按钢中含碳量不同，铬镍奥氏体不锈钢可分为三个等级，一般含碳量（C≤0.14%），如 1Cr18Ni9、1Cr18Ni9Ti 等；低碳级（C≤0.06%），如 0Cr18Ni16Mo5 等，超低碳级（C≤0.03%），如 00Cr18Ni10、00Cr17Ni14Mo3 等。含碳量较高的不锈钢中，常常加入稳定元素钛和铌，如 1Cr18Ni9Ti、Cr18Ni11Nb 等。超低碳级的铬镍不锈钢具有良好的抗晶间腐蚀性能。

为了节约镍的用量，我国发展了一些少镍或无镍的新钢种（如铬锰氮钢等），这些钢也具有优良的耐蚀性，可焊性。

### （1）焊接特点

奥氏体不锈钢可焊性良好，不需要采取特殊的工艺措施。但如焊接材料选择不当或焊接工艺不正确，会产生晶间腐蚀及热裂纹等缺陷。

晶间腐蚀发生于晶粒边界，是不锈钢极其危险的一种破坏形式，它的特点是腐蚀沿晶界深入金属内部，并引起金属力学性能的显著下降。

晶间腐蚀的形成过程是，在 450～850℃ 的危险温度范围内停留一定时间后，如果钢中含碳量较多，则多余的碳以碳化铬形式沿奥氏体晶界析出（碳化铬的含铬量比奥氏体钢平均含铬量高得多）。铬主要来自晶粒表层，由于晶粒内铬来不及补充，结果在靠近晶界的晶粒表层造成贫铬，在腐蚀介质作用下，晶间含铬层受到腐蚀，即晶间腐蚀。

施焊时，总会使焊缝区域被加热到上述危险温度，并停留一段时间，因此，在被焊母材的成分不当或选用焊接材料不当及焊接工艺不当等诸多条件下，焊接接头将会产生晶间腐蚀的倾向。

### （2）焊接方法

① 防止晶间腐蚀的措施。

a. 控制含碳量。碳是造成晶间腐蚀的主要元素，为此严格控制母材的含碳量、正确选择焊接材料是防止奥氏体不锈钢焊接出现晶间腐蚀的关键措施之一。

不锈钢焊件在不同条件下应选用不同牌号的焊条，见表 5-3。

表 5-3　焊接奥氏体不锈钢时焊条的选用及要求

| 钢种 | 工作条件及要求 | 焊条（国标） |
|---|---|---|
| 0Cr18Ni9 | 工作温度低于 300℃，同时要求良好的耐腐蚀性能 | E0-19-10-16<br>E0-19-10-15 |
| 1Cr18Ni9Ti | 要求优良的耐腐蚀性能 | E0-19-10Nb-16<br>E0-19-10Nb-15 |
| | 耐腐蚀要求不高 | A112 |
| Cr18Ni12Mo2Ti | 抗无机酸、有机酸、碱及盐腐蚀 | E0-18-12Mo2-16<br>E0-18-12Mo2-15 |
| | 要求良好的抗晶间腐蚀性能 | E0-19-13Mo2Cu-16<br>E00-18-12Mo2Cu-16 |
| Cr25Ni20 | 高温（工作温度＜1100℃）不锈钢与碳钢焊接 | E2-26-21-16<br>E2-26-21-15 |
| 铬锰氮钢 | 用于醋酸、尼龙、尿素、纺织机械设备 | A707 |

b. 施焊过程中采用较小电流，焊条以直线或划小椭圆运动为宜，不摆动，快速焊。多层焊时，每焊完一层，要彻底清除焊渣，并控制层间温度，等前一层焊缝冷却到 60℃ 以下时再焊下一层，必要时可以采取强冷措施（水冷或风冷），与腐蚀介质接触的焊缝应最后焊接。

② 防止热裂纹的措施。热裂纹是奥氏体不锈钢焊接时容易产生的一种缺陷，防止热裂纹的措施如下。

a. 在焊接工艺上采用碱性焊条、直流反接电源（以直流反接为宜），用小电流、直焊道、快速焊方法进行施焊。

b. 弧坑要填满，可防止弧坑裂纹。

c. 避免强行组装，以减少焊接应力。

d. 在条件允许的情况下，尽量采用氩弧焊打底、填充、盖面焊接，或氩弧焊打底，其他方法填充、盖面焊接。

# 77. 果酱蒸煮锅的焊条电弧焊

果酱蒸煮锅为异种材料构成，其内壳为 1Cr18Ni9Ti 不锈钢板（板厚为 3mm），外壳为 Q235 低碳钢板（板厚为 6mm），两者均由 9 块瓜瓣形板与一块圆形底板焊接而成（图5-1）。由于内壳与外壳的焊接为异种材料焊接，其中间又有蒸汽通过，所以给焊接工作带来许多问题。经过试验，终于成功地焊接了果酱蒸煮锅，通过了 10kgf/cm² （约 1MPa）水压试验，使用 6 年之久没有出现漏水、漏气以及锈蚀、腐蚀现象。

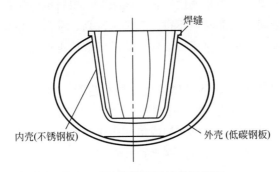

焊缝

内壳(不锈钢板)　　　外壳(低碳钢板)

图 5-1　果酱蒸煮锅结构示意图

## （1）焊前准备

① 分别将不锈钢板和低碳钢板的 9 块瓜瓣形板按一定弧度进行模压。

② 分别对外壳与内壳进行定位焊，定位焊点距离为 80mm。其中外壳板（低碳钢板）开成 60°坡口，钝边为 1mm，间隙为 2mm；内壳板（不锈钢板）不开坡口，间隙为 1.5mm 左右。为防止焊接飞溅物沾在不锈钢板表面，可在内、外板侧 100mm 范围内涂上调成糊状的白垩粉。

**（2）施焊**

选用 AX1-500 直流弧焊机，以直流反接施焊。所用的各种焊条均进行 150℃×1h 烘干处理。

① 内壳的焊接。为避免接头在 450～850℃ 温度范围内停留时间过长而产生晶间腐蚀，焊接内壳时采用了小电流、窄焊道和分段跳焊法进行焊接。焊前先将工件的接头部位置于平焊位置。用 $\phi$2.5mm 的奥 132 焊条施焊。焊接电流为 75A。为防止工件局部受热温度过高，对包括圆形底板在内的 10 个接头进行分段跳焊，即每当焊完一根焊条，就跳到另一个焊段进行施焊。焊接过程中，手要稳，电弧要短，焊接速度要快。运条时，要将电弧压在间隙处稍有感觉地划圈。引弧时，不得在工件上乱划、乱击，必须在引弧板上进行。熄弧时的动作要慢一些，填满弧坑后再熄弧，以免产生弧坑裂纹。

② 外壳的焊接。从壳体外侧分两层进行。焊接位置为立焊或上坡焊，所用焊条为 $\phi$3.2mm 的结 422，焊接电流为 125～135A。盖面焊时，不仅要使坡口两侧熔透，还应获得成形美观、宽窄一致的盖面焊道。圆形底板接头在平焊位置焊接。

③ 内、外壳的组焊。由于内壳与外壳的材质分别为 1Cr18Ni9Ti 不锈钢与 Q235 低碳钢，如对该接头直接用不锈钢焊条进行焊接，就可能因两种钢材同时熔化，焊缝合金过分稀释而降低焊缝金属的塑性和耐腐蚀性，这对蒸煮锅的使用寿命、卫生条件的影响很大。因此，对这一环缝的焊接，采用了焊过渡层的方法，其步骤如下。

a. 在整好形的外壳边缘上用 $\phi$2.5mm 的 A402 焊条堆焊一层，为减小熔深，焊接电流选用 65A。焊后用手砂轮打磨平整。

b. 把整好形的内壳放入已堆焊了不锈钢过渡层的外壳内，对好位置并进行定位焊。为避免因飞溅物而影响焊接质量，应在内壳上靠近坡口 100mm 范围内涂上白垩糊剂。为防止焊缝局部过热，减少焊条熔敷量，内、外壳之间的焊接间隙应尽量小些。

c. 内、外壳的组焊用两次分段跳焊法完成。

第一次选用的焊条为 $\phi2.5mm$ 的奥 402，焊接电流为 80A。施焊时，电弧主要作用于 Q235 的过渡层，尽量使不锈钢一侧少熔化。

第二次选用的焊条为 $\phi3.2mm$ 的奥 132，焊接电流为 105A。施焊时，使电弧同时作用于第一条焊道与不锈钢一侧，要求两侧均熔合好。

### （3）焊后变形矫正

由于 1Cr18Ni9Ti 不锈钢的导热性差，线胀系数较大，所以焊后变形较大。对于变形工件矫正只能冷矫，矫正时要用木锤进行。

对矫正完毕的蒸煮锅焊缝应认真清理、打磨并进行抛光处理。

## 78. 小口径不锈钢管焊接

某单位的 1Cr18Ni9Ti 不锈钢管道，规格为 $\phi48mm\times6mm$，其内介质工作压力为 29.4MPa，焊接质量要求高，焊接接头内不允许有焊瘤、凹陷及过烧现象，并需进行 100%X 射线检测（I级）及严格的通球检验。

1Cr18Ni9Ti 不锈钢虽具有较好的焊接性，但由于该管道直径较小，壁厚较大，施焊时如焊接工艺不当，极易在焊接接头内焊缝上出现过烧、氧化、焊瘤、凹陷、晶间腐蚀等缺陷，使其力学性能显著下降，影响管道的正常使用，经试验决定采取钨极氩弧焊方法焊接。

### （1）焊前准备

为保证焊接质量，对坡口加工及管件的组对有严格要求，组对错边量应不大于 0.5mm，坡口形式及尺寸如图 5-2 所示。将坡口两侧各 30mm 范围内管的内、外壁上的油污、脏物清理干净，并露出金属光泽。

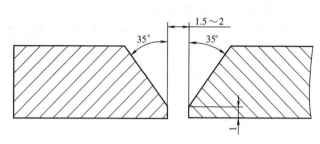

图 5-2  坡口形式示意图

采用 $\phi2.5mm$、$\phi3mm$ 的 H1Cr18Ni9Ti 焊丝，使用前清理其表面的油污、脏物，并露出金属光泽。采用 NSA4-300 氩弧焊机，正接施焊；选用 $\phi3mm$ 铈钨极，并将端头磨成尖锥状；氩气纯度不低于 99.96%。

为防止不锈钢内焊缝过烧氧化，自制了管内充氩保护装置，具体结构如图 5-3 所示。在施焊前，通氩管内氩气流量为 15～20L/min，正式焊接时氩气流量应减为 5～6L/min。

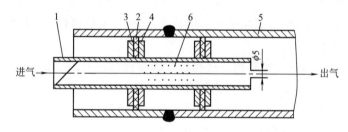

图 5-3  管内充氩保护装置

1—通氩气用钢管（$\phi20mm\times3.5mm$）；2—橡胶板（4mm 厚，其直径略大于管内直径，起密封作用）；3,4—不锈钢板（1.5mm 厚，圆形，固定橡胶板用）；5—焊件；6—透气孔（通氩管表面上钻 $\phi2\sim3mm$ 孔，以便出气）

## （2）施焊

焊接工艺参数见表 5-4。

表 5-4　焊接工艺参数

| 焊接类别 | 焊丝直径/mm | 氩气流量/(L/min) | 焊接电流/A | 电弧电压/V | 送丝操作方法 |
|---|---|---|---|---|---|
| 定位焊 | 2.5 | 11 | 80～85 | 14～15 | 点焊法 |
| 打底焊 | 2.5 | 11 | 75～85 | 14～15 | 间断送丝法 |
| 盖面焊 | 3 | 9～10 | 95～105 | 14～16 | 摆动送丝法 |

注：钨极直径为 3mm，喷嘴直径为 10mm。

① 定位焊。将管外圆三等分，得三个等分点，点固两点，定位焊应焊透，焊缝长度不大于 8mm，高度为管壁厚度的一半为宜，另一点为起焊点，如图 5-4 所示。

② 打底焊。焊枪与工件的角度为 $65°～70°$，焊丝与工件的角度为 $10°～15°$，这样能减少工件的受

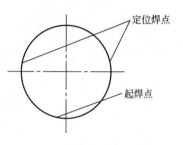

图 5-4　定位焊点及起焊点

热，减小电弧的吹力，防止管内焊缝余高过大，容易实现单面焊双面成形，并可使管内焊缝成形较为平坦。喷嘴与焊件的距离应适当，距离过大，保护效果变差；过小，则不但影响施焊，还会"打钨"（钨极碰工件），烧坏喷嘴。喷嘴与焊件的距离以 $10～12mm$ 为宜，钨极伸出长度以 $3～5mm$ 为好。

全位置焊操作由下向上分两个半圆进行，起始与终止焊点（6 点和 12 点位置）均要搭过 10mm，如图 5-5 所示。

起焊时（6 点位置），应尽量往上压低电弧，焊丝要紧贴坡口根部，在坡口两侧熔合良好的情况下，焊接速度尽量快些，以防止管子的仰焊部位焊接熔池温度过高，而使铁水下坠，形成内凹。

采用间断送丝法施焊，即焊丝在氩气保护范围内一退一进，一滴一滴地向熔池添送，焊枪稍有摆动，并随管的曲率而变化，打底层应厚些，以免产生裂纹。当焊到 11 点到 12 点位置处焊缝将要碰头时，不宜再熄弧，焊枪应连续划小圈，使接头区域得到充分熔

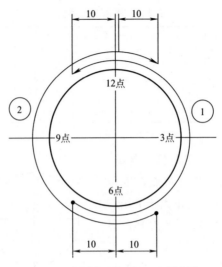

图 5-5  全位置焊起焊点、止焊点位置

化，熔孔逐渐缩小，并及时填充焊丝，连续焊至超过 12 点位置 10mm 后熄弧，以防止产生焊瘤与缩孔。

施焊时要控制熔池的形状，并保持熔池的大小基本一致，穿透均匀，防止产生焊瘤、凹陷等缺陷，使管内焊缝成形美观，余高以 0.5～1mm 为好。

③ 盖面焊。盖面层焊接时，焊枪与焊件的角度为 70°～80°，焊丝与焊件的角度为 10°～15°，采用摆动送丝法向上施焊，焊丝在一侧坡口向熔池送一滴填充金属，然后移向另一侧坡口向熔池又送一滴填充金属，焊枪跟随焊丝摆动向上移动，如图 5-6 所示。

熔池保持椭圆形为宜，这样易于控制熔池温度和形状，焊缝填充快，焊缝表面不易产生咬边、焊瘤等缺陷，且成形美观，圆滑过渡，余高以 1.5～2mm 为好。

**（3）注意事项**

① 焊接过程中（包括定位焊），应始终在管内充氩保护气氛中进行。

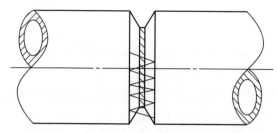

图 5-6　盖面焊时焊枪、焊丝运动示意图

② 施焊时，如发生钨极尖部有缺陷，应立即重新按要求磨尖后再继续施焊。

③ 焊接中断或再引弧时，焊枪一定要提前放气和滞后停气，以便保护焊缝不受有害气体的侵入，防止气孔的产生。

④ 施焊中如发生"打钨"现象，应用砂轮将夹钨处清理干净后，方可继续焊接。

⑤ 搭接线接触焊件位置要适当、牢固，以防擦伤管件表面。焊接过程中缺陷产生的原因及防止措施见表 5-5。

表 5-5　氩弧焊焊接缺陷产生的原因及防止措施

| 缺陷名称 | 产生原因 | 防止措施 |
| --- | --- | --- |
| 未焊透 | 焊速快、焊接电流小、间隙小、钝边大、错边大、焊偏等 | 有针对性地改正 |
| 气孔 | 氩气不纯，流量小、焊丝、焊件不清洁，焊速快、喷嘴高或堵塞、空气对流大等 | 清理焊件、焊丝，加强氩气保护等 |
| 氧化、过烧 | 氩气保护不良，焊速慢，焊接电流大、电弧过长等 | 调整焊接电流，加强氩气保护等 |
| 凹陷、焊瘤 | 间隙大，电弧长，焊接电流大，焊速慢，操作不熟练等 | 加强操作练习等 |
| 缩孔 | 收弧方法不当，焊接电流大，氩气流量过大 | 采用有焊接电流衰减装置的电焊机，加强收弧练习等 |
| 夹钨 | 焊接电流大，极性接反，钨极碰焊件或焊丝等 | 加强操作练习，选用合适电流等 |
| 裂纹 | 组对工艺不当，焊接电流大，夹钨，焊件不干净，焊件或焊丝含碳量高 | 严禁强行组对，正确选用工艺参数等 |

### （4）焊后处理

管件焊毕 24h 后按规定进行 X 射线检测和通球检验，合格后进行焊缝抛光、酸洗、钝化处理。

用上述工艺措施焊接小口径不锈钢管操作简单，容易掌握，焊接效率高，焊缝一次合格率为 98.6％以上。

## ⟫ 79. 奥氏体不锈钢焊条电弧焊立焊

### （1）焊接特点

18-8 型奥氏体不锈钢的焊条电弧焊单面焊双面成形立焊操作与碳钢、低合金钢单面焊双面成形相比更难掌握，其特点如下。

① 如焊接工艺不当，易在焊接区域产生过烧和铬偏析引起的晶粒粗大，降低其使用性能。

② 引弧困难。奥氏体不锈钢电阻大，焊接时产生的电阻热也大，引弧时焊条容易与焊件粘住，造成短路，使焊条发红、药皮开裂和脱落，影响施焊的正常进行。

③ 立焊比平焊、仰焊位置在打底焊时背面焊道更容易产生未焊透、凹陷、焊瘤等缺陷；而在盖面焊时又易出现焊肉下垂而凸起明显，影响表面焊缝成形的美观，同时也容易产生层间夹渣、气孔等缺陷。

实践证明用以下操作方法，立焊奥氏体不锈钢，既能使表面成形良好，又能保证其内在质量。

### （2）焊前准备

① 选择性能较好的逆变电焊机，直流反接。

② 选用 $\phi 3.2mm$ 的 A132 焊条，按要求烘干，随用随取。

③ 试件组对尺寸如图 5-7 所示，反变形量为 5～6mm。

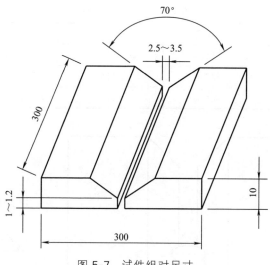

图 5-7　试件组对尺寸

④ 为防止飞溅与电弧擦伤，组对焊接时试件表面坡口的两侧各 100mm 范围内涂稀白灰，但不得污染坡口内部。

需要强调，坡口的钝边越大，背面成形越差。经验表明，钝边的大小与所用焊条直径有关，打底焊以 $\phi 3.2mm$ 焊条为例，当钝边大于或等于 2.5mm 时，易产生背面成形低凹和未焊透缺陷。不管是试板的焊接，还是实物工件的焊接，要使背面成形良好，防止出现凹陷或未焊透等缺陷，组对时一定要控制好钝边与组对间隙等尺寸，做好焊接工艺评定，以合理的焊接参数去指导现场焊接，从而保证焊接质量。

### （3）施焊

焊接工艺参数见表 5-6。

① 打底焊。在坡口内引弧，以短弧进行焊接，焊条与工件的夹角应保持 $80° \sim 85°$，根据熔池成形情况而定，随时调整焊条角度，有时可达 $90°$，以促成背面成形良好，防止产生未焊透、凹陷、焊瘤等缺陷。采用三角形运条法（图 5-8）进行断弧焊，即从

表 5-6　焊接工艺参数

| 板厚/mm | 焊层 | 焊接电流/A | 运条法 |
|---|---|---|---|
| 10 | 打底层 | 90～95 | 三角形,断弧焊 |
| | 填充层 | 105～115 | "8"字形,连弧焊 |
| | 盖面层 | 100～110 | 反月牙形,连弧焊 |

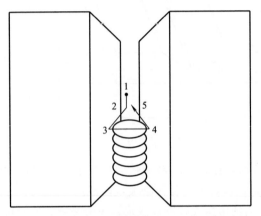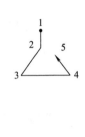

图 5-8　三角形运条法

1 点起弧（焊条对准间隙中心），往下运动至 2 点与 3 点，在 3 点稍停顿 1.5～2s 后，焊条再平移到 4 点，当焊条运动到 3 点至 4 点间隙中心时，电弧要有向后推压的手感，在 4 点处也要停顿 1.5～2s，电弧向上（5 点处）果断灭弧，依此类推，一个熔池压住一个熔池的 1/2～2/3 向上焊接，以免熔池局部温度过高。施焊时，要掌握引弧、断弧的良好时机，即控制熔孔形状大小一致，一般以每侧坡口钝边熔化 1.5～2mm 为宜，才能焊出正、反两面成形良好、光滑、均匀的打底焊道，熔孔大了易形成焊瘤熔孔过小又易形成未焊透缺陷。更换焊条接头时，与前述单面焊双面成形操作相同。

　　② 填充焊。控制层间温度，清理打底层的焊渣，待试板冷却到 60℃ 以下时，再进行填充层的焊接。焊条与工件夹角为 75°～85°，采用 "8" 字形运条法（图 5-9）进行连弧焊，即焊条从 1 点

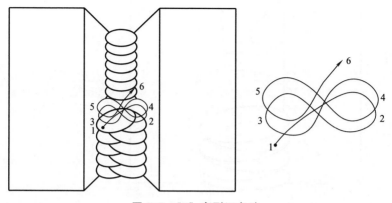

图 5-9 "8"字形运条法

往上挑运条焊接，运动到 2 点时焊条往下划小半圆圈运动，再往上挑运动到 3 点，也往下划小圆圈，再往上运动到 4 点……焊条运动到 2 点、3 点、4 点等各点时要稍作停顿，也是 1.5～2s，这样做的好处是能将试件坡口两侧填足铁水，不会产生中间凸、两侧有深沟的焊道，有利于熔渣的浮起，手要把稳、运条要匀，运条时电弧要短，切忌将焊条头（药皮）紧贴熔池边缘，以防止产生夹渣，填充层比试板表面低 1.5～2mm 为宜，并保持两侧坡口轮廓边缘完好，以便于盖面层的焊接。

③ 盖面焊。层间温度的控制与填充层相同。焊接电流比填充层稍小，焊条角度与填充层相同。为控制焊缝的表面成形，采用反月牙形运条法连弧往上施焊，即焊条作月牙形摆动时是往上划弧线的（与低碳钢、低合金钢运条方式不同），如图 5-10 所示。

电弧运到坡口两侧外边 1～2mm 时要稍作停顿，以防咬边缺陷的产生，如发现铁水突然下坠，熔池中间凸起，说明熔池温度已高，应立即灭弧，如已形成焊瘤，应修磨后再继续焊接，以防形成粗劣的表面焊缝。只有始终控制熔池为椭圆形，运条稳，摆动匀，才能焊出表面成形圆滑过渡、鱼鳞纹清晰、美观的焊缝。

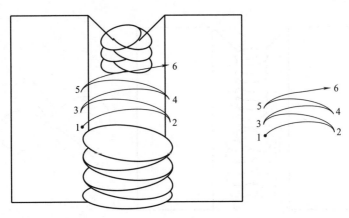

图 5-10　反月牙形运条法

# ▷80. 不锈钢管焊接免内充氩的 TIG 焊

不锈钢管内充氩保护 TIG 焊是不锈钢管及一些特殊钢管焊接施工常用的焊接方法，该方法焊接工艺较为复杂，内充氩的条件与要求也十分严格，并且焊接成本较高，焊接准备工作也繁琐，再者，在管道工程施工现场安装中，有些焊口根本无法在管内进行充氩保护，使焊接工作难以进行，严重影响了焊接质量。为此对不锈钢管焊接免内充氩，应用不锈钢自保护药芯焊丝打底 TIG 焊进行了尝试，并获得了成功，既保证了焊接质量，提高了工效，降低了成本，又大大减轻了劳动强度。

## （1）焊前准备

① 不锈钢管材质为 1Cr18Ni9Ti，规格为 $\phi$89mm×6mm。

② 焊机：选用 TIG-300 逆变焊条电弧焊与 TIG 焊两用焊机，TIG 焊打底时采用直流正接，焊条电弧焊填充、盖面时采用直流反接。

③ 氩气纯度不低于 99.96%。

④ 选用北京金威焊材有限公司生产的 TGF 自保护焊丝，$\phi 3.0mm$（带药皮外径），焊芯直径为 2.5mm，选用 $\phi 3.2mm$ 的 A132 焊条。

组对形式与内充氩焊接时基本一致。

组对前，应把管口外壁 20mm 范围内的油、垢、水分、氧化层等清理干净。

⑤ 采用药芯焊丝进行点固定位焊，定位焊两处（将管外圆周长三等分，取两等分点为定位焊点，另一点为起焊点），定位焊缝长度为 10～15mm，高度不大于 3mm，清理焊渣，定位焊缝两端打磨成缓坡状。

## （2）施焊

每个焊口的打底层分两个半圈完成。焊接工艺参数见表 5-7。

表 5-7　焊接工艺参数

| 焊丝 | 钨极直径<br>/mm | 喷嘴直径<br>/mm | 焊接电流<br>/A | 氩气流量<br>/(L/min) |
|---|---|---|---|---|
| TGF 焊丝，$\phi 3mm$ | 2.5 | 14 | 95～110 | 12 |

施焊时，焊枪喷嘴、焊丝与管件的角度和内充氩焊接时基本一致。

引燃电弧，稍停顿片刻，透过护目镜看到坡口根部刚一熔化，立即填送焊丝，看到铁水与渣均匀地透过坡口间隙流向管内，并形成熔孔，焊枪作小锯齿形摆动，稍快些往上运动，焊丝始终不离开氩气保护，并紧贴在坡口钝边间隙处，采用间断送丝法一拉一送，一滴一滴地向熔池内填送。在施焊过程中，要始终保持短弧，手要把稳，送丝要干净利落。注意焊丝与钨极的距离，严禁"打钨"现象产生，控制熔孔的大小形状一致，使焊丝均匀熔化并形成一层薄渣均匀地渗透到管口内，对焊缝进行渣保护。焊口焊后进行锤击，保护焊渣会完全脱落，用压缩空气或水冲的方法极易清除，管件背面成形优良，保护效果好，焊缝表面呈金黄色。

打底焊后，填充焊和盖面焊均用焊条电弧焊完成，焊法与正常焊接相同，不再重复。

采用药芯焊丝打底，可实现不锈钢管焊接时免内充氩工艺，操作方便，保证质量，降低了成本，减轻了劳动强度，应大力推广。

## ➣ 81. φ89mm×5mm 不锈钢管对接水平固定免内充氩药芯焊丝自保护 TIG 焊

采用 TIG 焊接方法，使用不锈钢药芯焊丝，可使被焊不锈钢管内免除充氩保护措施，并使焊缝背面受到充分保护，焊缝质量高，既降低了焊接成本，又大幅度提高了工作效率。与实心焊丝相比，药芯焊丝的特性有所不同，且焊件水平固定，故焊接操作有很大难度。焊接熔池比实心焊丝难控制，容易产生夹钨、未熔合、凹陷、焊瘤、焊缝成形不良等焊接缺陷，背部焊缝保护不良易产生氧化。要求焊工应具有更高的焊接操作水平，保证根部全部焊透，焊缝表面波纹均匀整齐，正、反面焊缝表面均无过氧化现象。

### （1）焊前准备

试件材质为 1Cr18Ni9Ti，试件尺寸为 φ89mm × 5mm × 100mm（2 节），组对尺寸如图 5-11 所示。

焊丝为 THY-A316(W)，φ2.4mm；氩气纯度为 99.99%；钨极为 WCe-5（铈钨极），φ2.5mm，端头磨成 20°～25°的圆锥形。

焊接设备为 WS4-300 或 WS-250 直流 TIG 焊机，直流正接。焊前应分别对焊机的水路、气路、电路工作正常与否进行检查，然后再进行负载检查、试焊。

工具包括氩气流量表、打渣锤（不锈钢）、钢直尺、钢丝刷（不锈钢专用）、角向打磨机（配不锈钢专用砂轮片）、内磨机、焊

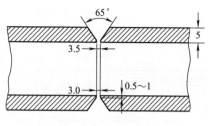

图 5-11　组对尺寸

缝检测尺等。

　　试件组对前，将母材内外两面距焊口 15～20mm 范围内的油、水或其他污物，用角向打磨机、内磨机打磨干净，直至露出金属光泽，将管件待焊处表面用干净棉白布蘸丙酮擦拭干净，去除油污、水分等。焊前应用干净的棉纱或棉白布蘸丙酮擦拭焊丝，清除其表面的油污。

## （2）装配定位

　　定位焊接时，为确保内填丝畅通无阻地穿入管内，必须保证组对间隙合适，不能过大，也不能过小。间隙过大，打底焊时易形成焊瘤，过小时内填充焊接焊丝又穿不进管内。一般直径为 2.5mm 的焊丝 6 点位置组对间隙为 3.0mm，12 点位置组对间隙为 3.5mm。定位焊选在 2 点半与 9 点半位置，其定位焊缝长度不大于 10mm，高度不大于 3mm，并将其两端打磨成缓坡状。

　　将试件固定在焊接操作架上，要求试件的固定高度不得高于 1.3m（以试件中心线为准），试件的定位焊缝不得选在仰焊 5 点至 7 点位置。

## （3）焊接工艺参数

　　$\phi 89mm \times 5mm$ 不锈钢管对接水平固定免内充氩药芯焊丝自保护 TIG 焊焊接工艺参数见表 5-8。

表 5-8　φ89mm×5mm 不锈钢管对接水平固定免内充氩药芯焊丝
自保护 TIG 焊焊接工艺参数

| 焊接类别 | 电源极性 | 焊接电流/A | 焊丝直径/mm | 钨极直径/mm | 喷嘴直径/mm | 钨极伸出长度/mm | 氩气流量/(L/min) |
|---|---|---|---|---|---|---|---|
| 定位焊 | 直流正接 | 110~120 | 2.4 | 2.5 | 8 | 4~5 | 10~12 |
| 打底焊 | 直流正接 | 90~100 | 2.4 | 2.5 | 8 | 4~5 | 10~12 |
| 填充焊 | 直流正接 | 90~120 | 2.4 | 2.5 | 8 | 4~5 | 10~12 |
| 盖面焊 | 直流正接 | 100~130 | 2.4 | 2.5 | 8 | 4~5 | 10~12 |

## （4）焊接操作

采用药芯焊丝 TIG 焊焊接水平固定管分为打底焊、填充焊与盖面焊，并均匀分成两个半圈，从下往上进行焊接。

① 打底焊。打底层的焊接是保证单面焊双面成形的关键，选择合适的焊接参数、焊丝与焊枪的角度、焊接顺序及起弧点的位置，才能使打底焊的焊接过程顺利进行，才能保证打底焊的焊缝质量。焊接顺序与起弧点位置如图 5-12 所示，整个焊接过程，按管

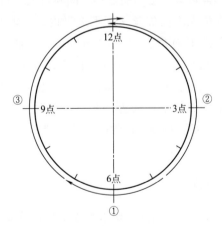

图 5-12　焊接顺序与起弧点位置

的圆周分三个步骤完成：从 5 点位置（逆时针越过 5 点位置 10mm）起弧，焊到 7 点位置（顺时针越过 7 点位置 10mm）熄弧（图 5-12 中①）；从 5 点位置（顺时针越过 5 点位置 10mm）起弧，焊到 12 点位置（逆时针越过 12 点位置 10mm）熄弧（图 5-12 中②）；从 7 点位置（逆时针越过 7 点位置 10mm）起弧，焊到 12 点位置（顺时针越过 12 点位置 10mm）熄弧，打底焊完成（图 5-12 中③）。这种焊接顺序能减少施焊过程中停弧、再起弧的接头数量，焊接起来也比较顺手。

a. 5 点位置到 7 点位置的焊接。该位置处于仰焊位，操作十分不便，是水平固定管试件最难焊的位置。施焊时，操作者右手持焊枪，左手持焊丝，采用内填丝的方法进行焊接，焊枪与焊丝的位置如图 5-13 所示。从 5 点位置（逆时针越过 5 点位置 10mm）起弧，电弧以小锯齿状摆动，匀速向前运动（将焊枪喷嘴靠到坡口边上，往前滚动，也称摇把焊法），电弧运动到坡口两侧钝边处稍停，待两侧熔化，并形成 5～6mm 熔孔，填第一滴焊丝（铁水）。焊丝的给送位置为两坡口钝边的边缘，高于管内平面 1～2mm 处，左右交替送丝，送丝的动作要准确、利落，以保证管内背面成形的高度

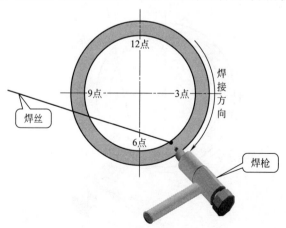

图 5-13 内填丝焊接

（0.5～1mm）。控制熔孔的大小形状一致，使焊丝均匀熔化并形成一层薄渣均匀地渗透到管口内并均匀地覆盖在熔池上。焊枪（电弧）摆动和送丝的动作要协调好，焊丝的端头始终在氩气的保护氛围内，并防止"打钨"。一直焊到 7 点位置（顺时针越过 7 点位置 10mm）熄弧。焊接过程中，始终保持熔池清晰可见，熔渣正常浮出。

b. 5 点位置到 12 点位置的焊接。先将 5 点位置接头用角向砂轮磨成缓坡状。5 点位置（顺时针越过 5 点位置 10mm）到 12 点位置（逆时针越过 12 点位置 10mm）焊接时右手持焊枪，左手持焊丝，由于 5 点位置（顺时针越过 5 点位置 10mm）到 2 点位置变成立向上焊接，并变得越来越容易操作，送丝方式也由内填丝逐渐变成外填丝，焊丝应送到两坡口钝边的根部，并有向熔池根部轻微下压的动作，使其充分熔合，促使管内背面焊缝成形良好，防止未焊透、未熔合、凹陷等焊接缺陷的产生，如图 5-14 所示。当焊到 2 点半位置时，接近于平焊位置，焊丝的给送在两坡口钝边位置稍高一些，焊接速度要稍快一点，以防焊肉下垂形成焊瘤。如图 5-15 所示，一直焊到 12 点位置（逆时针越过 12 点位置 10mm）熄弧，完成前半圈的焊接。

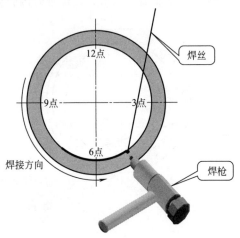

图 5-14　5 点位置到 2 点位置逐渐变成外填丝焊接

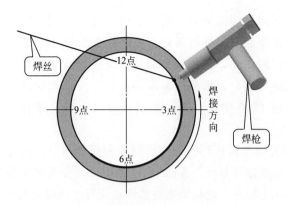

图 5-15　2 点位置到 12 点位置焊接

c. 7 点位置到 12 点半位置的焊接。后半圈焊接前要将 7 点位置与 12 点位置两处的接头用砂轮磨成缓坡状。施焊时左手持焊枪，右手持焊丝，焊接方法与前半圈相同（图 5-16）。

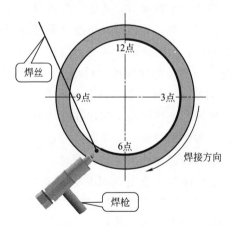

图 5-16　7 点位置到 10 点位置逐渐变成外填丝焊接

后半圈的焊接接好两个头是关键。第一个接头是 7 点位置，操作要点是在逆时针越过 7 点位置 10mm 处引弧，焊枪作锯齿形摆动并前进，焊接速度稍慢，待电弧运动到坡口内砂轮磨成的斜坡处形成清晰的熔池，并形成熔孔后，才能填加焊丝，防止产生未熔合、凹陷等焊接缺陷。第二个接头是与 12 点位置的"碰头"接头，操作要点是最终收弧焊至距离收弧点约 5～8mm 时，焊枪电弧划小圆圈运动，预热接头部位，待接头部位充分熔化形成清晰的熔池时再填丝，熔孔逐渐缩小，并及时填充焊丝，连续焊至顺时针越过 12 点位置 10mm 处熄弧，以防产生焊瘤与缩孔等焊接缺陷。

② 填充焊与盖面焊。填充层与盖面层焊接时，应先清理干净焊缝，从 6 点位置起弧，在 12 点位置熄弧，分两个半圈完成。采用摆动送丝法施焊，焊枪喷嘴与施焊点切线方向应保持在 85°～90° 范围内，焊丝与施焊点切线方向成 15°～20°夹角。

施焊时，焊枪喷嘴应靠到焊件坡口两边均匀向上滚动（也称摇把焊法）。引弧后，焊接速度稍慢些，电弧在坡口两侧稍作停留，待被焊处形成熔池后再填焊丝，同时要密切观察焊丝的熔化状况，焊丝充分熔化，熔渣正常浮起后，才能继续进行正常焊接。具体做法是，电弧呈锯齿形运动，焊丝端头随电弧跟进，即电弧在坡口一侧停留，形成熔池后，及时送丝，待充分熔化，熔渣浮起，将电弧立即摆到坡口的另一侧，焊丝跟进，再填送一滴焊丝（铁水），电弧再摆回到另一侧坡口，焊丝继续跟回……如图 5-17 所示，始终控制熔池形状为椭圆形，熔渣能均匀浮在焊缝的表面而不下淌，完成填充层与盖面层焊缝的焊接。需要注意的是：在填充层焊道焊接时，要保护两个坡口的边缘完好无损，同时，焊缝要低于母材表面 0.5～1mm，为盖面焊打下良好的基础；填充层与盖面层的焊接

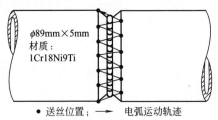

φ89mm×5mm
材质：
1Cr18Ni9Ti

● 送丝位置；　→ 电弧运动轨迹

图 5-17　填充焊、盖面焊焊枪（电弧）与焊丝运动示意图

中，电弧的摆动要稳、要匀，在坡口两侧稍作停留，焊丝的跟进要及时，形成熔池后再填加焊丝，始终保持浮动的熔渣紧跟电弧，形成良好的气渣保护氛围，才能避免产生夹渣、气孔、未熔合、咬边等焊接缺陷，使熔渣能够与焊道顺利分离，形成圆滑过渡、光洁、鱼鳞纹清晰的美观焊缝。

## （5）质量检测

焊缝焊完后，用不锈钢专用钢丝刷将焊接区域清理干净，焊缝处保持原始状况，在交付专职焊接检验前不得对各种焊接缺陷进行修补。按 TGS Z6002—2010《特种设备焊接操作人员考试细则》评定。检查项目及标准见表 5-9。

表 5-9　检查项目及标准

| 检查项目 | | 标准 |
| --- | --- | --- |
| 焊缝 | 余高 | 0～3mm |
| | 高低差 | ≤2mm |
| | 宽窄差 | ≤3mm |
| | 咬边 | ≤0.5mm<br>≤焊缝长度的 10% |
| | 根部凸出 | 0～2mm |
| | 根部内凹 | 深度≤1mm<br>长度≤10mm |
| | 错边 | ≤1mm |
| | 角变形 | ≤3° |
| | 表面气孔 | 直径≤1.5mm<br>数量≤2 个 |
| 表面成形 | ①成形较好，鱼鳞纹均匀，焊缝平整<br>②焊缝表面飞溅物、氧化皮、污物等清理干净<br>③焊缝表面不得有裂纹、未熔合、夹渣、气孔、焊瘤和未焊透等缺陷 | |
| 内部检验 | 按 JB/T 4730《承压设备无损检测》标准进行射线检测，检测技术不低于 AB 级，焊缝质量等级不低于Ⅱ级 | |

# ▶82. φ89mm×5mm 不锈钢管对接垂直固定免内充氩药芯焊丝自保护 TIG 焊

焊接过程中，熔化金属受重力作用，在管件坡口的上边缘易产生咬边，在坡口的下边缘易产生焊肉下垂的不良焊缝成形。如操作不当，还会产生未熔合、夹渣、气孔和焊瘤等焊接缺陷。为避免缺陷的产生，在正确选择焊接工艺参数的同时，还需采用合适的焊枪（电弧）与焊丝角度、送丝位置及焊接速度等进行焊接操作，对施焊人员的操作水平要求高。

## （1）焊前准备

试件材质为 1Cr18Ni9Ti，试件尺寸为 φ89mm × 5mm × 100mm（2 节），组对尺寸如图 5-18 所示。

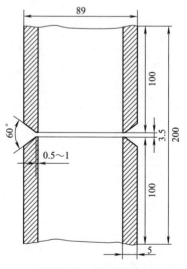

图 5-18　组对尺寸

焊丝为 THY-A316(W)，φ2.4mm；氩气纯度为 99.99%；钨

极为 WCe-5（铈钨极），$\phi2.5mm$，端头磨成 $20°\sim25°$ 的圆锥形。

焊接设备为 WS4-300 或 WS-250 直流 TIG 焊机，直流正接。焊前应分别对焊机的水路、气路、电路工作正常与否进行检查，然后再进行负载检查、试焊。

工具包括氩气流量表、打渣锤（不锈钢）、钢直尺、钢丝刷（不锈钢专用）、角向打磨机（配不锈钢专用砂轮片）、内磨机、焊缝检测尺等。

试件组对前，将母材内外两面距焊口 $15\sim20mm$ 范围内的油、水或其他污物，用角向打磨机、内磨机打磨干净，直至露出金属光泽，将管件待焊处表面用干净棉白布蘸丙酮擦拭干净，去除油污、水分等。焊前应用干净的棉纱或棉白布蘸丙酮擦拭焊丝，清除其表面的油污。

### （2）装配定位

试件装配应尽量保持同心，错口量不大于 1mm。将管外圆周长三等分，定位焊两处，另一处为起焊点。定位焊长度不大于 10mm，高度不大于 3mm，并将焊缝的两端打磨成缓坡状。

按要求将试件放在焊接操作架上，要求试件的固定高度不高于 600mm（以试件中心线为准）。

### （3）焊接工艺参数

$\phi89mm\times5mm$ 不锈钢管对接垂直固定免内充氩药芯焊丝自保护 TIG 焊焊接工艺参数见表 5-10。

表 5-10　$\phi89mm\times5mm$ 不锈钢管对接垂直固定免内充氩药芯焊丝
自保护 TIG 焊焊接工艺参数

| 焊接类别 | 电源极性 | 焊接电流/A | 焊丝直径/mm | 钨极直径/mm | 喷嘴直径/mm | 钨极伸出长度/mm | 氩气流量/(L/min) |
|---|---|---|---|---|---|---|---|
| 定位焊 | 直流正接 | 100~110 | $\phi2.4$ | 2.5 | 8 | 4~5 | 10~12 |
| 打底焊 | 直流正接 | 90~95 | $\phi2.4$ | 2.5 | 8 | 4~5 | 10~12 |

续表

| 焊接类别 | 电源极性 | 焊接电流 /A | 焊丝直径 /mm | 钨极直径 /mm | 喷嘴直径 /mm | 钨极伸出 长度/mm | 氩气流量 /(L/min) |
|---|---|---|---|---|---|---|---|
| 填充焊 | 直流正接 | 100~120 | $\phi 2.4$ | 2.5 | 8 | 4~5 | 10~12 |
| 盖面焊 | 直流正接 | 110~130 | $\phi 2.4$ | 2.5 | 8 | 4~5 | 10~12 |

## （4）焊接操作

① 打底焊。引燃电弧后，先不填加焊丝，压低电弧对准坡口中心预热两侧坡口面，待坡口面出现熔化迹象时开始填丝，焊丝从上向下引铁水，使铁水与上下坡口钝边搭接上，并使铁水和熔渣分离，铁水清晰可见，然后开始正常打底焊接。焊枪的下倾角为75°~85°，身体围绕焊件转动，但操作姿势和焊枪角度不能改变，始终在熔池和熔孔的前上方钝边处往里送焊丝，将铁水向下引，可防止根部下垂，促使管内焊缝成形凸出。焊丝填送方式为间断送丝，即焊接时，焊丝在氩气保护范围内一拉一送，一滴一滴地往坡口根部填送焊丝，焊炬稍作小锯齿上下摆动，迅速平稳地跟上前移，电弧在下坡口停留的时间比上坡口稍长。

在施焊过程中，熔孔形状的控制与焊丝和焊枪的前移运动要相互配合得当，才能熔透钝边，始终形成坡口上侧较小、下侧稍大的椭圆形小熔孔。焊丝、喷枪与管弧面的夹角如图 5-19 所示。焊丝给送早了，会造成焊不透，晚了会引起焊肉下垂或熔透过多形成焊瘤。焊接速度的快慢对打底焊层的影响也较大，快与慢都将出现未焊透、焊肉下垂、夹渣、气孔、未熔合等焊接缺陷。

收弧时，向弧坑中再给两滴铁水，断弧后焊枪在原地停留 3~5s，避免被焊区域氧化。接头时，在接头部位后方 10mm 左右处引弧，引燃电弧，焊枪上下作小锯齿形摆动至接头部位，待接头部位形成熔池，并打出熔孔，再开始填丝焊接。

② 填充焊和盖面焊。每层焊接前，应先清理干净熔渣。引弧

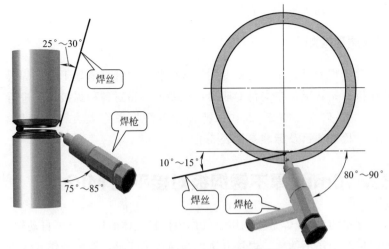

图 5-19　焊丝、焊枪与管弧面的夹角

焊接的起点要与前层焊的接头错开 15～20mm，焊枪角度、焊丝给送角度与位置和前层焊相同，但电弧的长度应长于打底焊层，以摇把焊法为宜（将焊嘴靠在坡口两侧，均匀地上下作小锯齿形摆动并向前滚动施焊）。具体做法是，电弧在坡口的上下两侧作锯齿形摆动，焊丝的给送位置仍在坡口的上侧，熔池温度逐步上升，液态金属因自重而下滑，随着焊接操作平稳地前移，熔池金属与熔化的焊丝相互熔合，熔渣浮起，熔池铁水清晰可见，这时，电弧从下往上摆动的速度要稍快，在坡口上侧比坡口下侧停顿的时间要稍短些，以控制熔池铁水不下坠，从上往下摆动的速度要适中，只有掌握好焊接速度、给送焊丝的位置和时机，才能保持熔池形状一致，促成熔渣浮起，上下铁水平整圆滑，坡口上侧不欠焊肉，坡口下侧不下垂的良好焊缝成形。

还需注意的是，填充层应低于管平面 0.5～1mm，并保持坡口上下轮廓线完好无损，为盖面层的焊接打下良好的基础。盖面焊时，要控制好焊缝的高度一致，坡口的上下边缘要各熔化 0.5～1mm，保持焊缝外观的宽窄一致，形成正直、背面成形良好、脱渣容易、背面无氧化、光洁、鱼鳞纹清晰的美观焊缝。

### （5）质量检测

焊缝焊完后，用不锈钢专用钢丝刷将焊接区域清理干净，焊缝处保持原始状况，在交付专职焊接检验前不得对各种焊接缺陷进行修补。按 TGS Z6002—2010《特种设备焊接操作人员考试细则》评定。检查项目及标准参见表 5-9。

# ▶83. 10mm 厚不锈钢板对接平位 MIG 焊

这里的 MIG 焊是指利用氩气作为保护气体的熔化极半自动焊。若焊接时操作不熟练、焊接方法不当易产生穿丝，接头操作方法不当、接头处坡度小易产生接头熔合不良、未熔合、焊瘤，焊接速度慢会产生焊瘤甚至烧穿。焊接过程中应根据装配间隙和熔池温度变化情况，及时调整焊枪角度、摆动宽度，控制熔池和熔孔的尺寸。

### （1）材料与设备

① 母材。

试件：300mm×125mm×10mm，2 块。

材质：1Cr18Ni9Ti。

坡口：V 形，60°，采用机械加工的方法。

钝边：0.5～1.0mm。

组装间隙：始焊端 3mm，终焊端 4mm。

反变形角度：3°～4°。

② 焊材。

焊丝：ER347，$\phi$1.2mm。

保护气体：氩气，纯度为 99.99%。

③ 焊接设备：Pulse MIG-500 焊机，直流反接。

送丝机、焊枪的配置见表 5-11。

表 5-11　送丝机、焊枪的配置

| | |
|---|---|
| | 压丝轮（平轮） |
| | 送丝机构（V 形槽） |
| 送丝机 | 进口导丝管（钢制） |
| | 中间导丝管（钢制） |
| | 出口导丝管（钢制） |
| 焊枪 | 送丝软管（钢制） |
| | 导电嘴（铬锆铜） |

④ 工具和辅材：面罩，角向打磨机，榔头，扁铲，尖嘴钳，测温枪，砂轮片，切割片，抛光蜡，毛毡抛光轮，钢丝刷，钢丝轮。

⑤ 劳保用品：MIG 焊接手套，白色棉质（皮质）工作服，防护帽，脚盖，绝缘防护鞋等。

## （2）焊前打磨

试件组对前，将母材正反两面坡口两侧各 15～20mm 范围内的油污、水分、泥沙或其他污物用角向打磨机打磨干净，直至露出金属光泽。打磨出 0.5～1mm 的钝边。

## （3）装配和定位

焊接前，除了需要调试好合适的焊接电流、焊接电压外，还应在焊机面板上的功能区调节衰减时间、去球时间、提前送气时间、滞后停气时间、根焊燃烧脉冲峰值时间、根焊燃烧脉冲峰值高度等。一般衰减时间为 0.1～1.0s，去球时间为 0.1s，提前送气时间为 0.1～1.0s，滞后停气时间为 1.0～2.0s，根焊燃烧脉冲峰值时间为 25s，根焊燃烧脉冲峰值高度为 100～150A，可以根据使用情况自行调节。

焊接参数调整完成后，在电流调试板上试验焊接参数，以满足使用要求。

定位焊前及以后的焊接中，要经常检查清理焊枪的导电嘴、喷嘴及气路有无阻塞或漏气，防止焊缝产生气孔。喷嘴内附着的飞溅物可以用尖嘴钳的端部进行清理。

将清理好的焊件放在平台或型钢上，对齐找正，确定间隙，不要错口，然后用 MIG 焊在试件坡口内进行定位焊。定位焊缝要薄而短，定位焊缝的长度为 10～15mm，厚度为 4mm，正式焊缝的定位焊缝不得有超标缺陷，其各部尺寸如图 5-20 所示。

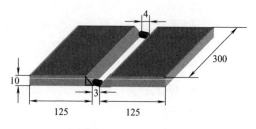

图 5-20　平位对口尺寸

对焊件进行装配和定位并经检查合格后，按平焊位置和合适的高度固定在操作架上待焊。采用左向焊法，间隙小的一端放在右侧。焊接前为防止飞溅物不好清理堵塞喷嘴，在试件表面涂一层防粘剂，并在喷嘴内外涂防堵剂。

## （4）焊接工艺参数

焊接工艺参数见表 5-12。

表 5-12　焊接工艺参数

| 焊接种类 | 焊丝直径/mm | 焊丝伸出长度/mm | 焊接电流/A | 焊接电压/V | 气体流量/(L/min) |
|---|---|---|---|---|---|
| 定位焊 | 1.2 | | 90～110 | 18～22 | 20～25 |
| 打底焊 | 1.2 | 8～15 | 110～130 | 18～22 | 20～25 |
| 填充焊、盖面焊 | 1.2 | | 110～130 | 18～22 | 20～25 |

不锈钢焊接时的电流应稍小，减小焊接热输入，降低焊接线能量。

### （5）焊接操作

① 打底焊。板材对接平焊的 MIG 焊操作姿势与焊条电弧焊基本相同，但焊接方向相反，MIG 焊是从右向左焊接，即左向焊法。焊枪角度如图 5-21 和图 5-22 所示。

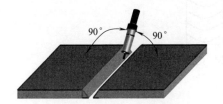

图 5-21　焊枪左右倾角

图 5-22　焊枪后倾角

打底焊接，对准坡口内引弧位置，在试件右侧距端头 20mm 左右坡口内引弧，电弧快速移至右端头起焊位置，待坡口根部钝边熔化形成熔孔后，开始向左焊接。焊枪作小锯齿形或正月牙形摆动断弧焊接，并在坡口内两侧稍停留，中间过渡稍快，向前移动运弧焊接。

焊接过程中要用焊接速度、熔化与停弧的配合、摆动宽度来控制熔孔的大小。采用后倾焊法，焊枪托着铁水走，根据焊速、熔池温度、熔孔大小，判断反面成形情况。焊接过程中始终控制熔孔比对口间隙大 2mm 左右，如图 5-23 所示。若熔孔太小，根部熔合不好或熔透不均匀；若熔孔太大，背面焊道变宽、变高，容易烧穿和产生焊瘤等缺陷。打底焊要注意焊丝不能穿过间隙到打底层背部，焊丝应在熔池的边缘正月牙形运动，否则会穿丝，甚至造成未焊透。

打底焊时要注意坡口两侧的熔合，依靠焊枪的摆动，电弧在坡口两侧稍作停留并托（带）着熔池走，保证电弧燃烧正常，才能使

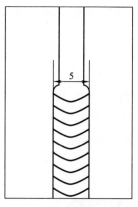

图 5-23　熔孔大小

熔池边缘很充分地熔合在一起。

　　要控制喷嘴的高度，焊接过程中始终保持电弧在距离坡口根部2～3mm 处燃烧，并控制打底层焊道厚度不超过 4mm，如图 5-24 所示。

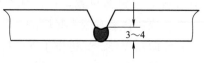

图 5-24　打底层厚度

　　当需要中断焊接时，焊枪不能马上离开熔池，应稍作停留，如可能应将电弧移向坡口侧再停弧，以防止产生缩孔和气孔，然后用砂轮机把弧坑焊道打磨成斜坡形。每次接头起弧前焊丝端头要用尖嘴钳剪成斜尖形，便于引弧。

　　接头时，焊丝的顶端应对准斜坡的最高点，然后引弧，以锯齿形摆动焊丝，将焊道斜坡覆盖。当电弧达到斜坡最低处时即可转入正常施焊。MIG 焊和焊条电弧焊接头方法不同，当电弧燃烧到收弧弧坑处时，不需要压低电弧，形成新的熔孔，而只要有足够的熔深就可把接头接好。

　　打底层焊接完成后，首先检查打底层焊缝有无缺陷，对产生的焊瘤、气孔、未熔合等缺陷用扁铲、尖錾或角向打磨机清除干净，凸起部分铲掉修平。再用钢丝刷或钢丝轮等将焊缝表面的飞溅物和污染物等清理干净。

　　② 填充焊和盖面焊。填充层焊接时，采用左向焊法或右向焊法，焊枪角度与打底焊相同，采用连弧焊，锯齿形或正月牙形运弧，前进的速度稍快，保证焊缝平整且无缺陷，焊枪摆动到坡口两侧要停留1s左右，防止产生填充层中间高、两侧低的不良现象，焊缝厚度控制在4～5mm之间。

　　填充层应低于母材表面1.5～2mm（图5-25），且不能击伤和熔化坡口的边缘，为盖面焊打下良好的基础。

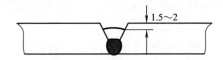

图 5-25　填充层应低于母材表面

　　盖面焊时焊枪的摆动运弧幅度比打底焊、填充焊时要稍大些，采用断弧焊，可以有效降低熔池温度，缩短焊缝在高温下的停留时间。运弧的幅度要均匀一致，注意坡口两侧边缘以熔合0.5～1mm为宜（图5-26）。焊接运弧以锯齿形、反月牙形为多，运弧至坡口两侧要稍作停留，中间要快，可避免咬边。

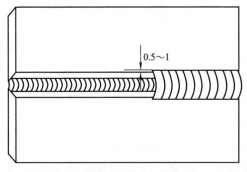

图 5-26　熔合宽度

　　焊接过程中手要把稳，前进速度要均匀，保持电弧高度一致，特别要注意电弧运至焊缝中间不能高,用运弧方法调整熔池温度,控制熔池所需要的形状,达到理想的焊缝成形,才能得到均匀、平整、美观的焊缝。

熄灭电弧后,待熔池金属凝固后方能移开焊枪,以保护熔池金属,避免受氧化产生缺陷等。

接头时,在熔池前断续引弧 1～3 次,当看清接头部位后,焊枪快速移动至接头部位,在焊丝到达收弧熔池的 1/3 处时,以正常的焊接角度、焊接速度、摆动方法、摆动宽度进行焊接。

当焊到母材末端需要收弧时,转动焊枪 1～2 圈,然后收弧,若收弧处不饱满可以再断续加丝 1～2 次,使焊缝末端熔池饱满,无弧坑,防止产生弧坑裂纹。

连弧焊接时,焊接速度要快,焊接电流要小,熔池搭接量要少,以降低焊缝的温度,减少焊接线能量,缩短焊缝在敏化温度区的停留时间。

### (6)焊后处理

为增加奥氏体不锈钢的耐腐蚀性,一般焊后应进行表面处理,处理的方法分为抛光、酸洗和钝化。

① 表面抛光。用不锈钢钢丝刷对不锈钢焊缝表面及周围的飞溅物、凹坑、錾痕、污点进行磨光,然后再用毛毡配抛光蜡进行抛光。

② 表面酸洗。

a. 配方。

浸洗液配方:密度为 $1.2g/cm^3$ 的硝酸 20％加氢氟酸 5％,再加水配制而成。

酸洗液配方:盐酸 50％加水 50％。

酸洗膏配方:密度为 $1.9g/cm^3$ 的盐酸 20mL,水 100mL,密度为 $1.42g/cm^3$ 的硝酸 30mL,膨润土 150g。

b. 酸洗方法。

酸洗液浸洗法：适用于较小的设备和零件，要求浸没时间为25～45min，取出后用清水冲干净。

酸洗液刷洗法：适用于大型设备，要求刷洗到白亮色为止，然后再用清水冲洗。

酸洗膏酸洗法：适用于大型设备，要求将酸洗膏涂在焊缝及热影响区表面，停留5～10min，然后用清水冲洗。

③ 表面钝化。

钝化液配方：硝酸5mL，重铬酸钾1g，水95mL。

钝化方法：将钝化液在焊缝及热影响区表面擦一遍，停留时间为1h，然后用冷水冲洗，用干净布擦洗，再用热水冲洗干净，最后用电吹风机吹干。

经过钝化后的不锈钢外表呈银白色，具有较高的耐腐蚀性。

### （7）质量检验

焊接质量检验见表5-13。

表 5-13　10mm 厚板件焊接质量检验

| 检查项目 | | 标准 |
|---|---|---|
| 焊缝 | 余高 | 0～3mm |
| | 高低差 | 0～2mm |
| | 宽窄差 | 0～2mm |
| | 咬边 | 深度≤0.5mm<br>长度≤30mm |
| | 根部凸出 | 0～2mm |
| | 根部内凹 | 深度≤0.5mm<br>长度≤30mm |
| | 错边 | ≤1mm |
| | 角变形 | ≤3° |
| | 表面气孔 | 直径≤1.5mm<br>数量≤2 个 |
| 表面成形 | ①成形较好,焊纹均匀,焊缝平整<br>②焊缝表面飞溅物、污物等清理干净<br>③焊缝表面无裂纹、未熔合、未焊透、焊瘤等缺陷 | |
| 内部检验 | 参照 NB/T 47013.2—2015《承压设备无损检测　第 2 部分:射线检测》 | |

## ▷ 84. 10mm 厚不锈钢板对接立位 MIG 焊

板对接立焊时，由于重力的作用，熔池中的液态金属易下坠，使焊缝出现焊瘤、咬边等缺陷。焊接时要采用较小的焊接电流和短路过渡形式，焊接速度、焊枪摆动频率要快。

### （1）材料与设备

① 母材。

试件：300mm×125mm×10mm，2 块。

材质：1Cr18Ni9Ti。

坡口：60°，V 形。

钝边：1～1.5mm。

组装间隙：始焊端 3mm，终焊端 4mm。

反变形角度：3°～4°。

② 焊材。

焊丝：ER347，$\phi$1.2mm。

保护气体：氩气，纯度为 99.99%。

③ 焊接设备：Pulse MIG-500 焊机，直流反接，平特性电源。

### （2）焊前打磨

装配前用角向打磨机、锉刀和钢丝刷等将母材正反两面坡口两侧各 20mm 范围内的油污、锈蚀、水分和泥沙等清理干净，直至露出金属光泽。

### （3）装配和定位

首先将清理好的焊件放在平台或型钢上，对齐找正，确定间隙，不要错口，然后用 MIG 焊在试件坡口内进行定位焊，定位焊缝要薄而短，不得有缺陷，其各部尺寸如图 5-27 所示。

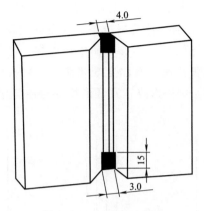

图 5-27　立位对口尺寸

## （4）焊接工艺参数

焊接工艺参数见表 5-14。

表 5-14　焊接工艺参数

| 焊接种类 | 焊丝直径 /mm | 焊丝伸出 长度/mm | 焊接电流 /A | 焊接电压 /V | 气体流量 /（L/min） |
|---|---|---|---|---|---|
| 定位焊 | 1.2 | | 100～120 | 19～23 | 20～25 |
| 打底焊 | 1.2 | 8～15 | 110～140 | 19～23 | 20～25 |
| 盖面焊 | 1.2 | | 110～140 | 19～23 | 20～25 |

## （5）焊接操作

焊前调试好工艺规范参数，焊接采用立向上焊法，两层两道（图 5-28）。立焊操作的难度稍大，熔池金属容易下坠，易出现焊瘤和咬边，焊接宜采用小电流，断弧焊，随时调整焊枪角度、运弧

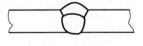

图 5-28　焊道分布

方法和焊接速度，控制熔池温度和形状，以获得良好的焊缝成形。

① 打底焊。焊前身体选择方便、合适的位置，持焊枪自下向上运动一次，防止因焊线不够长而中途停焊。在固定端下部引弧（图 5-29），将电弧快速移至固定端接头处，接头部位熔化时间稍长，运弧方法以小锯齿形或正月牙形摆动为最佳（图 5-30）。打底焊采用断弧焊。

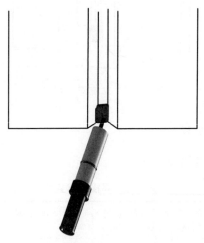

图 5-29　打底层引弧点

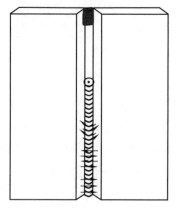

图 5-30　小锯齿形、正月牙形运弧方法

焊接方向由下往上，电弧时刻指向熔池前端，带（托）着熔池上升，可观察到坡口根部钝边熔化宽度，防止焊丝从根部间隙穿过出现穿丝现象。

焊接过程中为了防止熔池金属在重力的作用下下坠，除了采用较小的焊接电流外，焊枪角度、运弧方法、摆动幅度和焊接速度都是焊缝成形的关键。焊接过程中始终保持焊枪角度与试件表面下倾角为 $70°\sim80°$（图 5-31）。焊接时对口间隙有一定的收缩，熔孔直径稍有缩小，试件温度也有变化，要及时调整焊枪角度、焊接速度和摆动幅度，尽可能控制熔孔直径不变，特别是不能变大。焊接时一手托住焊枪端头部位，以不烫手、省力、焊枪稳定为原则。

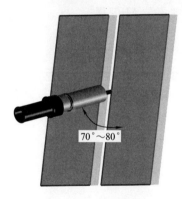

$70°\sim80°$

图 5-31 焊枪角度

打底层厚度为 $4\sim6mm$。打底层焊后清理方法与要求同不锈钢板对接平位 MIG 焊。

② 盖面焊。盖面层连弧焊接时运弧的幅度要均匀一致，注意坡口两侧边缘熔合 1mm 左右，焊接运弧以反月牙形和锯齿形横向摆动为多，焊接速度要均匀上升。对盖面焊运弧的要求是，电弧在坡口两侧稍作停留，电弧在坡口两侧来回过渡要快且电弧长度要短，通过运弧方法调整好熔池温度，控制好所需的熔池形状，椭圆形较为理想，有利于焊缝成形，避免咬边和焊瘤的产生。焊枪角度及引弧、收弧的方法与前面介绍的相同。

焊接时，每焊到 10cm 左右要停焊，观察焊缝颜色，焊缝为不锈钢本色最好，金黄色、浅蓝色尚可，当发现焊缝为深蓝色时不能继续焊接，应立即停焊，用测温枪检测焊缝温度降到 60℃ 以下才可继续焊接。焊接温度也可用手背靠近焊缝表面，以不烫手为原则进行估计。

盖面焊可采用断弧焊，焊缝有冷却时间，不易超温，应用较多。立焊位置的上端温度容易超温，要等到前段焊缝完全冷却后再引弧焊接。

### （6）焊后处理

同不锈钢板对接平位 MIG 焊。

### （7）质量检验

焊接质量检验参见表 5-13。

# 第六章
## 合金钢、异种钢及其他材料的焊接

## ▶85. 紫铜板与纯铝板焊接

铜与铝之间的焊接，主要困难是铜与铝的熔点相差很大（紫铜的熔点是 1083℃，铝的熔点是 659℃），而且铜与铝焊接时互不融合，必须采用电导率高并和这两种金属黏合渗透力较强的金属——银合金作媒介，才能把铜与铝焊接在一起，具体做法如下。

### （1）焊前准备

① 将被焊铜母线接头与铝母线接头均加工成 45°坡口进行组对，如图 6-1 所示。

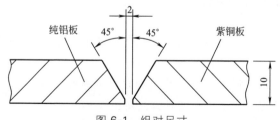

图 6-1　组对尺寸

② 将被焊处坡口两侧的油污、氧化层清理干净，露出金属光泽。

③ 采用氧-乙炔焊方法，微碳化焰进行焊接，焊剂采用剂 301，

焊条选用银焊条（含银 70%，铜 20%，锌 10%）。

④ 将铜板与铝板组对，垫平（用厚度不小于 16mm 的平钢板作垫板，不得悬空），并将铜板、铝板平面压住，防止温度上升而翘起，影响焊接。

### （2）施焊

① 先将铜板加热至呈红色（800℃左右），立即撒上一层铜焊剂（剂 301），在铜板的一侧用银焊条焊上一薄层。

② 随即用火焰加热铜板与铝板的坡口处，火焰要偏向铜板侧，当看到铝板开始起皱熔化时，立即用银焊条蘸上铜焊剂在铝板侧熔化的坡口内搅动，使银焊条与铝液熔化在一起。

③ 施焊时要注意的是火焰必须偏向铜板侧，焊接温度要适宜，温度过高时铝液产生过烧氧化，容易引起夹渣或熔合不良，焊接温度适宜时，焊接熔合很好，焊接起来很顺利。

焊接速度应稍快些，终止焊接时，火焰不要抬起太快，应逐渐抬起火焰，并用火焰的外焰罩住熔池，使其逐渐冷却下来后，再停止焊接，防止出现气孔。

焊完以后，等温度彻底降下来，再搬动焊件，否则会损坏焊缝金属，因为铜在暗红色时，铝尚未冷却，还是液体状态。

## ≫ 86. 巧取断螺钉

在工作中经常会遇到因操作不当或零部件受力不均而使螺钉断在零部件中，甚至断在工件深处的情况，要想把断螺钉取出，一般需把螺孔扩大，换大螺钉，费工费时，有的螺孔是不允许扩大的，鉴于这种情况，采取以下两种方法解决。

### （1）断螺钉与工件齐平（或稍低于工件）

这种情况可采用小直径焊条（一般用 $\phi 2 \sim 2.5$mm 结 422 焊

条）堆焊。焊接电流既不能过大也不能过小，$\phi$2mm 焊条焊接电流为 50A 左右，$\phi$2.5mm 焊条焊接电流为 60A 左右。操作方法是把断螺钉处一点一点地慢慢堆焊起来，做到眼看准、手要稳，冷却一下，点焊一点，注意不要焊在工件上，堆焊至高出工件平面 4～5mm，用一个螺母套进堆焊处，连续焊结实，然后趁热滴几滴油（机油、黄油均可），用扳手很容易就可将断螺钉拧出。焊接过程中为了不损坏工件表面，可用引弧板。

**（2）断螺钉低于工件表面**

这种情况下，为了焊接时不损坏孔内的螺纹，更主要的是防止将断螺钉与孔壁焊死，将石棉绳纸捣碎，用水调成稠糊状，涂抹在断螺钉的孔壁上，但不要涂抹过多，使其孔太小而影响焊接，亦即尽量使孔壁的间隙大一些。其操作方法基本同上，但焊接时电流要比上述方法稍大些（$\phi$2mm 焊条一般为 65A 左右），施焊过程中不用清渣，因打渣容易将孔壁中的保护层破坏，使断螺钉与工件焊住。

巧取断螺钉的方法如图 6-2 所示。

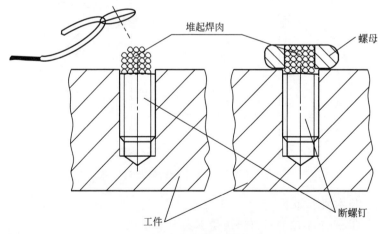

图 6-2　巧取断螺钉的方法

#  87. 复合焊在网架空心球上的应用

焊接球节点网架在我国发展很快，随着这种结构在体育馆（场）、大型商场及工业厂房的广泛应用，网架焊缝的可靠性和经济性越来越受到设计单位和施工单位的重视。目前国内焊接网架空心球大都采用焊条电焊弧，其生产效率和焊接质量欠佳，参照意大利有关焊接资料，将 $CO_2$ 气体保护半自动焊与焊条电弧焊复合应用于焊接网架空心球的焊接中，得到了较为满意的结果。

## （1）空心球形状及技术要求

空心球是用 Q235 或 16Mn 钢板按尺寸切割下料热轧而成的，其直径为 $160 \sim 500mm$，钢板厚度一般为 $4 \sim 25mm$。焊接空心球可分为加肋和不加肋两种类型，在两个半球的拼接环形缝平面加肋板焊接成空心球是为了提高空心球的承载能力和刚度。两种空心球的形状及组对形式如图 6-3 所示。

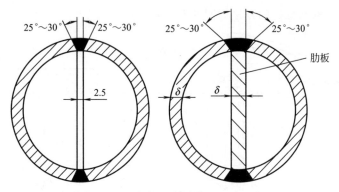

图 6-3　两种空心球形状及组对示意

技术要求如下。

① 两个半球的对口错边量不大于 1.0mm。

② 焊口两侧 20mm 范围内不得有油污、水分、锈蚀等，并露

出金属光泽。

③ 焊缝外观要求平直美观、圆滑过渡，焊缝高度不大于 1mm。

④ 焊缝内在质量应符合Ⅱ级标准。

焊接设备：$CO_2$ 半自动焊机、交直流（硅整流）弧焊机。

焊接材料：$\phi1.2mm$ 的 H08Mn2Si（A）焊丝，纯 $CO_2$ 气体，E4303、E5016（E5015）焊条，使用前按规定烘干处理。

## （2）焊接工艺

① 定位焊。定位焊缝是正式焊缝的一部分，也是保证焊缝内在质量的重要环节，因此要求定位焊缝不得有裂纹、气孔、未熔合、未焊透等缺陷。球径＜180mm 时，应均布点固 3 处；球径≥200mm 时，应均布点固 5 处，定位焊缝长度为 15mm 左右，高度应小于 $\delta/3$，其两头应呈缓坡状，以利接头。

② 不加肋板空心球的焊接。

a. 打底焊。根据 $CO_2$ 焊能自动送丝、连续焊接的特点，空心球的焊接在自制的转胎上进行。做法是施焊人员一手摇转胎（图6-4）摇把，另一手持焊枪施焊，自行控制其转动速度与焊接速度相吻合。

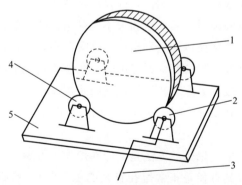

图 6-4　转胎示意图

1—空心球；2—驱动轮；3—摇把；4—从动轮；5—底座

为保证焊缝质量，采用 $CO_2$ 单面焊双面成形技术。焊枪与球面的角度如图 6-5 所示，焊接参数见表 6-1。

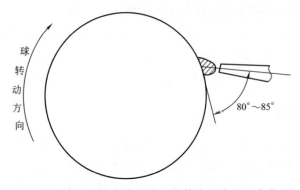

图 6-5　焊枪与球面角度示意（焊枪在 2 点至 3 点位置）

表 6-1　不加肋空心球焊接参数

| 焊丝直径 /mm | 焊接电流 /A | 电弧电压 /V | 焊丝伸出长度 /mm | 气体流量 /(L/min) |
|---|---|---|---|---|
| 1.2 | 90～110 | 19～20 | 12～16 | 12 |

施焊时，焊丝在坡口两钝边之间作小月牙形向上摆动，操作要领与手工焊大致相似："一看"，即要注意观察熔池状态和熔孔的大小，使熔池成椭圆形，其形状和大小应基本保持一致；"二听"，即要注意听电弧击穿坡口钝边发出的"噗噗"声，有这种声音表明焊缝穿透熔合良好；"三准"，即将熔孔端头位置把握准确，焊丝中心要对准熔池搭接 1/2 左右，这样做能防止焊丝从间隙中穿出，避免烧穿，保证电弧稳定燃烧，送丝摆动正常进行，使焊缝背面成形良好。

施焊过程中，熄弧的方法是，先在熔池上方做一个比正常熔孔稍大的熔孔（其直径是正常熔孔直径的 1.3 倍），然后将电弧运到坡口任意一侧熄弧。接头时在弧坑下方 10mm 处坡口内引弧，焊丝运动到弧坑根部时摆动稍慢，听到"噗噗"声后稍往下压电弧，随后立即恢复正常焊接。一条焊缝连续焊完，尽量不要中断。

　　b.填充焊与盖面焊。填充层与盖面层的焊接均采用焊条电弧焊方法完成。施焊时焊条与空心球焊接面的角度如图 6-6 所示，焊接参数见表 6-2。

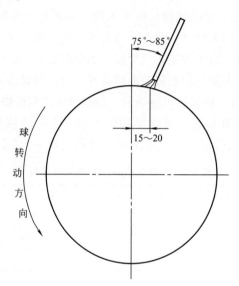

图 6-6　手工焊焊条角度

**表 6-2　手工焊焊接参数**

| 焊条直径/mm | 3.2 | 4 | 5 |
|---|---|---|---|
| 焊接电流/A | 110～130 | 150～200 | 190～260 |

注：碱性焊条焊接电流比表中数值小 10％为宜。

　　施焊时应一手摇转胎摇把，一手持焊钳焊接，控制转胎转速与焊接速度相吻合。施焊过程中要密切注视熔池形状，防止熔池温度过高，铁水倒流，以锯齿形运条为宜，焊条运到坡口边缘要有意识地稍停顿一下，保证熔合良好，防止夹角太深，产生咬边、夹渣等缺陷，熔池铁水应始终保持清晰明亮，并呈椭圆形，利用电弧的吹力和变换焊条的角度始终将熔渣吹到熔池后面，并浮到铁水上面，严禁焊渣越到熔池的前面。焊接电弧长度要适中，电弧过短影响渣的上浮，易造成夹渣、熔合不良等缺陷；电弧过长容易产生气孔，并能造成熔池温度过高，焊缝金属过烧，使力学性能降低，弧长应保持在 5mm 左右。

③ 加肋空心球的焊接。由于加肋空心球组对焊接时，球的组合面有肋板，肋板厚度一般等于球壳的厚度，其组对形式类似与垫板的对接焊缝，故施焊工艺比焊接不加肋板的空心球要简单，施焊时只要将坡口两侧与肋板接触面熔合好即可。其焊接方法与前述基本相同，但 $CO_2$ 焊接时可选用较大的焊接电流和稍快的焊接速度。这样做既能保证熔透，又能提高生产率。$CO_2$ 焊接参数见表 6-3（打底层和填充层），焊条电弧焊焊接参数见表 6-2（盖面层）。

表 6-3　加肋空心球 $CO_2$ 焊焊接参数

| 焊层 | 焊丝直径 /mm | 电弧电流 /A | 电弧电压 /V | 焊丝伸出长度 /mm | 气流量 /(L/min) |
|---|---|---|---|---|---|
| 打底层 | 1.2 | 140～160 | 22～24 | 12～16 | 12 |
| 填充层 | 1.2 | 150～200 | 23～26 | 12～16 | 12 |

## （3）焊接接头质量可靠性评定

为了证实 $CO_2$ 焊与焊条电弧焊复合焊方法用于空心球焊接的可行性和焊接工艺的可靠性，特进行了工艺评定试验，其结果如下。

① 所焊试件焊缝外观无气孔、焊瘤、弧坑等缺陷，焊缝宽窄、高低几乎一致，过渡圆滑，焊缝成形比较美观。

② 焊缝经超声波检测符合 GB 11345 Ⅱ级标准。

③ 试件焊缝区域取样宏观金相未发现缺陷且熔合良好。

④ 微观金相（100×）检验表明未发现不良组织及晶粒粗大现象。

⑤ 取样进行弯曲试验（$d=3a$，90°），面弯、背弯均合格。

⑥ 为证实焊接接头的可靠性，还进行了多次强度极限试验，结果均在母材处塑断（焊接及热影响区无损），这进一步说明了焊

接接头的可靠性。

工艺评定试验结果证实，空心球的焊接采用 $CO_2$ 焊与焊条电弧焊复合焊方法是可行的，焊接质量是可靠的。

### （4）采用复合焊的优越性

该复合焊方法成功地应用于空心球焊接，同时也适用于其他焊接质量要求高的钢结构，与焊条电弧焊相比有以下优点。

① $CO_2$ 气体既可保护熔池不受其他有害气体的侵入，又可控制熔池温度，防止焊缝金属产生过烧，避免熔化金属下坠，产生焊瘤；同时 $CO_2$ 焊电弧热量集中，穿透力较强，焊接时根部能熔合良好，还能连续送丝，焊接接头少，对背面要求成形好的焊缝采用 $CO_2$ 焊进行打底焊是较好的选择。

② $CO_2$ 焊为明弧焊接，裸焊丝，在打底焊或填充焊时基本不需清渣，可连续焊接，这样不但减少了焊层间夹渣的可能性，保证了焊缝的内在质量，还提高了劳动效率。

③ 由于 $CO_2$ 焊所采用的焊丝较细（常用 $\phi 1.2mm$ 左右），电弧的覆盖面比焊条电弧焊相应要小，容易造成坡口边缘熔合不好，焊缝表面成形较粗糙等缺陷。因此对盖面层（坡口较宽的焊缝）的焊接采用焊条电弧焊方法，用较大直径焊条（$\geqslant \phi 4mm$）、较大焊接电流来焊接是一个好的选择。采用焊条电弧焊焊接盖面层与 $CO_2$ 焊相比，焊条往复摆动距离要小，坡口两侧熔合也好，焊缝表面也较光滑平坦，也适合球面焊接时的焊条摆动角度。

④ 制定合理的焊接工艺规程。在每焊接一种工件前（尤其是批量大、批量相同或类似的工件），应首先做好焊接工艺评定，选派操作技术比较熟练的焊工试焊，确定出合适的焊接参数，以点带面，大家执行，这样能有力地保证焊接质量。选用复合焊方法焊接空心球，其焊缝一次合格率达到 96％以上（Ⅱ级）。同时空心球焊接质量的稳定性也充分体现出执行焊接工艺的重要性。

⑤ 复合焊方法易于焊接生产管理，适于"一条龙"作业，在

空心球及其他钢结构的焊接中，由一名 $CO_2$ 焊焊工打底，可以同时满足 2～3 名焊条电弧焊焊工的填充盖面，焊接工作既有条不紊，又有利于焊接质量控制，同时也提高了工效。

### （5）几点体会

高效、节能、节材的 $CO_2$ 气体保护焊是一种先进的焊接方法。使用中如果措施采取不当，也会出现一些问题。

① $CO_2$ 焊要求焊接电流与电弧电压匹配适当，否则对飞溅、气孔、焊缝成形、电弧燃烧的稳定性都有很大的影响，为此，焊接时尽量采用短路过渡的熔滴过渡形式。

② 焊丝伸出长度要适当，如过长容易产生飞溅、气孔等缺陷，同时也会造成电弧不稳定，影响焊接过程的正常进行；如过短，电弧的吹力作用不好，对熔池的搅拌力下降，容易产生熔合不良等缺陷。合格的焊丝伸出长度一般为焊丝直径的 10～11 倍。

③ $CO_2$ 气体的纯度直接影响到焊接质量的好坏，要求 $CO_2$ 气体纯度大于 99.5％，含水量、含氮量均不得超过 0.05％，$CO_2$ 气体使用前必须经过提纯处理，瓶中剩余气体压力小于 1MPa 时不得使用。

④ $CO_2$ 焊停弧在引弧焊接前要将焊丝前端的熔球剪掉，并清理喷嘴内飞溅物等，防止飞溅物落入熔池，堵塞喷嘴，影响气体保护效果，产生气孔、夹渣等缺陷。

复合焊方法用于空心球及相应钢结构上的焊接，操作简便，容易掌握，易于推广，比只用焊条电弧焊焊接可提高工效 2～2.5 倍，降低成本 25％以上，焊缝一次合格率达到 96％以上。

##  88. 螺栓球网架支座与钢球焊接

在空间结构中，螺栓球节点网架由于其构造特点以及易于标准化和工厂生产，具有施工工期短、见效快、可靠性高等优点，越来越受到国内外用户的重视。

螺栓球网架支座（简称支座）是网架结构的重要支撑部件，它不仅要承受整个网架等结构、房顶盖板的重量，还要承受风雪压力以及动载荷，受力复杂，因而对支座焊接质量的可靠性要求极为严格（焊缝Ⅰ级）。支座节点的受力状况如图 6-7 所示。螺栓球材质为 45 钢，由圆钢实心锻造而成，直径为 $160 \sim 260mm$，底座为 Q235 钢板组对焊接而成，为满足螺栓球与底座组对焊接接头的设计要求，本例就 45 钢与 Q235 钢的焊接行进行了分析和研究，并通过工艺试验，证明了焊接工艺的可靠性，在天津 PU-3 网架支座的焊接中取得了满意的效果。

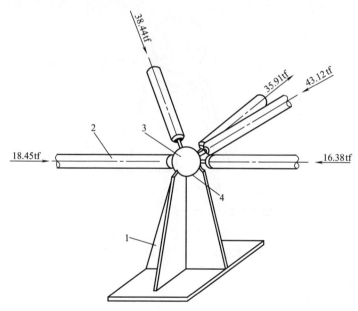

图 6-7　支座节点的受力情况

1—Q235 钢支座；2—杆件；3—45 钢球；4—焊缝

## （1）45 钢与 Q235 钢焊接特点分析

由碳当量 $C_{ep}$ 计算公式 $C_{ep}(\%) = C + Mn/6 + (Ni + Cu)/15 +$

(Cr＋Mo＋V)/5，得出 45 钢 $C_{ep}$＝0.6％，Q235 钢 $C_{ep}$≈0.193％。通常碳当量＜0.4％的钢材，淬硬倾向不明显，焊接性良好，而碳当量≥0.6％的钢材，淬硬倾向明显，焊接性较差，容易产生裂纹，需要采取严格的工艺措施。可见，45 钢焊接性较差，又由于螺栓球与底座接触焊缝排列形式为十字交叉（图 6-8），形状复杂，焊接时会产生很大的拘束应力，当时正值冬季，气温低，焊接工艺采取不当，焊接区域易产生淬硬组织，冷裂倾向很大。对此，从坡口形式、焊接材料、焊前预热、焊接方法、焊后处理等几方面综合考虑，从焊接工艺试验入手，制定焊接工艺。

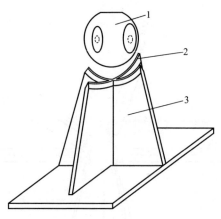

图 6-8　螺栓球与底座接触焊缝示意
1—螺栓球；2—十字焊道；3—底座

## （2）焊前准备

为了模拟支座焊接接头形式，采用平板对接 K 形坡口，角焊完成，试件为三组，试件尺寸为 200mm×120mm×20mm，详见图 6-9。要求试件无油、锈、水分等杂质，施焊处露出金属光泽。

选用抗裂性能和工艺性能较好的 $\phi3.2mm$、$\phi4mm$ 的 E5016 焊条，使用前经 350℃烘干 2h，随用随取。

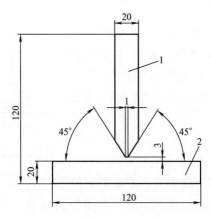

图 6-9 试件形式及坡口尺寸
1—Q235 钢板；2—45 钢板

选择焊接技术水平较高的焊工，以减少影响试验结果的人为因素。

在厂房内进行试焊。预热时主要加热 45 钢板一侧，尽可能使温度上升均匀。选择三种预热温度：Ⅰ 件 150℃、Ⅱ 件 200℃、Ⅲ 件 250℃。温度检测采用 TM-902C（日本产）接触式温度数字显示检测表。达到预热温度，立即施焊。

## （3）施焊

焊接电流：$\phi$3.2mm 焊条为 110～120A，$\phi$4mm 焊条为 140～160A。

① 打底焊。将试件垫成船形位置爬坡焊，使用 $\phi$3.2mm 焊条、单面焊双面成形短弧焊接。运条时两边稍慢，中间稍快，电弧紧贴坡口两侧各 3mm 处作小月牙形向上摆动，做到熔孔大小基本一致，背面成形和坡口两侧熔合良好。

② 填充焊。$\phi$4mm 焊条分段、对称堆焊方式完成，焊条作直线形或小圆圈形运动，这样可以减小焊接内应力，变形小，减小熔合比，而且坡口两侧熔合好，避免产生层间夹渣，其焊接顺序详见

图 6-10。

③ 盖面焊。将试件垫成船形上爬坡角度，φ4mm 焊条，采用月牙形运条，两边稍慢，中间快，均匀往上摆动焊接，使焊缝表面波纹细密，过渡圆滑。

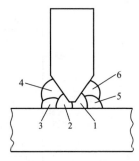

图 6-10　焊接顺序

### （4）焊后处理

每个试件应连续焊接，中途不得停顿，焊完检查确无气孔、裂纹、夹渣等缺陷后，立即埋入干石灰内，缓慢冷却。

### （5）评定

① 三组（件）试件以 GB/T 11345 为标准进行 100% 超声波检测，全部为Ⅰ级。

② 三组（件）试件宏观金相组织检验均无焊接缺陷，且焊缝熔合良好。

③ 分别取样进行硬度试验，硬度对比见表 6-4。结果表明，45 钢与 Q235 钢异种钢材焊接时，预热温度为 150～250℃，采取上述焊接工艺，硬度变化不大。

表 6-4　硬度试验结果

| 硬度 | 试件 | Q235 钢板一侧 | 焊缝 | 45 钢一侧 | 焊缝热影响区 |
|---|---|---|---|---|---|
| HB | Ⅰ | 118 | 168 | 198 | — |
| | Ⅱ | 119 | 150 | 195 | — |
| | Ⅲ | 122 | 157 | 190 | — |
| $HV_{10}$ | Ⅱ | — | 160 | 206 | 205 |

还进行了Ⅱ号试件的 $HV_{10}$ 硬度试验，其结果见表 6-4。由表 6-4 可见，45 钢热影响区与 45 钢母材一侧的硬度基本一致，淬硬

现象不明显。焊缝硬度高于 Q235 钢基体硬度，这是 45 钢与 Q235 钢稀释熔合的结果。

④ 金相检验。焊缝组织为柱状铁素体和珠光体，共析铁素体柱状析出，少量无碳贝氏体由晶界向晶内平行延伸。热影响区（45 钢一端）过热组织为网状铁素体和珠光体，极少量的魏氏组织。母材（45 钢）组织为铁素体和珠光体，部分魏氏组织。

⑤ 试件强度试验。为证实焊接接头的可靠性，特意制作了两组试件进行强度试验，结果均在 Q235 钢一侧发生塑断（焊缝及热影区无损），这进一步说明了焊接接头在使用上的可靠性。

### （6）结语

① 在制定 45 钢与 Q235 钢焊接工艺时，应主要考虑 45 钢的焊接特点。试验证明，只要严格执行焊接工艺措施，45 钢与 Q235 钢的焊接不易产生淬硬倾向和裂纹，其焊接接头质量完全能达到设计要求。

② 45 钢与 Q235 钢焊接时采用 E5016 焊条，直流反接，开坡口，焊前预热至约 200℃。焊接时采用适中的焊接电流，多焊道对称焊，减小熔合比，受热均匀，焊后缓冷，能有效地防止焊缝金属及热影响区产生淬硬现象。

某公司承建的 PU-3 网架工程共有支座 138 个，由于严格执行了上述焊接工艺，焊缝超声波检测均为 Ⅰ 级，合格率在 98.6% 以上，保证了质量，提高了效率。

## 89. 40Mn2 钢焊接

空心球胎具下模圈是制作大型空心球的关键部件之一，该部件对硬度及耐磨性均有较高的要求，为解决该部件所需原材料货源短缺、采购困难等问题，利用相同材质的废铸钢件切割、焊接而成，其形状如图 6-11 所示。

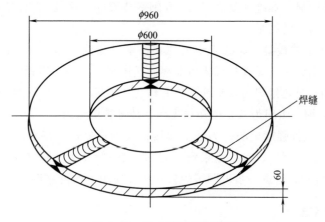

图 6-11　空心球胎具下模圈

在焊接过程中，克服了材料淬硬倾向大、易产生裂纹等困难，严格执行工艺措施，使焊接工作顺利进行，一次焊接成功（该下模圈共制作了 6 个）。

## （1）下模圈材料的化学成分及可焊性分析

40Mn2 钢的化学成分为 0.43％ C，0.39％ Si，1.85％ Mn，0.040％S，0.040％P，其余为 Fe。40Mn2 钢的 Mn 含量较高，使钢的淬硬倾向偏大。根据国际焊接学会推荐的碳当量计算公式，计算出该钢的碳当量为 0.74％，可焊性较差。

下模圈属厚大铸钢件结构，焊缝金属填充量大，焊接过程产生的结构性拘束应力也较大，因此焊接此类钢时必须采取合理的工艺措施，才能防止裂纹的产生。

## （2）焊接方法及焊接材料的选择

根据母材金属与焊接接头金属化学成分相近的原则，采用抗裂性能好、熔深大、效率高、焊接质量好的 $CO_2$ 气体保护半自动焊方法焊接，焊接材料选用 $\phi$1.2mm 的 H08Mn2SiA 焊丝，焊接设备采用 NEW-500 $CO_2$ 半自动焊机，直流反接，$CO_2$ 气体纯度不低于 99.5%，使用前进行提纯处理。

### （3）焊接工艺

① 坡口制备。为减少焊缝金属填充量，采用 X 形坡口，其形状如图 6-12 所示。

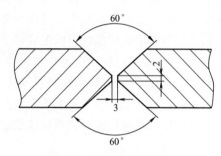

图 6-12　下模圈坡口尺寸

② 焊件清理。施焊前将已加工好的坡口及坡口两侧各 60mm 范围内用砂轮打磨至露出金属光泽，不得有锈蚀、氧化层、油污等。

③ 预热。焊前需预热，预热温度为 200℃，采用氧-乙炔焰加热坡口及其两侧各 200mm 的区域。预热有利于减少淬硬组织，防止裂纹的产生，并可提高接头的塑性。

④ 施焊。为控制焊接接头变形，采取合理的焊接顺序，进行对称的多层多焊道，焊接顺序如图 6-13 所示，焊接工艺参数见表6-5。

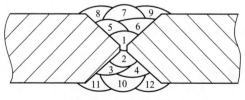

图 6-13　焊接顺序

表 6-5　焊接工艺参数

| 焊层 | 电弧电压 /V | 焊接电流 /A | 焊接速度 /(mm/s) | 气体流量 /(L/min) |
|---|---|---|---|---|
| 打底层 | 20～22 | 130～140 | 4.2 | 15 |
| 填充及盖面层 | 23～25 | 160～180 | 4.2 | 15 |

施焊时，打底焊要保证焊透，焊丝作小月牙形摆动，焊丝摆动到坡口边缘时稍停，以防边缘处夹角过深，造成夹渣、未焊透、熔合不良等缺陷。填充焊和盖面焊时采用直线形或划小圈摆动，在保证坡口两侧充分熔合的前提下，焊接速度快些，使母材尽量少熔化，以减小焊合比，有利于防止合金元素烧损及降低焊缝区域硬度。每焊完一层，用钢丝刷仔细清理，检查确无夹渣、裂纹、气孔等缺陷后，再进行下一层的焊接，施焊过程应连续进行，保持层间温度不低于预热温度，焊后自然冷却。

## （4）结语

焊后经硬度测试，焊缝硬度高于母材硬度。经两年多连续压制空心球壳，至今未在焊缝区内发现裂纹及磨损。

在母材淬硬倾向大及易产生裂纹的情况下，采用 $CO_2$ 气体保护半自动焊方法焊接 40Mn2 钢，取得了满意的焊接效果，且该焊接方法成本低，效率高，工艺简单，易于推广。

# 90.　空气锤下砧座焊补

某单位 750kg 空气锤，因使用多年，在砧座的燕尾根部产生长 370mm 的裂纹。该砧座材质为 ZG310-570，其形状及裂纹部位如图 6-14 所示。

## （1）焊前准备

① 将裂纹部位的锈蚀、油污等清理干净，使之露出金属光泽。

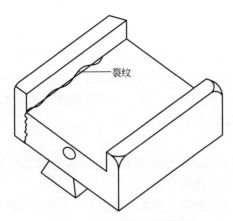

图 6-14　砧座形状及裂纹部位

　　② 将裂纹部位用碳弧气刨加工成钝边为 4mm 的双 U 形坡口，再用角向打磨机将渗碳层打磨干净。坡口形状与过渡层如图 6-15 所示。

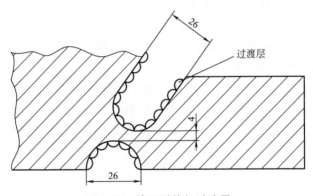

图 6-15　坡口形状与过渡层

　　③ 选用 AX-500 直流弧焊机，反接施焊。

　　④ 焊接时选用抗裂性能较好的 $\phi$4mm 的 E5016 焊条，使用前需经 350℃烘干 1.5h，100℃保温条件下随用随取，以确保焊接质量。

**（2）焊接工艺**

① 预热。用氧-乙炔焰将施焊部位加热到 150℃ 左右，力求温度上升均匀。预热的目的是减小焊接前与焊接过程中的温差，防止产生淬硬组织，形成裂纹；进一步清理焊接区域中的污垢及杂质，防止产生未熔合、气孔等缺陷。

② 施焊。

a. 过渡层的焊接。过渡层是保证焊接铸钢件使用性能、防止产生淬硬组织与裂纹的关键。

由于砧座为铸钢件，其晶粒较粗大，尤其在开坡口时发现有密集性气孔与铸造疏松、夹砂等缺陷，所以为使裂纹处（坡口面）熔合良好，提高焊接接头强度，将双 U 形坡口面均匀焊一过渡层（图 6-15）。

施焊时应采取合适的焊接工艺参数，控制熔合比，减少母材的熔入量。采用较小的焊接电流（145～160A），窄焊道（焊条不摆动），在保证熔合良好的情况下，焊接速度尽量快些。采用对称、分段、短段、跳焊方法进行，务必使焊缝表面平整光滑，弧坑要填满，各焊接接头要错开。

b. 填充层与盖面层的焊接。施焊方法和要求与前述相同。值得注意的是，由于裂纹处较厚大，应避免焊接变形。具体做法是采用对称焊减少热输入，同时根据砧座的变形状况随时变动焊接方向和部位来平衡，从而达到控制变形的目的。焊接顺序如图 6-16 所示。

**（3）焊后处理**

因该砧座壁厚、刚性大、焊缝填充量大，因而造成的焊接应力也较大，为消除应力，防止延迟裂纹产生，焊后应及时进行热处理。具体做法是，用地炉焦炭火将砧座整体加热到 650℃，随炉冷却，检查确无裂纹等缺陷后，用角向砂轮磨成要求形状。该修复件

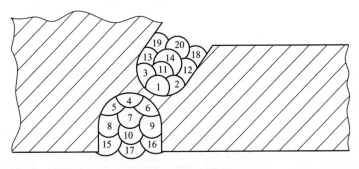

图 6-16　焊接顺序

使用多年均正常，未发现裂纹。

# ▶ 91. 漏水钢管道焊补

钢管道漏水一般有两种：一是锈蚀造成的点状泄漏；二是冻裂造成的裂纹状泄漏（一般是在有缝管的对接缝处漏水）。焊补这些漏水管道时，大部分管中存水或阀门不严，水从破裂处不断流出，如果直接施焊比较困难，经多年实践总结出以下几种焊补方法。

## （1）焊前准备

① 选用焊接性能较好的交流弧焊机及直径不大于 3.2mm 的 E4303 电焊条。

② 选用一套气焊（割）设备及工具以备预热时使用。

③ 将钢管道漏水处四周清理干净，不得有锈、氧化皮、油污等，使其露出金属光泽。

## （2）施焊

① 点状漏水管的焊补。根据漏水部位的形状及尺寸，将一小段钢筋或焊条头的端部打成尖状后用手锤打入漏水孔中，越紧越好，并立即用手工电弧焊进行焊接。施焊时电流要适中，过大易烧

穿，会形成更大的漏洞；过小易造成夹渣或熔合不良。一般 $\phi 2.5mm$ 焊条焊接电流为 85A，$\phi 3.2mm$ 焊条用 110A 电流进行焊接为宜。施焊过程中采用划操法引弧，焊条沿打入的焊条头作划圈式运条，以断弧法一点一点地快速焊接，掌握好焊接温度，防止烧穿（图 6-17）。

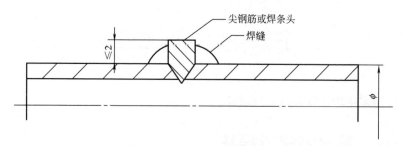

图 6-17　点状漏水管的焊补

②裂纹状漏水管的焊补。阀门不严或管内存水，沿裂纹处往外冒时，不要急于焊裂纹处，应先在裂纹处的两侧堆焊一层或多层焊道，使裂纹间隙逐渐缩小，然后用手锤锤击焊缝，使裂纹两边焊缝金属紧压在一起，尽量使水流变得小些，这时再焊接裂纹处。焊接顺序采用逐段退焊法为宜，这样做可使焊口间隙进一步收缩，使水流变小，有利于引弧，并维持正常焊接（图 6-18）。

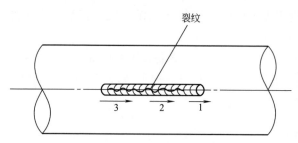

图 6-18　裂纹状漏水管的焊补

钢管内水压较大、水流也较急的情况下，应采用先在管道底部焊管头的截流法焊补。其方法是先在漏管下部、漏水部位的前方焊上一个或多个带螺纹的管头，然后增大焊接电流，从管头内部烧穿水管，使管内的水绝大部分从漏水处的前方泄出，以达到"截流"的目的，再按上述方法施焊。最后用管堵将带螺纹的管头封住（图 6-19）。

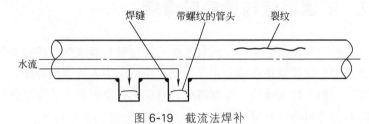

图 6-19　截流法焊补

当泄漏处周围锈蚀严重，容易被电弧烧穿而形成更大的漏洞时，应先用胶布一层压一层地缠紧泄漏处，使其不再泄漏，然后将一段能套住缠绕部位的钢管纵向割成两半，并将其置于焊补部位处定位焊（图 6-20）。焊接该套管时，先用气焊（割）炬将套管两端烧红，再由手锤收口，尽量与管道紧密贴合。先焊接两条环缝，后焊接两条横缝，在熔合良好的情况下，焊接速度应尽量快些，控制焊接温度不能太高，边焊边用冷水冷却，以防将胶布烧坏而封不住水。

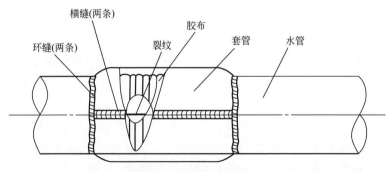

图 6-20　套管加固法焊补

在管道的泄漏部位靠墙或焊工视线受影响、不易操作的情况下，可先用上述截流方法把管内水放掉，再用气割方法在漏水处的上方或对面开一个"窗口"，将焊条伸入管内对泄漏处进行焊补，最后再把割掉的"窗口"按原样组对焊接。

##  92. 不锈钢管与紫铜管焊接

某单位在设备使用中发现有三个不锈钢管与紫铜管焊接接头出现泄漏现象，严重地影响了正常生产。先后组织人员多次补焊，由于工艺不当，均未成功。根据情况，采用挖补镶焊的工艺方法进行焊接，使管道得以修复。

### （1）原因分析

该管道三个泄漏焊口均为 $\phi 60mm \times 5mm$ 的 1Cr18Ni9Ti 不锈钢管与 $\phi 60mm \times 5mm$ 的紫铜管对接，采用黄铜焊丝钎焊而成。经分析焊接接头开裂及多次焊补没有成功的原因如下。

① 氧-乙炔焊方法热量不集中，火焰扩散面大，焊接时间长，易使不锈钢管与紫铜管对接接头两侧焊缝区域过烧，造成晶粒粗大，韧性和塑性降低。管道在长时间受压和泄压情况下工作，长期的膨胀与收缩，势必在薄弱部位亦即焊缝区域形成裂纹。

② 由于采用黄铜焊丝作为填充材料，过高的焊接温度易使填充金属中的锌蒸发、氧化，使焊缝中形成气孔，也会使焊缝组织疏松，从而降低了强度、塑性与韧性，最终使管道在使用中泄漏。

③ 用氧-乙炔焊方法焊接温度不易控制，温度过高或过低都能使焊接接头产生熔合不良或不熔合缺陷，也是泄漏的原因。

④ 管道内的液体及外界的水、油、杂质等渗入焊接区域中的气孔、粗大的晶粒空隙、疏松的组织中，也是造成泄漏的原因。

在几次的焊补中，上述缺陷均未得到彻底的处理，又形成新的气孔、熔合不良等缺陷，使焊补屡屡失败。鉴于上述原因，采用了以下工艺措施。

## （2）焊前准备

① 缺陷处的处理。用钢锯将管接头的焊缝区域完全切掉（切掉部分为 100～120mm），用同材质、同规格的不锈钢管进行镶焊。对接工艺详见图 6-21。管坡口的内外两侧应清理干净，使之露出金属光泽。

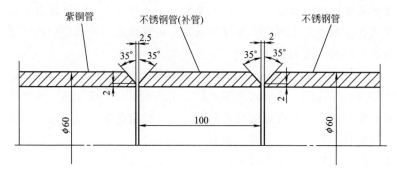

图 6-21　挖补镶焊组对尺寸

② 焊接材料和设备的选择。选用 φ3.2mm 的奥 102 和 φ3.2mm 的铜 307 焊条。奥 102 焊条需 150℃、铜 307 焊条需 300℃烘干 2.5h 处理，随用随取。

采用 AX7-500 直流弧焊机，反接施焊。

## （3）焊补技术要求

① 不锈钢管与不锈钢管的焊接。用 φ3.2mm 的奥 102 焊条，焊接电流为 90～100A，在坡口内引弧，先从管子底部 6 点位置往前 10mm 处起焊，焊完管半圈（12 点位置处往前 10mm），再焊另一半圈。施焊过程中宜采用断弧焊一遍成形，焊条划小椭圆向上运条施焊，焊条角度随管径变化而变化。因管径较小，施焊时焊接温度上升较快，为控制焊接温度，每次起弧、断弧时间间隔要长些（一般为 4s 为宜），每个熔池相互搭接 2/3 为宜，焊接电弧往下压，保持短弧焊，以利焊透，弧坑要填满。

② 不锈钢管与紫铜管的焊接。

a. 焊前预热。因紫铜的热导率大，焊接需进行预热。用氧-乙炔焰加热坡口及紫铜管一侧（火焰主要指向紫铜管的一侧），预热温度为 300～350℃ 为宜，并力求温度上升均匀。

b. 定位焊。由于紫铜的线胀系数大，因此焊接熔池金属在凝固时将发生较大的收缩应力，易造成裂纹，所以定位焊道较一般焊道要长些（每段长度 ≥15mm，高度 ≥3mm 为宜）。定位焊道不得有气孔、夹渣、未熔合、裂纹等缺陷。定位焊道的两侧应修磨成缓坡状，以利接头和熔透。

c. 施焊。用 $\phi 3.2mm$ 的铜 307 焊条，焊接电流为 100～110A，施焊过程与前述一样分两半圈进行，用断弧焊一个熔池叠一个熔池向上堆焊而成。在保证坡口两侧熔合良好的情况下，焊接电弧应偏向紫铜管一侧，每次起弧、断弧的间隔以 3s 左右为宜。为保证焊缝金属的致密性，减少缺陷，每个熔池要相互搭接 1/2 以上。焊接电弧要适当，过短会影响渣的上浮，形成夹渣、熔合不良等缺陷，焊接电弧长度要求保持不大于 4mm 为好。

施焊完，立即清渣，经检查确无气孔、裂纹、夹渣、弧坑、咬边、未熔合等缺陷后，立即用平头锤敲击焊缝，以消除应力，进一步增加焊缝的致密性，保证焊接质量。

## （4）焊后处理

将焊缝用砂轮或锉刀修磨成圆滑过渡状，高出管材表面 1.5～2mm 即可。

进行气压试验（工作压力为 0.6MPa），0.8MPa 稳定 10min 无渗漏。该管道修复使用多年未泄漏。

## （5）结语

用铜 307 焊条，采取上述工艺措施对 1Cr18Ni9Ti 钢管与紫铜管进行焊接，不受场地限制，简便易行，在没有氩弧焊等专用设备的条件下完全可以焊接上述异种材料，且焊接质量可靠。

# 93. 硬质合金刀片钎焊

硬质合金刀片主要是用钨、钴、钛等合金粉末冶金制作而成的，它强度高、耐磨损、耐高温，硬度也很高，适用于金属切削、石油钻探、采煤等行业中，尤其是在金属切削机械加工方面应用广泛。常用牌号有 YT5、YT14、YG3、YG6 等，一般刀具厂和使用刀具量多的车间，多采用高频感应加热炉成批钎焊硬质合金刀具。某单位在没有这种设备的情况下，采用氧-乙炔焰钎焊方法焊接，多年来车工、刨工反映良好。

硬质合金刀片氧-乙炔焰钎焊的主要问题是，如果焊接质量不好、工艺不当，使用时刀片就会脱落或破碎，经反复试验、认真分析，认为刀片在使用时自行脱落，是由于刀片与刀杆施焊前未清理干净，钎焊温度不合适（过高或过低），使刀片与刀杆之间的钎焊焊缝熔合不好所致。刀片破碎是由于刀片的线胀系数比刀杆的低，在钎焊过程中火焰温度控制不当和焊后冷却太快造成的，针对上述问题，具体做法如下。

## （1）焊前清理

用细砂布（纸）将硬质合金刀片和刀杆的接触面研磨去除其表面的氧化层、标记及油污，以保证钎焊时钎料能很好地润湿熔合刀片与刀杆的接触面，提高钎焊质量。

## （2）钎料及钎剂的选择

为减小内应力，应选用熔点不太高的锰黄铜钎料（料 104），熔化温度以 890～905℃为宜，该钎料流动性好、接头剪切强度高、塑性好，钎焊后刀片裂纹及脱焊现象少，钎焊质量高。

钎剂可用 100％硼砂（熔化脱水），也可用 60％硼砂＋40％硼酸配制，但用铜焊粉（粉 301）最好，因为其熔点较低，流动润湿、助熔效果均比前两种好。

## （3）钎焊操作工艺

施焊时，刀片与刀杆要摆正，其相对位置如图 6-22 所示。

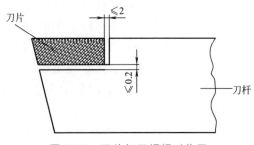

图 6-22　刀片与刀杆相对位置

钎焊温度和火焰形状大小对钎焊质量都有很大的影响，钎焊火焰应采用中性焰或轻微碳化焰。

施焊时首先将刀杆与刀片加热到约 650℃（暗红色），将铜焊粉撒到上面（密切注视温度的变化，不要等到温度过高产生氧化层后才放铜焊粉，否则会使刀片和刀杆之间的黏合力下降，熔合不好，使用时刀片就会脱落），此时应继续用火焰均匀加热刀杆，直到铜焊粉熔化润湿流动后，立刻用铜焊条（料 104）蘸铜焊粉沿刀片与刀杆的钎焊缝轻微擦抹，使钎料熔化渗入钎焊缝。

## （4）应注意的问题

① 刀片、刀杆之间不应有过多的钎料，亦即填充钎料在没有凝固之前，要用焊条的一端把刀片尽量摆正紧紧压住，使刀片与刀杆的焊缝越薄越好，这样做黏合好，反之会降低焊缝的强度，切削时稍微进刀就容易脱落。钎焊质量好的刀具，经砂轮刃磨后是一条细细的黄铜线，既美观，使用寿命又长。

② 钎焊时火焰的焰心距焊接面和铜焊条 10mm 为宜，火焰要

尽量避开刀片，以免温度过高，铜焊条熔滴一接触熔合面就滚滑掉，不黏合，温度高时刀杆或刀片呈亮白色。若发现温度过高，应立即停止焊接，待稍冷却后再继续焊接，否则越焊温度越高，表面越容易氧化，更不易黏合。

③ 加热时应使刀杆周围和刀片的温度上升均匀，减少刀片和刀杆之间的温度差，使其自由伸缩，不产生过大的内应力，刀片不产生微裂纹，因此加热时火焰应对准刀杆，使刀杆的热量和火焰的余热传递给刀片，如图 6-23 所示。

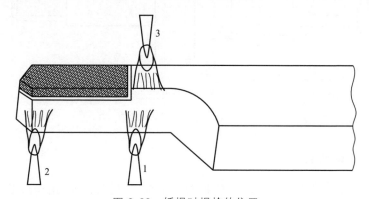

图 6-23 钎焊时焊枪的位置

1—加热刀杆侧面；2—加热刀杆底部；3—加热刀杆上面

④ 钎焊时，由于钎料（铜焊条）中含锌，锌蒸发时产生蓝火白烟，对人体有害，要在上风口施焊，并加强通风。

⑤ 焊接完毕应将刀具插入干白灰内，自然冷却，这对减小应力、防止裂纹有利。

氧-乙炔焰钎焊硬质合金刀具方法简单，容易掌握，质量可靠，不受场地限制，适用于没有高频感应加热设备的工厂。

## ▶ 94. 40Cr 钢与 40 钢焊接

某单位 63t 开式双柱固定台压力机长期使用后，主轴（材质为

40Cr 钢）断裂，如图 6-24 所示。该机承担任务重，而该单位的加工条件较差，为保证质量，尽快修复，采用镶补焊接后机械加工的方法。修复后运转情况良好，连续工作 6 年多，未在焊接处发现裂纹等现象。修复工艺要点如下。

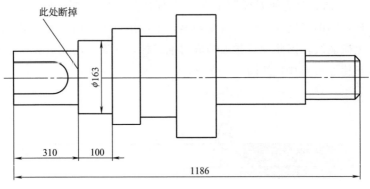

图 6-24　主轴断裂示意图

## （1）焊前准备

① 坡口及装配。为了使折断的主轴与对接圆钢（由于该单位没有 40Cr 圆钢料，所以用 40 钢料代替）能够组装在同一轴线上，把主轴与对接圆钢机械加工成图 6-25 所示的形状，然后进行热装。其步骤是用大号气焊枪将主轴断裂后加工好的一端加热到 450℃左右，加热长度为 50mm，使其产生热膨胀，立即用大锤把加工好的

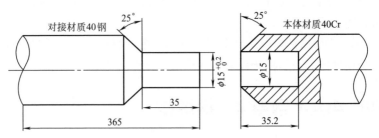

图 6-25　主轴与对接圆钢

圆钢楔进加工好的主轴中去，经检查确认垂直同心后待焊。

② 用钢丝刷清理坡口及坡口两侧各 10mm 范围，直至露出金属光泽。把组装好的主轴垫平、垫稳，并能随意转动，以利焊接。

③ 选用塑性、韧性及抗裂性较好的 $\phi 3.2mm$、$\phi 4mm$ 的结 507 焊条，均进行 350℃、1h 烘干处理，随用随取。

④ 选用 AX-500 直流弧焊机，直流反接。

⑤ 用石棉绳把主轴靠坡口一侧 60mm 处缠好，以防飞溅影响其光洁度。

## （2）焊接工艺

根据 40Cr 钢与 40 钢的焊接特点及其技术要求，做好以下几点。

① 预热与点固焊。用大号气焊枪对焊接部位预热，但预热温度不宜过高，约 200℃。然后用 $\phi 3.2mm$ 的结 507 焊条、焊接电流 100A 进行点固焊，焊点要长一些。

② 采用多层多道焊法，以减缓焊缝及热影响区的冷却速度，防止产生淬硬组织。其焊接顺序如图 6-26 所示。

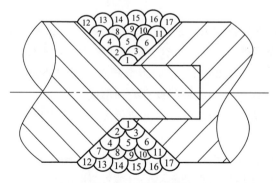

图 6-26　焊接顺序

为防止第 1 层焊道产生裂纹，在保证母材熔透，避免产生焊接缺陷的同时，尽量选用小直径焊条（$\phi 3.2mm$）、小电流（90A 左右）、慢焊速，以减小熔合比，增加熔敷金属量。以后各层的焊接均采用 $\phi$4mm 的焊条，焊接电流为 135A。焊接时最好一人焊接，一人配合转动，使焊接点始终保持上立焊位置。

③ 采用短弧焊，焊条划小圈摆动，收弧要慢，弧坑要填满。每焊完一道要认真清理焊渣，检查确无气孔、裂纹、夹渣等缺陷后，再焊接下一道。

④ 每层焊道接头之间要错开 30mm 以上。整个施焊过程均为连续焊接，不得中断，表面焊缝不得咬肉，要高出主轴平面 2～3mm，以保证加工后的使用强度和光洁度。

### (3) 注意事项

① 焊接时不要在主轴焊口外侧乱引弧和熄弧。

② 焊接场所要在室内，不要在风口处焊接。

③ 焊后立即用大号气焊枪把焊口温度加热到 400℃以上，再随室温冷却。

## 95. ZG45 液压件壳体裂纹焊补

某液压件壳体较大，使用中在壳体表面上发现一条长 110mm 的裂纹，先后进行了两次焊补。由于工艺不当，不但没有焊好，反而使裂纹增长到 250mm 左右，经分析找出了焊补失败的原因。

① 前两次焊补裂纹缺陷没有处理彻底。

② 焊接方法不当，焊接时电流较大，又连续焊补，热输入大，造成热应力也大。

③ 该壳体是铸钢件，铸造疏松、气孔等缺陷必然存在。

④ 该件使用压力也较大（50MPa），使用时压力上升，泄压频繁，造成了疲劳强度下降。

⑤ 先后两次焊补造成的焊接应力叠加，形成应力扩散。

以上种种原因，使该件重复开裂（开裂部位均在焊缝与母材相交的边缘）。根据上述情况，采取了以下返修方案。

## （1）裂纹焊缝的处理

将裂纹与焊缝用碳弧气刨清理干净，并用手提砂轮将渗碳层打磨干净，使之露出金属光泽。

## （2）焊接设备及材料

选用 ZX5-400 焊机，直流反接，选用纯奥氏体 A502 不锈钢焊条（$\phi$3.2mm），焊前焊条经 250℃烘干 1h，E4316 焊条（$\phi$3.2mm）焊前经 350℃烘干 1h，随用随取。

## （3）施焊

① 将施焊区域预热至 150℃左右，用 A502 焊条将坡口焊一层过渡层，厚度为 3～4mm，然后用 E4316 电焊条填充、盖面，如图 6-27 所示。

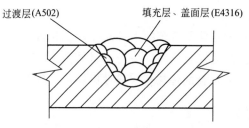

图 6-27　过渡层与填充层、盖面层

② 施焊电流要适中，A502 焊条的焊接电流为 90～100A，E4316 焊条的焊接电流为 100～110A，在保证熔合良好的情况下，焊接速度稍快些。

③ 整个施焊过程要分段，短焊道，每根焊条分 3 次焊完。焊条不摆动，每段焊完，应立即锤击。层间温度控制在 250℃以下，目的是减少热输入，降低焊接应力。

④ 工件焊后，自然冷却，检查确无裂纹、气孔等缺陷后安装使用，使用多年无泄漏现象。

 **96.** **载重汽车中（后）桥轴管（头）断裂处焊接**

某类载重汽车在行驶中，经常发生中（后）桥轴管（头）断裂的情况，如图 6-28 所示。

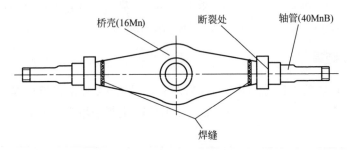

图 6-28　载重汽车后桥轴管断裂位置

中（后）桥是载重汽车的重要部件，它的制造和修复质量好坏直接影响着汽车的安全行驶。桥壳的材质为 16Mn，轴管的材质为 40MnB，桥壳与轴管的焊接属于异种钢焊接，且焊接性较差。

### （1）焊前准备

① 用氧-乙炔切割方法将轴管沿原焊缝中心处割掉，切割时应注意不要将桥壳与轴管组对的衬套割坏，内衬套（管）是起组对、找正作用的部件。切割出坡口，如图 6-29 所示。

② 用角向砂轮磨光，露出金属光泽，并按原尺寸组对（加焊接收缩量）。

③ 选用 ZX5-400 焊机，直流反接，选用 $\phi 3.2mm$、$\phi 4mm$ 的 E6015 焊条，350℃烘干 1.5h，随用随取。

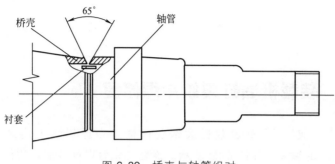

图 6-29　桥壳与轴管组对

## （2）施焊

① 将施料区域用氧-乙炔焰均匀预热至 250℃左右。

② 整个焊接过程分两个半圈，共分三层完成，为防止第一层焊道产生裂纹、未焊透、夹渣等缺陷，焊接电流要适中。采用 $\phi 3.2mm$ 焊条，焊接电流为 110A 左右，焊接速度应慢些，增加熔敷金属量。第二层焊接时，采用 $\phi 3.2mm$ 焊条，焊接电流为 110～120A，采用锯齿形运条法，焊条摆到坡口两侧应稍停，使坡口两侧熔合良好，避免坡口两侧出现死角，防止夹渣缺陷。第三层采用 $\phi 4mm$ 焊条，焊接电流为 150～160A，运条方式为锯齿形，横向摆动，焊接电弧过坡口侧 1～1.5mm，并稍作停留，给足坡口两侧铁水，防止咬边现象的产生，弧坑要填满，表面层焊缝应高出母材 1.5～2mm。

## （3）注意事项

① 不应在焊接坡口以外的轴管表面引弧，造成弧疤，以免损伤工件表面和产生淬硬组织，同时要保护好轴管端头的螺纹，防止电弧划伤。

② 层间温度不得低于 200℃，整个焊接过程一气呵成，中途不得停顿。

③ 焊后立即用氧-乙炔焰将焊接区域均匀加热到 350℃，自然

冷却。

用该方法先后焊接各种轴管 100 余根，无一根出现裂纹等缺陷，使用正常。

# ▶97. 装载机油缸裂纹冷焊修复

某厂成工 50 型装载机大铲起落油缸在原焊缝上出现一条 210mm 的裂纹，如图 6-30 所示。该裂纹先后焊补两次，均没有使用多长时间（14～21 天）又重新裂开。采取以下返修焊接措施，使用多年没有出现裂纹。

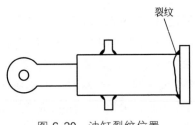

图 6-30　油缸裂纹位置

### （1）焊前准备

① 将裂纹处用氧-乙炔焰切割干净，并用手砂轮清理氧化物，使之露出金属光泽。

② 根据中碳钢的焊接特点（油缸材质为 45 钢），采用 A302 奥氏体不锈钢焊条，这种焊条抗裂性好，焊接中碳钢时，在焊前不预热、焊后不处理的情况下，也不易产生裂纹。焊前应经 250℃烘干 1h，随用随取。

③ 选用 ZX5-400 弧焊机，直流反接。

### （2）施焊

① 预热。焊前重新将施焊区域用氧-乙炔焰加热到 250℃左右。

② 待焊补区域冷却到 50℃左右（不烫手）时进行焊接。施焊方法采用多层多道焊，控制热输入，在保证熔合良好的条件下，尽量采用较小的焊接电流（$\phi3.2mm$ 的 A302 焊条，采用 100～110A 的焊接电流）。焊接速度稍快些，焊条不摆动，每段焊缝控制在 60mm 左右，冷却到 50℃左右，再焊下一段，每焊一段，应立即锤击，接头要错开，填满弧坑。

**（3）焊后处理**

焊补后，用角向砂轮打磨焊缝，将焊缝余高多余部分磨去，与原焊缝接触部分圆滑过渡，并检查确无气孔、裂纹等缺陷后，再装机使用。

## ▷98. 带锯条 TIG 焊

在木材加工业中，使用的带锯经常发生断裂，传统的焊接方法是采用钎焊进行焊接，但焊接质量不稳定，使用周期不长，还容易在施焊部位断裂。采用 TIG 焊焊断锯条，不但焊接质量好，使用周期长，而且操作方便，焊接成本也低。其做法如下。

**（1）焊前准备**

① 将断锯条用角向砂轮磨成 45°接口（图 6-31），不需要磨坡口。

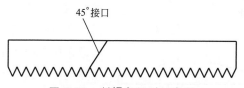

45°接口

图 6-31 断锯条组对示意图

② 采用 TIG-300 钨极氩弧焊机，直流正接。选用 $\phi2mm$ 的 0Cr18Ni9 不锈钢焊丝。

### （2）施焊

① 焊接参数：焊接电流 50~60A，钨极直径 2.5mm，氩气流量 10L/min。

② 将断锯条组对，间隙为 0~0.5mm，在焊缝背面垫厚度≥10mm 的紫铜板。

③ 施焊过程中尽可能少加焊丝，保证焊缝齐平于锯条平面即可。

④ 在保证熔透、熔合良好的情况下，施焊速度要快些。起弧与熄弧处焊缝应饱满，不得有缺口。

⑤ 焊后立即锤击，减小焊接应力，平整焊缝，校正变形。

⑥ 焊后不进行热处理，自然冷却后，磨平即可上机使用。

该方法修复的木工带锯条与新锯条有同样的使用效果，也适用于高速钢锯条的焊接。

## ▷ 99. 重型钢轨焊接

推焦机是焦化厂生产焦炭的主要设备，为提高推焦机行走的平稳性和设备的使用寿命，要求重型钢轨（QU80）接头不能用夹板连接，要采用焊接方法进行连接，但如焊接工艺不当，极易在焊接过程中或在焊后运转使用中产生裂纹。在多项焦化工程施工中，某单位焊接的钢轨接头经多年运转使用，其焊接质量是可靠的。钢轨尺寸如图 6-32 所示，焊接

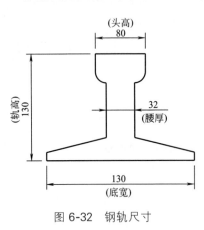

图 6-32　钢轨尺寸

工艺如下。

## （1）焊前准备

① 用氧-乙炔火焰切割坡口，各部分坡口角度见表 6-6，用角向砂轮磨去氧化层，并露出金属光泽，然后将两根钢轨垫平找直，预留 2～2.5mm 间隙。

表 6-6  坡口角度

| 坡口位置 | 坡口形式 | 坡口角度 |
| --- | --- | --- |
| 头高 | V | 50° |
| 腰厚 | X | 60° |
| 底宽 | V | 60° |

② 采用 ZX5-400 弧焊机，直流反接。选用 $\phi$3.2mm、$\phi$4mm 的 E5015 焊条，随用随取。

## （2）施焊

① 用大型焊机将钢轨焊接区域预热至 200℃ 左右，立即定位焊，随后用 $\phi$3.2mm 焊条、焊接电流 130～140A 进行第一层的焊接。

② 焊接顺序为先焊底宽位，后焊腰厚位，然后再焊头高位，底宽位与腰厚位由两名焊工同时对称焊接，以减小焊接应力，防止裂纹的产生。

③ 每焊完一层要认真清渣，并锤击焊缝。注意运条手法，防止夹渣缺陷的产生。

④ 除第一层焊缝外，其余各层均采用 $\phi$4mm 的 E5015 焊条，焊接电流为 160～180A，直至将坡口填满，并高出钢轨平面 2mm 左右，不得有咬边缺陷。

⑤ 最后对底宽位与头高位进行封底焊。

## （3）焊后处理

① 将焊缝两侧 200mm 处加热到 600℃ 左右，立即用干燥石灰

覆盖加热区，进行缓冷。

② 冷却后，将钢轨头高位焊缝磨平，安装使用。

# >100. 汽车半轴焊接

汽车半轴的损坏往往是由于超载、轴承松动、熔蚀或驾驶操作不当使半轴转动时摆扭而折断，常见的断裂部位如图 6-33 所示。

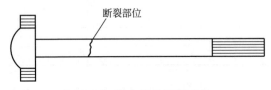

断裂部位

图 6-33 汽车半轴断裂部位

汽车半轴是调质钢，如焊接工艺不当，在焊接区域易产生淬硬组织，焊后变形过大，在使用中产生脆断。针对这种情况，采取以下焊接修复措施，取得了满意的效果，尤其对一些进口车半轴的焊接修复效果更为明显。

## （1）焊前准备

① 将半轴按原来形状对好，做好标记（十字线）。

② 在半轴断口处各钻一个直径 10mm、深 25mm 的中心孔，同时在车床上加工出 30°坡口。

③ 车制一个直径 $(10+0.05)$mm、长 52mm 的销钉。

④ 将半轴断口长 30mm 处用氧-乙炔焰加热到 350～400℃，立即将销钉插入两半轴内（按十字线组对），间隙为 2～2.5mm，如图 6-34 所示。

⑤ 立即将组对好的半轴在车床上夹正，另一头用车床顶尖顶住原半轴的中心孔，同时将一块薄钢板或石棉板盖在焊缝（半轴焊

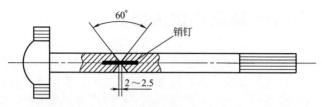

图 6-34  汽车半轴组对示意图

口）以下的车床滑轨上，以防焊接飞溅损伤轨面。

⑥ 采用 ZX5-400 弧焊机，直流反接。选用 $\phi3.2mm$、$\phi4mm$ 的 E6015 电焊条，350℃烘干 1.5h，随用随取。

## （2）施焊

① 车床慢速转动，使半轴自然校直，立即定位焊（对称点）4 点。第一道焊缝采用 $\phi3.2mm$ 焊条，焊接电流为 110A；其余各层采用 $\phi4mm$ 焊条，焊接电流为 145～150A，连续焊接，中途不停顿。

② 施焊时注意车床转速应与焊条摆动速度相吻合，焊接位置选在半轴坡口的 9 点位置至 10 点位置。

③ 采用月牙形摆动运条法，焊条摆动至坡口两侧稍停，使坡口两侧熔合良好，防止夹渣，同时每焊完一层，要检查半轴的平行度，灵活地调整焊接方向与位置来平衡，校正半轴因焊接而引起的变形量。

④ 各层接头要相互错开，弧坑要填满，表面焊缝要高出半轴表面 2～3mm，并防止咬边缺陷的产生。

## （3）焊后处理

① 将焊好的半轴立即从车床上取下，并用氧-乙炔焰将焊接区域重新加热到 650℃左右，用干燥石灰覆盖，自然冷却。

② 冷却后，重新装上车床，加工成半轴原直径尺寸。

# ▶ 101. 35Mn 铸钢件焊接修复

动颚板是石料破碎机的重要部件，材质为 ZG35，属合金结构钢。由于该件在反复受冲击、压力、摩擦的工作条件下，容易产生裂纹，甚至断裂时有发生，严重影响了石料厂的正常生产，同时该件价格昂贵，采购也较困难。该铸钢件碳当量较高（约 0.6%），焊接时如方法不当，极易产生淬硬组织、产生裂纹（有的动颚板先后焊接了 4 次，均产生裂纹）。经探索、试验采取以下焊接工艺方法，对多台石料破碎机的动颚板进行了焊接修复，使用良好，有的使用 2 年多未在焊接区域开裂，收到了良好的效果。动颚板形状及常产生裂纹的部位如图 6-35 所示。

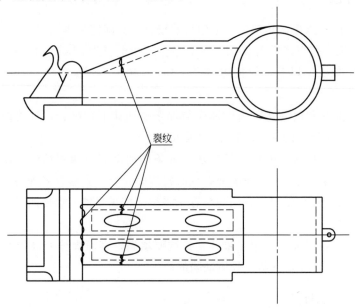

图 6-35　动颚板形状及裂纹产生部位

## （1）焊前准备

① 选用 ZX5-400 弧焊机，直流反接。

② 选用 $\phi 4mm$ 的 E6015 焊条进行焊接，焊条烘干条件为 350℃、1.5h；选用 $\phi 4mm$ 的 D207 焊条进行表面的堆焊，增加硬度，焊条烘干条件为 250℃、1.5h，随用随取。

③ 根据动颚板裂纹的部位用氧-乙炔焰开 V 形或 X 形坡口，并将坡口及坡口两侧各 60mm 范围内的油污、铁锈及氧化皮清理干净，使之露出金属光泽。

④ 焊接部位预热温度为 150℃左右。

⑤ 要求定位焊缝长度≥20mm，高度≥4mm，以防止裂纹。定位焊的两端磨成缓坡状，以利接头。

**（2）施焊**

① E6015 焊条的焊接。施焊时应尽量减少热输入，减小熔合比。具体做法是，先焊过渡层，然后再进行多层多道焊，焊条不摆动，以直线或划小圆圈运条方式为宜。在保证熔合良好的情况下，焊接电流应小些（$\phi 4mm$ 焊条焊接电流为 150～160A），焊接速度快些，每焊完一道，应立即清渣，并及时锤击焊缝及热影响区，发现气孔、夹渣、熔合不良等缺陷，要认真处理后重焊。焊接过程不中断、填满弧坑，焊至离动颚板表面 2～3mm 停焊，如图 6-36 所示。

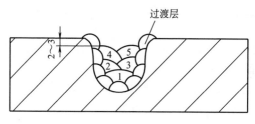

图 6-36　焊接顺序

② D207 焊条的焊接。为增加动颚板表面的耐磨性，用硬度较高的 $\phi 4mm$ 的 D207 焊条堆焊图 6-36 中预留的 2～3mm 焊层。焊接电流不宜太大（150A），同时在保证熔合良好的情况下，焊接速

度也应快些，堆焊时焊条不摆动，以直线运条为宜，焊接速度要均匀，做到层与层搭接平整光滑，不得有夹渣等缺陷，熄弧时要填满坑，防止产生弧坑裂纹。

### （3）焊后处理

为消除应力，均衡组织，焊后及时将焊缝及其附近 200mm 范围用氧-乙炔火焰加热到 600～700℃，立即用干燥石灰覆盖，自然冷却后装机使用。

##  102. 不锈钢与低碳钢裂纹焊补

某宾馆大型进口洗衣机在长期使用中滚筒（外壳）焊缝产生裂纹，泄漏严重，不能使用。外壳由板厚 2mm 的 1Cr18Ni9Ti 不锈钢板卷制后与板厚 6mm 的低碳钢墙板焊接而成（T 形焊缝），而产生裂纹的部位就在 T 形焊缝中，该裂纹部位先后返修焊补过四次，每次返修后均用不了多长时间（最多使用不超过一个月），裂纹已从第一次焊接时的 210mm 发展到 560mm 左右。经采取控制线能量、减小焊接应力等措施，该洗衣机滚筒得到修复，连续使用两年多未发现裂纹，具体工艺如下。

### （1）焊前准备

① 将裂纹处焊肉用角向砂轮打磨干净，并用丙酮将打磨处进行清洗，不得有污物。

② 选用 ZX5-400 弧焊机，直流反接。选用 $\phi$2.5mm 的 E309Mo-16（A312）不锈钢焊条，焊前经 300℃烘干 1h，随用随取。

③ 将焊缝以外离不锈钢滚筒面板 150～200mm 处涂白灰，防止飞溅损坏母材。

### （2）施焊

① 焊接电流：85～90A。

② 定位焊：每隔 60～80mm 定位焊一点，长度为 20mm，高度小于 3mm，定位焊缝两端打磨成缓坡状。

③ 焊接第 1 道焊缝采用分段退焊法，每焊一根焊条为一段，电弧要短，焊条作月牙形小摆动，在保证焊缝两侧熔合良好的情况下，焊接速度尽量快些，如图 6-37 所示。

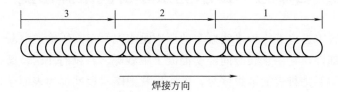

焊接方向

图 6-37 分段退焊法

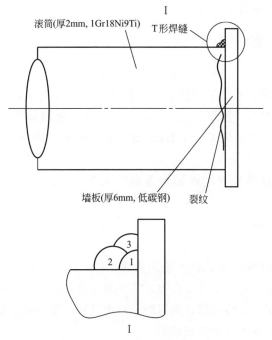

图 6-38 裂纹位置与焊接顺序

④ 第 2 道与第 3 道焊缝排列如图 6-38 所示，各接头要错开，层间温度小于 100℃，熄弧时要填满弧坑。

⑤ 注意搭接线位置要合适并牢靠，防止电弧划伤滚筒表面。

⑥ 焊后自然冷却，用砂轮将焊缝打磨至圆滑过渡。

##  103. 日本五十铃水泥泵车群阀堆焊修复

日本进口五十铃水泥泵车的群阀是水泥泵车高压输送混凝土的重要部件，它由于长时间经受混凝土中砂砾、石粒的冲刷，磨损严重，需要进行表面堆焊修复，群阀形状图略（因堆焊为表面层，形状图无关紧要）。在堆焊时产生裂纹，甚至有的焊道出现剥离现象。群阀材质无技术资料可查。经研究分析采取以下方法堆焊，没有出现裂纹，使用效果良好。

### （1）焊前准备

① 选用 ZX5-400 弧焊机，直流反接。

② 选用具有良好塑性、冲击韧性和抗裂性的 $\phi$3.2mm E4315（结 427）焊条，使用前经 350℃ 烘干 1.5h。选用熔敷金属硬度较高（$\geqslant$55HRC）的 $\phi$4mm D322 焊条，焊前经 250℃ 烘干 1h，随用随取。

③ 将群阀堆焊的焊道用角向砂轮彻底磨去，使之露出金属光泽。

### （2）施焊

① 将群阀用氧-乙炔火焰预热到 250～300℃，其目的是提高群阀整体温度，对减小焊接应力、防止裂纹有好处；进一步烧去渗进群阀内的水分、油污等，也对防止产生气孔、裂纹有好处，同时能防止产生熔合不良等焊接缺陷。

② 过渡层的焊接。先用 $\phi$3.2mm 的 E4315 焊条均匀堆焊一层

过渡层，要求降低稀释率，减小熔合比。其做法是，在熔合良好的情况下，尽量选用较小电流（$\phi$3.2mm 焊条焊接电流为 125～135A），快速焊、窄焊道、焊条不摆动，以直线或划小椭圆往返运条为宜，要求堆焊层各焊道间排列整齐，不得有过深（小于1.5mm）的沟棱出现，焊道与焊道之间的余高差应小于 1.5mm。

③ 覆层的焊接。过渡层焊完要认真清渣，确认无裂纹、夹渣、未熔合等缺陷后，用 $\phi$4mm 的 D322 焊条进行覆层堆焊，焊接电流为 160～170A，其焊接方法与过渡层焊接时相同。

### （3）焊后处理

焊完覆层也要认真检查，确认无裂纹、夹渣等缺陷后，立即将群阀埋入干燥石灰中进行缓冷，再装机使用。

## ▷104. 钛及钛合金管焊接

钛及钛合金有优良的耐腐蚀性，而且具有密度小、强度高等特点，目前已广泛应用于导弹、航空、造船、机械制造工业及制作防腐的化工设备。但是钛及钛合金的化学活性很强，到 400～600℃时能与空气中的氧气、氢气、氮气等结合而发生反应，使钛及钛合金的性能显著下降，所以，钛及钛合金焊接时不宜采用氧-乙炔焊、焊条电弧焊、$CO_2$ 气体保护焊等方法，为获得优质的焊接接头，必须采用合适的工艺方法。

### （1）焊接方法与焊接材料的选择

根据钛及钛合金的焊接特点，采用手工钨极氩弧焊（TIG焊），直流正接。焊接材料可选用与焊件同牌号、塑性较好的钛及钛合金焊丝（钛及钛合金焊丝牌号很多），焊接纯钛时所用的焊丝，纯度不得低于母材，焊接钛合金时，焊丝中的合金元素含量应和母材相符或稍高于母材。氩气纯度应不低于 99.99%。

**（2）焊前准备**

① 坡口形式与不锈钢管或碳钢管坡口基本一致。

② 焊口与焊丝的清理对钛及钛合金的焊接质量影响很大，母材表面的氧化层、油脂、污物及水分等杂质，在焊接过程中，易产生气孔和非金属夹杂，使焊缝塑性、耐腐蚀性及强度显著下降。清理的方法有以下两种。

a. 机械清理：用机械切割加工或不锈钢钢丝刷清理，露出金属光泽。

b. 化学清洗：对焊口区域及焊丝进行酸洗，主要是去除其表面的氧化膜，直至呈银白色金属光泽为止。酸洗后，应在流动的清水中洗净酸液并用干净白布擦干。酸洗液配方及酸洗时间见表 6-7。

表 6-7　钛及钛合金酸洗液配方及酸洗时间

| 序号 | 酸洗液配方 | 酸洗时间 |
|---|---|---|
| 1 | 盐酸 250mg/L，氟化钠 50mg/L | 室温酸洗 15～20min |
| 2 | 氢氟酸 20%，硫酸 30% | 溶液温度 25～30℃，酸洗 15～20min |

机械清理或化学清洗后，焊前还需用丙酮或酒精再擦拭一遍焊口和焊丝，方能焊接。

③ 施焊时，除焊缝要有良好的保护外，其背面也要通氩气保护，以防止焊缝背面在高温时氧化。其内保护装置与小口径不锈钢管焊接相似。

④ 选用铈钨极，磨成尖锥形，其端头直径应小于 0.5mm，长度为 10mm，注意锥度不要偏心，以防偏弧。

**（3）施焊**

钛的热导率较低，焊缝和近缝区因在高温停留时间长，会产生金属过热和晶粒粗大现象，同时由于热影响区的扩大，焊接应力也会增加，造成裂纹或变形过大，因此采用断续焊的操作方法。具体做法是采用左向焊，焊枪喷嘴尽量与被焊工件垂直，钨极伸出长度和喷嘴离焊件表面距离尽量小，以获得良好的氩气保护效果，焊接电流比焊接碳钢或低合金钢时大 10%～15%，施焊时，待工件熔化形成熔池，再在熔池的前面填送焊丝，当焊丝与母材熔合良好时立即断弧，这时焊枪不能马上抬起，应继续用氩气保护焊接区域（应调节焊机上的氩气延时钮，适当地延长氩气保护时间），待熔池在氩气保护氛围下温度逐渐下降后，再引燃电弧继续焊接，就这样引弧→焊接→断弧→冷却（氩气保护氛围下）→引弧→焊接→断弧→冷却……一个熔池压一个熔池地断续焊接，直至将焊口焊完。这种焊接方法的好处是不用氩气保护拖罩，焊接轻便，保护效果也好，能保证焊接质量。

从焊缝表面颜色可以断定钛及钛合金管的焊接质量与氩气保护效果的好与坏。如焊缝呈银白色或金黄色，说明焊缝质量优良；而呈蓝色或青紫色（花色），甚至灰白色，说明氩气保护不好，不能继续焊接，需要从焊接工艺与操作上找原因，改正并修复后，方能继续焊接。

## （4）注意事项

① 为扩大氩气保护范围，加强保护效果，应选用较大直径的喷嘴。

② 应防止"打钨"现象出现，如有发生，应立即清理干净，同时也要更换钨极或磨制钨极端头。

③ 焊丝应始终在氩气保护范围内，防止焊丝端头氧化。

④ 填送焊丝要适宜，焊丝要一滴一滴沿熔池的边缘慢送入，防止温度变高，产生氧化。

⑤ 填满弧坑，防止产生弧坑裂纹。

⑥ 特别强调，断续焊的目的就是控制焊接温度，加强施焊点

（区域）的氩气保护效果，切勿性急，要一个熔池一个熔池地进行焊接，否则发挥不了断续焊不用氩气拖罩的优势。

## 105. 高炉热风口法兰开孔和焊接

在高炉工程的安装施工中，加工众多的工艺管道与炉体连接处的相贯线切口，是一项繁琐且有较高技术要求的工作。若工艺方法不当，将难以保证设计要求的开口位置及几何尺寸。尤其是热风口的开口切割要求更为严格。如偏差超限过大，将会影响高炉内设计预想的供风及燃烧状况，造成高炉炼铁利用系数下降，降低高炉的使用寿命。做好测量→划线→切割开孔→焊接等工作是制造安装高炉的关键，关系到高炉投产后的经济效益。

下面结合某公司承建的某厂 $750m^3$ 高炉的实际经验和体会，归纳形成如下工艺方法。

### （1）位置误差超限原因

造成高炉炉体开孔（以高炉热风口和煤气上升管开孔为例）位置误差超限的主要原因如下。

① 测量与放线方法不当（主要是测量的参照基准选择不当）。

② 由于炉壳卷制和焊接造成的椭圆度误差。

③ 由于切割工艺不当，造成孔径不合适，经修正切割后引起相对位置误差（如修正一个热风口，造成位置偏移后，其他风口也需修割，才能保证各封口的相对位置）。图 6-39 所示为理想切口与不正确切割高炉炉壳面切口的示意图。

④ 焊接热风口部件（风口法兰）造成的焊接变形（如修割后的风口与法兰焊接时势必加大焊接填充量，这是焊接变形不易控制的主要原因）。

⑤ 检查方法不当。没有对风口中心线汇交精度（≤$\phi10mm$ 区域）复测。

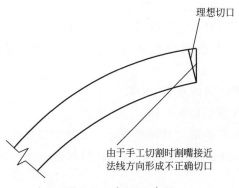

理想切口

由于手工切割时割嘴接近
法线方向形成不正确切口

图 6-39　切口示意图

## （2）测量划线、切割开孔

参考以往的经验做法，采用高炉炉体全部制作安装，焊接完成后，再按实际情况测量→划线→打中心孔→切割→焊接的工艺流程进行。这样既保证了开孔位置的准确性，避免了以往炉体上过大的积累误差，又保证了热风口部件的位置要求。具体做法如下。

① 风口的测量与划线。确定各孔中心，钻 $\phi 5.2mm$ 中心孔。

② 过中心孔拉钢线检测汇交精度。

③ 为确保切割的准确性，自行设计制作了一套切割开孔的专用工具，如图 6-40 所示。该工具可以模拟贯入炉体的管壁，在炉

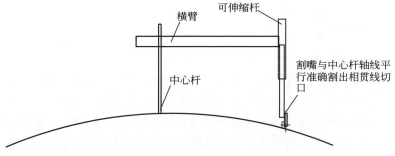

横臂

可伸缩杆

中心杆

割嘴与中心杆轴线平行准确割出相贯线切口

图 6-40　专用工具切割热风口示意图

体上切割出符合装配方向的相贯线切口。

④ 用切割机具按给定的圆心和半径划线，并用样冲打标记。

⑤ 炉体所有热风口检查确实无误后，在中心孔上攻螺纹（M6）。

⑥ 将切割工具固定于中心孔。

⑦ 按划线调整切割工具的运动半径。

⑧ 切割时应由两人共同操作，一人持割枪操作，另一人协助配合。切割人员必须持有气焊（割）操作合格证，而且切割技术熟练。

⑨ 氧-乙炔设备要完好无损，尤其要求割嘴应选号准确，畅通无阻，锋线笔直。

⑩ 切割的要领是，两人密切配合，沿划线匀速运行割炬，操作者要"听""看"相结合。"听"是听切割时所发出的"噗噗"声，这表明已割透，并且割炬运动速度适宜；"看"是看炉体弧度的变化，割嘴应始终保持与被割工件表面 4～6mm 的距离。

⑪ 开孔并经检验合格后，方可切割炉体上的 K 形坡口。

### （3）风口法兰的焊接

为控制和减小炉体的焊接变形，施焊时应采用多人对称、分段、短段、多层、窄焊道及控制焊接热输入的方法进行焊接，焊接顺序如图 6-41 所示。

### （4）结语

由于措施得当，开孔方法、焊接工艺正确，开孔尺寸合适，位置准确，所以符合设计要求。同时该方法简单易行，容易操作，减少了修孔工作量和焊缝的填充量，从而明显地提高了工效。

该切割工具和方法也适用于 $\phi400～1600\mathrm{mm}$ 的圆管、圆锥管与各种回转体轴线正交与斜交相贯线的切割，从而也使大型容器的铆工计算法下料难度降低，工效大大提高。

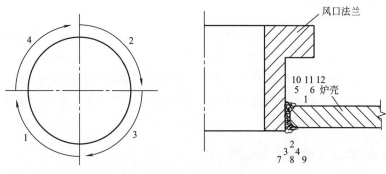

图 6-41 焊接顺序

# 106. 埋弧自动焊在钢卷管焊接上的应用

埋弧自动焊是一种在焊剂层下进行大功率焊接的电弧焊方法。该方法与焊条电弧焊相比具有焊接生产率高、焊接质量好、焊接成本低、焊接变形与劳动强度较小等优点，越来越受到冶金、机械、建筑等行业的重视并被采用。现将采用埋弧自动焊焊接钢卷管的工艺方法介绍如下。

## （1）钢卷管的技术参数

① 钢卷管规格为（$\phi 800 \sim 1800$）mm×（$8 \sim 14$）mm，材质为 Q235、Q345。

② 焊缝质量要求：X 射线检测Ⅲ级以上合格。

## （2）焊接设备与材料

① 焊接设备：选用 MZ1-1000 埋弧自动焊机，直流反接。

② 焊接材料：Q235 钢选用 $\phi 4mm$ 的 H08A 焊丝，焊剂 431；Q345 选用 $\phi 4mm$ 的 H08MnA 焊丝，焊剂 431。焊剂使用前进行 250℃、1.5h 烘干处理，随用随取。

## （3）焊前准备

① 不开坡口，对接组对间隙要严格控制在 1mm 以下，如组对间隙过大，必须先将其用焊条电弧焊溜焊后，才能上机焊接。

② 施焊处不得有油污、水分、泥土等，并露出金属光泽。

③ 按要求上机床进行滚压，合拢后经检查，符合标准后采用焊条电弧焊进行定位焊。

## （4）焊接工装胎具与应用

钢卷管制作的工艺流程主要为钢板下料→接板→（短板对接）→压边滚压成形→组对、固定焊→直缝（纵缝）焊接（内、外）→环缝焊接（内、外）。关键的工序为内环缝与外环缝的焊接，而制作一套合适的工具又是关键中的关键，以保证焊接质量，提高焊接生产率。直缝（外）的焊接与环缝（外）的焊接采用图 6-42 所示的工装胎具。

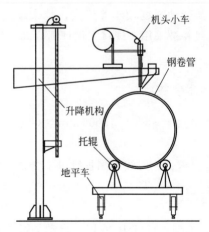

图 6-42　外直（环）缝焊接工装胎具示意图

通过焊车的行走完成直缝（外）的焊接；环缝（外）是通过钢管转动而焊车固定不动进行焊接的。

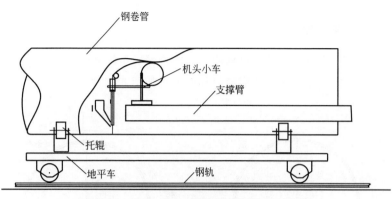

图 6-43　内直（环）缝焊接工装胎具示意图

　　直缝（内）的焊接与环缝（内）的焊接采用图 6-43 所示的工装胎具。直缝（内）通过支撑臂伸缩（支撑臂行走）而钢管不动进行焊接；环缝（内）是通过钢管转动而支撑臂固定不动进行焊接的。

## （5）焊接工艺参数

　　选择合适的工艺参数是保证焊接质量的关键。焊接工艺参数选择合适能使电弧焊稳定，焊接成形美观，焊缝形状尺寸合适，内部无气孔、夹渣、裂纹、未焊透等缺陷，还能提高焊接生产率及降低焊接成本。钢卷管各项主要参数见表 6-8。

表 6-8　钢卷管各项主要参数

| 焊缝分类 | 板厚 /mm | 焊接电流 /A | 电弧电压 /V | 焊接速度 /(m/h) |
|---|---|---|---|---|
| 直缝（内） | 8～10 | 470～580 | 32～34 | 28～36 |
| | 12～14 | 620～700 | 34～36 | 25～32 |
| 直缝（外） | 8～10 | 580～650 | 32～34 | 28～36 |
| | 12～14 | 700～750 | 34～36 | 25～32 |
| 环缝（内） | 8～10 | 550～650 | 32～34 | 28～36 |
| | 12～14 | 600～680 | 34～36 | 25～32 |
| 环缝（外） | 8～10 | 700～750 | 32～34 | 28～36 |
| | 12～14 | 700～780 | 34～36 | 25～32 |

　　注：短板对接参数见（内、外）直缝参数，施焊时应加引弧板。

**（6）施焊注意事项**

① 直缝与环缝的焊接均应先焊内焊缝，后焊外焊缝。

② 焊接环缝内、外焊缝时焊丝位置如图 6-44 所示。

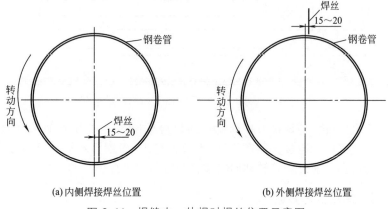

(a)内侧焊接焊丝位置　　　　　　(b)外侧焊接焊丝位置

图 6-44　焊缝内、外焊时焊丝位置示意图

③ 焊接过程中要注意焊丝、焊剂给送均匀，焊接机头及行走胎具等行走自如。

④ 操作者应密切注视焊丝的指向位置，并随时调整焊丝位置，焊丝应始终对准焊缝的中心，避免偏焊。

⑤ 做好试板的试焊工作，工艺成熟后，再进行钢卷管的正式焊接。

⑥ 对个别间隙超大部分应先用焊条电弧焊溜焊一遍，然后再用埋弧焊进行正式焊接。

⑦ 冬季或阴雨天气焊接，应先对被焊部位用氧-乙炔焰烘烤，温度为 100℃ 左右为宜。

⑧ 搭接线要接触良好。

**（7）结语**

采用埋弧自动焊焊接钢卷管比焊条电弧焊可提高工效 6 倍以

上，焊接成本也大幅度下降，管径越大越为突出，尤其是焊缝的内在质量是焊条电弧焊无法相比的，埋弧焊不但在钢卷管的焊接上发挥出它的优越性，在其他钢结构焊接上也有很大潜力待挖掘。

## 107. 建筑钢结构箱形钢梁（柱）隔板熔嘴电渣焊

　　箱形钢梁（柱）的构造与隔板接头形式如图 6-45 所示。在箱形梁（柱）隔板的焊接中采用了熔嘴电渣焊方法，但该焊接方法是首次运用，由于对熔嘴电渣焊焊接箱形梁（柱）隔板的相关资料及实例介绍不多见，即使有介绍也不详尽，为此，在箱形梁（柱）投产前进行了熔嘴电渣焊工艺试验、评定，以便通过工艺试验，总结出合适的焊接工艺参数，并检验焊接接头的内部质量和力学性能是否合格。编写焊接工艺指导书，指导现场的焊接生产，以保证该项焊接工程的顺利完成。焊接试件如图 6-46 所示。

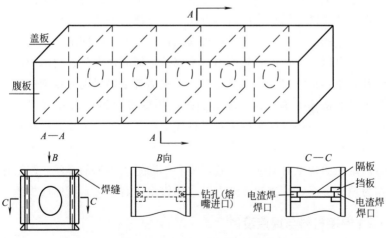

图 6-45　箱形钢梁（柱）构造与隔板接头形式

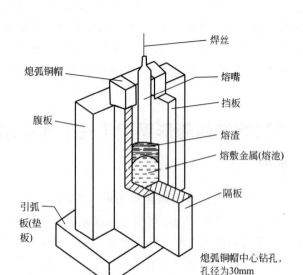

图 6-46  焊接试件［箱形钢梁（柱）隔板部位焊口］

## （1）熔嘴电渣焊简介

　　熔嘴电渣焊是一种利用电流通过导电的液体熔渣所产生的电阻热作为热源使金属熔化的熔焊方法，是电渣焊方法的一种。该方法焊接较厚的工件，只要求工件边缘保持一定的装配间隙，不需要坡口，就可以一次成形，效率高，金属熔池凝固速率低，熔池中的气体和杂质容易浮出，不易产生气孔、夹渣等缺陷，因此特别适用于建筑钢结构箱形梁（柱）隔板的焊接。隔板的焊口形式如图 6-46所示，它是利用焊丝和固定在工件间隙中并与工件绝缘的熔嘴共同作为熔化电极的，当焊接启动后，焊丝与引弧板接触产生电弧，使熔剂熔化而建立起渣池，随着熔嘴和不断送入熔嘴的焊丝一起熔化作为填充金属，使渣池逐渐上升（因铁水重熔渣轻）而形成焊缝。

## （2）焊接材料与焊接设备

　　① 钢种：Q345B、Q345C，板厚 16～50mm。

② 焊丝：$\phi 2.5mm$、$\phi 3.2mm$ 的 H08MnMoA、H10Mn2。

　　③ 熔嘴：$\phi 8mm$、$\phi 12mm$。

　　④ 焊剂：HJ431。

　　⑤ 焊接设备：ZH-1250 专用电渣焊机，直流反接。

## （3）焊前准备

　　① 试件钢板采用半自动气割，以保证切割面平整，清理工件焊口内外 100mm 范围，使与焊口间隙附近的试件表面均无脏物、氧化物等，并露出金属光泽。

　　② 焊缝形式为 I 形，其组对间隙大小将直接影响电极的正常工作和所形成的熔池面积，间隙过小易引起熔合不良等缺陷，间隙过大使焊丝、焊剂的消耗过大，效率降低。因此，组对间隙是保证电渣焊质量的关键。熔嘴电渣焊焊接工艺参数见表 6-9。

表 6-9　熔嘴电渣焊焊接工艺参数

| 隔板厚度 $t$ /mm | 接头形式 | 焊丝直径 /mm | 熔嘴外径 /mm | 挡板 | | 对口间隙 /mm | 焊接电流 /A | 焊接电压 /V | 焊接速度 |
| --- | --- | --- | --- | --- | --- | --- | --- | --- | --- |
| | | | | $t'$ /mm | $W$ /mm | | | | |
| 18 | | 2.5 | 8 | 25 | 50 | 22 | 270~300 | 36~38 | 50cm/1500s |
| 18 | | 3.2 | 8 | 25 | 50 | 22 | 330~360 | 36~38 | 62cm/1740s |
| 20 | | 3.2 | 12 | 20 | 60 | 24 | 360~420 | 36~40 | 70cm/1500s |
| 30 | | 3.2 | 12 | 40 | 100 | 25 | 510~520 | 40~42 | 60cm/1920s |
| 30 | | 3.2 | 12 | 28 | 60 | 28 | 390~420 | 41~43 | 60cm/3900s |
| 60 | | 3.2 | 12 | 40 | 100 | 25 | 560~600 | 42~44 | 60cm/2640s |

接头形式图中标注：熔嘴、$t'$、$t$、挡板、$G$、$W$

　　③ 对接焊缝的变形主要表现为横向收缩，组对间隙上口比下口大 2mm。

④ 定位焊焊缝要长些，焊脚要大些，以防施焊中开裂，无法补救［因隔板焊口在箱形梁（柱）内已密封］。挡板与隔板接触面的间隙应不大于 0.5mm，以防电渣焊时跑渣漏铁水，中断焊接。

**（4）焊接操作**

① 所焊试件［箱形梁（柱）工件］应水平放置，使熔嘴（管状长焊条）的夹头与试件焊口保持垂直，安装熄弧铜帽，将熔嘴插入待焊焊口内，调节熔嘴使其处于焊口的中心并接触到引弧板，再将熔嘴提起 20～30mm，拧紧夹头。

② 在试件［箱形梁（柱）］的底部安装引弧板（钢板自制或原机设备的引弧铜帽），并垫实或顶紧与工件密合，以防起焊时跑渣漏铁水，影响正常的焊接启动。

③ 从熔嘴内插入焊丝送入底部与引弧板相接触（这时焊丝与熔嘴应在焊口的中心），焊丝再提起 10mm 左右。拧紧送丝轮和调直轮，最后检查焊机各部位是否拧紧。

④ 加入少量引弧剂和少量焊剂 HJ431。

⑤ 施焊。采用较高电压短路引弧（焊丝接触工件，方便引弧，比正常电压高 3～4V）。引弧后，刚开始送丝速度要慢些，即电流小些，以便造渣，这时是电弧焊过程，电流波动较大，随着焊剂的熔化，形成一定深度的熔化渣池，温度逐渐升高，这时电流应适当大些，电弧开始消失而转入电渣焊过程，电流和电压逐渐趋于稳定，随着电渣焊过程的稳定，可将电流和电压调至表 6-9 所列的数值，进入正常焊接。

焊接过程中要密切注意焊机控制箱上电流和电压的变化，根据情况随时调节，并注意熔嘴始终保持在焊口的中心，保证渣池的温度和熔池的形状及深度正常，才能确保焊接质量。

要保证焊缝高出熄弧铜帽，才能结束焊接。冷却后割除引弧板及多余的焊缝，并修磨，与母材平整一致。

## （5）注意事项

液态熔池的建立主要依靠电弧热来完成，故熟练掌握好由电弧焊过程到电渣焊过程的速度转变是关键，因此应注意下列事项。

① 为保证电渣焊过程稳定和焊接质量，应使安装和设备调整、引弧造渣、正常焊接、焊缝收尾四个关键环节连续完成，中间尽量不要停止。

② 在箱形梁（柱）组对前，划线钻熔嘴孔（$\phi30\text{mm}$），上下必须垂直对正。

③ 熔嘴长度＝焊口长度＋150mm。

④ 施焊过程中要注意检查熔池熔化是否充分，渣量与深度是否合适。渣池太深，使熔宽面减小，造成渣池温度下降，易使焊接边缘加热不足而产生未熔合或熔合不良等缺陷。渣池太浅，即使焊接电流增大，电渣焊过程也不稳定，焊丝容易接触到金属熔池发生短路，飞溅加大，致使焊接中断。因此，渣池深度十分重要，渣池深度控制在 $30\sim40\text{mm}$ 为宜。一般听声音也可判断渣池深度，渣池深度适中发出的声音像煮粥（发出"咕嘟"声）。看焊口外钢板接触面烧红的颜色与宽窄也可判断内部熔合情况，熔合良好的外钢板烧红颜色均匀，比焊口稍宽，并且宽窄较均匀。

当需要添加焊剂时，要防止一次加入量太大，要徐徐不断，少量加入。如一次加入量太多，也易造成焊缝熔合不良等缺陷。

⑤ 电渣焊热量主要取决于电流。电流过大，熔池沸腾严重，焊缝成形不好，易造成熔合不良等缺陷。电流过小，电渣过程也不稳定，容易产生未熔合、夹渣等缺陷。引弧后，始焊时焊接电流应相对小些，然后逐渐加大到正常值。

⑥ 电渣是一种电阻性负载，一般来讲，焊接电压的高低直接影响焊缝的熔宽（就电渣焊而言，即指熔池与渣池的面积），电压越高，熔宽（面积）越大，反之越小。因此，起焊时焊接电压应选

得比正常焊接电压稍高一些，一般多 3～5V 为宜。

⑦ 熔嘴在焊口内是否对准中心及施焊过程中渣池的状况，可借助小水银玻璃镜来观察。

⑧ 特别指出的是，焊前一定要按箱形梁（柱）的实际焊接形式做好焊接工艺试验、评定，经检验合格后方可正式焊接。

## （6）结语

上述焊接试件均经超声波检测，无裂纹、未熔合等缺陷，取样进行宏观金相检验，焊缝形状呈椭圆形，轮廓清晰，熔合良好。经 T 形接头弯曲试验（弯曲角度 120°），无裂纹，合格。试验结果证明上述焊接工艺是可行的，焊接工艺参数是合适的，熔嘴电渣焊接头内部质量和力学性能均满足建筑钢结构箱形梁（柱）隔板焊接的设计要求。

熔嘴电渣焊工艺试验的完成及编写的焊接工艺成功指导了不锈钢箱形梁（柱）的焊接生产，保证了钢结构工程的按时安装。

# 108. 紫铜管与 20g 钢管焊接

紫铜与碳钢的焊接，一般常以黄铜钎焊的方法进行施焊。该管线完成后，在进行水压试验时（试验压力 2MPa），发现有一焊口泄漏严重，经重新焊补后，仍泄漏严重。经分析，该焊口为现场施工中最后安装剩下的一个碰头固定焊口，并在爬坡的位置上，施焊十分不便。同时又分析出，该位置不适合钎焊方法：一是由于钎焊的温度不易控制，温度过低，易造成钎料熔合不良，而温度过高，钎料氧化，也易产生熔合不良、气孔、夹渣等缺陷；二是焊口处在爬坡斜面焊位置，在仰焊位钎焊易形成钎料倒流，也造成了熔合不良等缺陷。接头形式如图 6-47 所示。

采用焊条电弧焊方法焊接，具体做法如下。

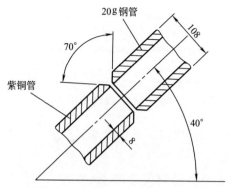

图 6-47　紫铜管与碳钢管接头形式

## （1）焊前准备

① 将焊口区域的黄铜钎料打磨干净，并露出原坡口形状。

② 焊机：逆变焊机（300A），直流反接。

③ 焊条：铜 107，$\phi$3.2mm 焊条经 200℃烘干 1h，随用随取。

## （2）施焊

① 定焊位。施焊前，应先用氧-乙炔焰将铜管坡口外 60mm 范围预热，预热温度为 750℃左右（呈暗红色），立即用 $\phi$3.2mm 的铜 107 焊条、焊接电流 140～150A 进行定位焊。定位焊三处（即管外圆面 3 点位置、12 点位置、9 点位置三处），焊缝长度 $\geqslant$ 15mm，高度 $\leqslant$3mm。定位焊缝两端磨成缓坡状，以利接头。

② 打底焊。施焊过程中，一人配合用氧-乙炔焰预热铜管一侧，使焊接层温度不低于 700℃。施焊者采用 $\phi$3.2mm 的铜 107 焊条、焊接电流 140～150A 进行焊接，焊条应偏向紫铜坡口侧，焊条划圆圈向上运动断弧焊，每划一个圆圈（形成一个熔池）就断弧，等熔池稍冷却，又重新起弧再划一个圆圈，就这样一个熔池一个熔池地完成打底焊，填满弧坑。

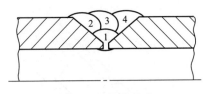

图 6-48 焊缝层次

③ 盖面焊。盖面层用三道焊缝堆焊而成，焊缝层次如图 6-48 所示。

施焊过程中要保持层间温度 700℃ 左右（铜管侧），仍采用 $\phi 3.2mm$ 的铜 107 焊条。盖面焊第一道焊缝（图 6-48 中焊道 2）焊接速度稍慢些，划斜圆圈运条，焊条在铜管侧，熔过铜管坡口边缘 2mm 左右稍停，防止产生铜水下流，形成焊瘤；盖面焊的第二道焊缝（图 6-48 中焊道 3）焊接时要压过盖面焊第一道缝的 1/2；盖面焊第三道焊缝（图 6-48 中焊道 4）焊接时要压过盖面焊第二道缝的 1/3，也要超过钢管坡口边缘 2mm，以防咬边，运条方式与盖面焊的第一道焊缝相同。

盖面焊注意的问题如下。

a. 焊接过程中铜管一侧要始终保持 700℃ 温度，施焊过程中一出现铜焊条熔化不良，就应立即停下，说明预热温度低，应重新预热，直到呈暗红色（700℃ 左右）时再继续焊接。

b. 焊条的角度随管子的曲率变化而变化，施焊过程中防止混渣。

c. 每焊完一道焊缝彻底清理焊渣后，用平头锤锤击焊缝，以消除应力，改善焊缝质量。

d. 电弧的作用应主要偏向紫铜管一侧，严格以偏熔法进行焊接，以防产生裂纹。

返修后的焊缝经 2.5MPa 水压试验后无泄漏，证明焊接工艺是可行的。

## 109. 焊接施工中清除或减少电弧磁偏吹的方法

电弧磁偏吹是由于电弧周围磁力线分布不均匀，导致电弧偏离焊条轴线。这种现象的出现使电弧燃烧不稳定，保护气幕不好，熔滴过渡不规则，导致出现焊缝成形不良、咬边、未焊透、根部或层间未熔合、气孔等焊接缺陷，甚至有的会将焊条或熔滴吸到一边，严重地影响了焊接的顺利进行。多年实践，总结出一些消除或减少电弧磁偏吹的措施。

① 尽量采用交流焊机、小电流、短弧焊等方法来应对这种现象。

② 改变接地线的位置。

a. 将焊接接地线（搭接线）接到焊缝的中部。

b. 将接地线分别接到焊缝的两端。

c. 使接地线尽量靠近施焊的位置。

③ 焊枪电缆线缠绕法：将焊枪电缆线的一部分缠绕在被焊管道焊口的任意一端数圈后，进行焊接，强偏吹现象没有好转，再重新将焊枪线缠绕在被焊管道焊口的另一端，看看效果如何。

④ 组对时，采用氩弧焊进行点固焊，两管口点固定位后，再进行焊条电弧焊的正常焊接。

## 110. 置换汽车尾气焊补汽（柴）油箱

在工作中，经常会遇到汽（柴）油箱等容器有漏油的现象，需要焊补，一般的做法是先放净油液，再用氢氧化钠水溶液清洗，确无油味、危险时再进行焊补，这样做不但工序繁琐、时间长，焊接时的安全系数也不高，易引起燃烧和爆炸。利用汽车、拖拉机的尾气不燃烧不助燃的特性，对漏油的汽（柴）油箱等容器充尾气进行

置换，再进行焊补，这种方法既简便易行，又安全可靠，具体方法
如下。

### (1) 准备工作

① 将漏油部位用粉笔做记号。

② 将油箱的油液全部放净，并将油液移离施焊现场。

③ 用手砂轮将被焊处打磨干净，使之露出金属光泽。

④ 找一段内径大于汽车或拖拉机消声器出口管径的皮管（长
4m 左右）。

### (2) 施焊

① 排气置换。将皮管的一端接到汽车（拖拉机）消声器出气
管上，用铁丝扎紧，另一端插入待焊补的汽（柴）油箱内，并将油
箱的孔盖全部打开，发动汽车（拖拉机）往油箱排废气，根据被焊
油箱容积的大小而确定往里排气的时间，一般排气时间至少 10min
左右，用氧-乙炔焰在箱出口处试燃一下，如果被排出的气体能点
燃，应继续往里排废气，直至不能点燃才能焊补。

② 焊补。方法视渗漏处形状而定，一般采用氧-乙炔焊、黄铜
焊丝加剂 301 或钢焊丝进行焊补。焊补时往油箱排废气时不能停，
施焊者要注意安全，脸部要远离油箱的排气（油）口。

## ▷111. 轴承裂纹焊补

某轧机主轴上的一个单列圆锥滚子轴承，材质为轴承钢，轴承
外径为 360mm，外圈高度为 81mm，厚度为 28mm，使用中发现
两条横向裂纹，一条长 76mm，一条长 39mm，深度为 8～12mm，
该轴承没有备件更换，采购也没有现货。

采用焊条电弧焊修复，经三年多使用没有发现裂纹，证明焊补
质量良好，焊修工艺如下。

（1）焊接准备

① 对裂纹及其周围 40mm 范围内的油污等用汽油清洗干净，用压缩空气吹干。

② 用角向砂轮将裂纹磨掉，并修磨成 U 形坡口，深度超过裂纹深度 3mm 左右。

③ 除焊补处外，其他部位均用石棉板等覆盖，以防焊接飞溅及电弧擦伤轴承平面。

④ 选用 φ3.2mm 的 A502 奥氏体不锈钢焊条，焊前经 250℃烘干 1.5h，随用随取。

⑤ 焊机选用 ZX5-400 硅整流弧焊机，直流反接。

（2）施焊

① 将焊件置于平焊位置，先焊短焊缝，后焊长焊缝，采用多层多道焊接方法。

② 施焊时，焊接电流不宜过大，以 100～110A 为宜，焊接过程中要控制层间温度，避免轴承过热，采用短焊道，每段焊缝长度小于 40mm，焊条不能动，短弧快焊速，以减少熔合，要注意熔池情况，避免产生夹渣、气孔、未熔合等缺陷，收弧时要填满弧坑。

③ 各接头要相互错开，每焊完一段，立即用小锤敲击焊道，释放焊接应力，每焊完一道，要仔细检查，确无裂纹、气孔、夹渣后才能焊下一道。每段焊道的层间温度应控制在 60℃以下。

④ 焊完自然冷却后，对轴承尺寸精度、焊缝质量进行仔细检查，并按技术条件进行修磨加工。

# 112. 磁力开关电接点焊接

银是金属中电导率最大、耐腐蚀性较强、不易氧化的一种贵金属，所以磁力开关的导电接头，大部分都是用银来做电接点（触点）。某进口电气设备上的 24 个（6 对）电接点由于长期使用，造成磨损，有的烧损严重，接触不好，设备不能正常启动，影响了生产。该电接点直径为 20mm、厚 6mm，由于焊接不当，造成电接点熔化材料流失，不能使用。根据情况用下列方法成功地进行了焊补，效果很好。

## （1）焊前准备

① 将 6 对银触点（24 个）拆下，用砂布将银触点（银饼）的氧化层清除干净，使之露出金属光泽。

② 根据银饼大小制作 24 个石墨模，将被焊银饼套住，如图6-49所示。

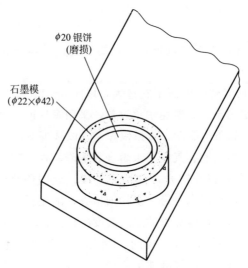

φ20 银饼
(磨损)

石墨模
(φ22×φ42)

图 6-49　焊前组对示意图

③ 石墨模用车床加工而成。

④ 采用氧-乙炔焊，微碳化焰进行焊接，焊接材料选用银气焊条，含银量越高越好（含银量最少为 70%），焊剂选用剂 301（铜焊粉）。

（2）施焊

①　每个石墨模套一个银饼，模的四周用黄泥固定，缝隙要塞堵严，以防焊接时熔化的银液流失（以前没有焊成功，造成银饼熔化而流失，就是没有采取这一有力措施）。

②　施焊时，先在银饼表面撒一些铜焊粉，再加热焊接面底部的铜板，待铜板温度上升到400℃左右时，再将火焰移到银饼表面继续加热，火焰的焰心要距银饼稍高些，用外焰笼罩住银饼，一发现银饼起皱立即用蘸了铜焊粉的银焊丝往银饼上涂抹，使银饼与银焊丝同时熔化，熔成一体，待银熔液填充到比石墨模稍高一些时，立即停止填送焊丝，使焊出的电接点能恢复银饼原来的形状。等银饼稍一冷却，才能离开，再准备焊补下一个。

③　待银饼冷却后，打磨成要求的形状。

# ▷ 113. 铅管与不锈钢管焊接

导酸（硫酸）管道是铅管，规格为 $\phi 89mm \times 9mm$，工作压力为 0.3MPa。管上要焊接两根 $\phi 10mm$ 的 1Cr18Ni9Ti 不锈钢管装压力表用。由于铅的熔点低（327℃），而不锈钢管的熔点较高（约1400℃），两者相差悬殊，用熔焊或钎焊的方法都比较困难。经多次试验，采取半熔焊、半钎焊的方法进行焊接，问题得以解决，使不锈钢管与铅管结合良好，使用多年，被焊处没有发现渗漏及腐蚀现象，具体做法如下。

（1）焊前准备

①　熔剂的调配。氯化锌 80%、氯化铵 5%、氯化锡 15% 加蒸馏水调成糊状作熔剂，也可使用松香粉作熔剂。

②　焊条的制作。取适量铅管剪成短块，放入铁勺中熔化，去除浮在表面上的氧化物及杂质，将纯净的铅液倒入角钢（角钢角朝

下填稳，角钢内的氧化层清理干净，露出金属光泽）成长度为
300～400mm 的细条（截面尺寸不大于 6mm 的三棱状），冷却后
作为焊条备用。

③ 在铅管上开一个能插入不锈钢管的孔（该孔不宜太大，能
插入不锈钢管即可）。

④ 沿铅管被焊处（孔的周围）用刮刀或锯条将氧化层去除，
用砂布清理不锈钢管被焊端头。

**（2）施焊**

铅在熔化时和氧的亲和力很强，氧化很激烈，能在表面形成一
层氧化铅，在焊接过程中，产生的氧化铅很容易夹杂在焊缝金属
内，影响焊缝金属的熔合，影响焊接质量和致密性。因此在焊接前
必须将被焊不锈钢管的端头与被焊铅管孔的周围涂上配好的熔剂，
并将涂以熔剂的不锈钢管插入铅管孔内，用氧-乙炔焊小型焊枪配
2 号焊嘴、微碳化焰缓慢加热不锈钢管处，待不锈钢管处温度到
350℃左右时，熔剂与铅管边缘（不锈钢管插入孔周围处）开始熔
化时，用铅焊条（铅焊条也应涂上熔剂）涂抹被焊的铅管边缘，使
它们结合为一体。需注意的是，焊嘴应作小幅横向摆动，火焰应偏
向不锈钢管，每形成一个熔池时（每熔化一小块），火焰应立即抬
起，使熔池稍冷却一会，再压低焊枪，熔化下一个熔池，要间断焊
接，间断冷却，不能连续焊接，要一个一个熔池叠加而成，否则会
因焊接温度过高使铅管熔化液体流下而形成塌陷。同时要注意不锈
钢管与铅管的接触处如有明显的凹缝或钎接不熔合，说明不锈钢管
接触处温度不够，需要对不锈钢管接触处继续加热，并涂抹熔剂，
直至凹缝完全消失，钎接良好。

# 114. 42CrMo 轴磨损焊补

42CrMo 轴的一端螺纹磨损严重，不能使用（螺纹处直径为

76mm，长为92mm），为缩短维修工期（该轴没有备件，并且价格昂贵），决定采用焊条电弧焊焊补，然后经机械加工成要求尺寸。

42CrMo碳当量为 0.7%～0.9%，焊接性能差，易产生裂纹。为保证焊接质量，选用了抗裂性好的 A302 奥氏体不锈钢焊条，采用低温预热和环形堆焊的方法进行焊补，其做法如下。

### （1）焊前准备

① 将磨损螺纹处的油污等用汽油清洗干净。

② 将轴竖起（螺纹处朝上）固定好，四周无障碍，使堆焊操作方便。

③ 将螺纹以下不堆焊处用石棉绳用水浸湿，一层一层缠实，防止飞溅和电弧碰伤。

④ 选用逆变焊机，直流反接。$\phi$4mm 的 A302 焊条，经 250℃ 烘干 1h，随用随取。

### （2）施焊

① 将螺纹处用氧-乙炔焰低温预热至 100～150℃。

② 焊接电流为 130～140A，以直线运条法围绕轴的螺纹磨损处进行横焊。施焊时焊条不摆动，焊道间重叠 2/3，焊速均匀，以保证加工质量。

③ 堆焊过程连续进行，施焊过程中可不清理焊渣。

④ 焊后自然冷却，经检查堆焊层确无裂纹、夹渣、气孔、欠肉等缺陷后，再进行机械加工。

该焊接方法由于被焊工件受热均匀，比常规轴件磨损横向堆焊变形要小得多，因此更适用于轴件磨损的堆焊，但被焊轴件要竖起，一定要垫实牢靠，防止轴倒了伤人。

## 115. 大型铸钢滚圈裂纹焊接修复

某水泥厂大型回转窑的转动滚圈材质为 45 钢，在使用过程中发现一条裂纹，如图 6-50 所示。焊接修复应注意两个问题：一是焊后变形不得太大，以防运转中的不平衡；二是由于滚圈的材质为 45 钢，焊接性较差，而且铸钢件内部易产生铸造疏松、气孔、夹杂等缺陷，如焊接工艺不当，极易在焊缝区域产生裂纹，将严重地影响生产和设备的安全使用。为此，采用了焊接质量好、变形小的 $CO_2$ 气体保护半自动焊方法进行焊接修复，取得了满意的效果，具体做法如下。

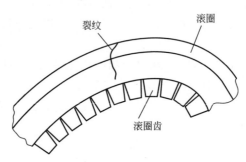

图 6-50　回转窑铸钢滚圈裂纹部位

采用碳弧气刨清除裂纹，并刨出 U 形坡口，为减少淬硬倾向，气刨前应采用氧-乙炔焰将被焊区域预热到 350℃ 左右，然后再用角向砂轮清除渗碳层，并露出金属光泽。

采用 NBC-500 $CO_2$ 气体保护焊机，直流反接，焊丝采用 $\phi$1.2mm 的 H08Mn2SiA，$CO_2$ 气体纯度不低于 99.5%。

因母材含硫量大，淬硬倾向大，焊前需重新预热，但这次预热的部位，主要在被焊部位的背面，预热至 350℃ 左右时，立即焊接。焊接电流为 140～150A，电弧电压为 23～24V，焊枪作直线或划小圆圈运动，为减小焊接变形，采用多层多道焊工艺，每条焊道施焊后，要立即锤击，以缓解焊缝的收缩应力。焊接顺序如图6-51所示。

焊后将被焊区域重新加热到 350℃ 左右，用干燥石灰覆盖，自然冷却，磨去多余焊缝余高，确无裂纹等缺陷后，安装使用。

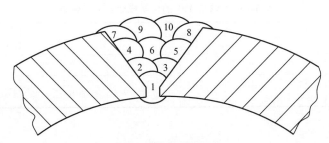

图 6-51　焊接顺序

## 116. SA213-T91 焊接

　　SA213-T91 属改良型 9Cr-1Mo 高强度马氏体耐热钢。该钢是在 T9 的基础上通过降低含碳量，增加合金元素 V 和 Nb，控制 N 和 Al 的含量，使钢不仅具有高的抗氧化性和抗高温蒸汽腐蚀性，而且还具有良好的冲击韧性和高而稳定的持久塑性和热强性，主要用于电厂锅炉中的过热器和再热器的管道。其抗腐蚀性和抗氧化性高于 P22 等级的钢，且减轻了锅炉的重量，提高了抗热疲劳性能。与其他奥氏体钢相比，具有较好的热传导性和较低的膨胀率，是近年来各大电站过热器、再热器首选材质。随着 T91 应用越来越广泛，焊接技术日趋成熟，有关介绍 T91 焊接的书籍和资料也比较多，但是主要注重理论方面的介绍，而在实际工程中操作施焊方面的资料很少。我公司在锅炉过热器、再热器的焊接施工中总结了一套较为完整可行的焊接操作方法，使 T91 小径管焊接质量大幅度提高，保证了施工进度。

### （1）SA213-T91 的焊接规范

　　SA213-T91 的化学成分及力学性能见表 6-10；规格为 $\phi60mm\times$（5～6）mm；焊接位置以垂直固定焊为例，其坡口形式及焊缝排列如图 6-52 所示；障碍形式为十字。SA213-T91 的焊接材料选用

表 6-10　SA213-T91 的化学成分及力学性能

| 化学成分/% | | | | | | | | | 力学性能/MPa ≥ | |
|---|---|---|---|---|---|---|---|---|---|---|
| C | Mn | Cr | Mo | V | Si | Ni | S | P | $\sigma_s$ | $\sigma_b$ |
| 0.08~0.12 | 0.3~0.6 | 8~9.5 | 0.9~1.1 | 0.18~0.25 | 0.2~0.5 | ≤0.4 | ≤0.01 | ≤0.02 | 415 | 585 |

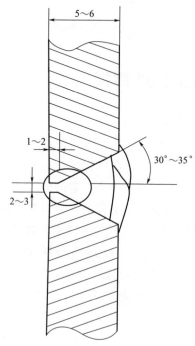

图 6-52　坡口形式及焊缝排列

ER90S-B9 焊丝，规格为 $\phi2.4mm$，化学成分和力学性能见表6-11。采用手工钨极氩弧焊。钨极选用铈钨极，规格为 $\phi2.5mm$，且有生产厂家的合格证书，钨棒在使用前应将端部磨成圆锥形，如图6-53所示。

　　推荐的焊接工艺参数见表 6-12。焊接电流应控制在保证铁水拉得开，熔池清晰，熔合良好，在此前提下，提高焊接速度，减少焊层厚度，达到降低焊接热输入的目的。依据 JB 4730 规定 100%射线检测，Ⅰ级、Ⅱ级为合格。

**表 6-11 ER90S-B9 焊丝的化学成分及力学性能**

| 化学成分/% | | | | | | | | | | | 力学性能/MPa | |
|---|---|---|---|---|---|---|---|---|---|---|---|---|
| C | Mn | Cr | Mo | V | Si | Nb | Cu | S | P | Ni | $\sigma_s$ | $\sigma_b$ |
| 0.07～0.15 | 0.4～1.5 | 8～10.5 | 0.8～1.2 | 0.15～0.3 | 0.15～0.3 | 0.03～0.10 | 0.25 | ≤0.02 | ≤0.02 | 0.4～1.0 | 415 | 585 |

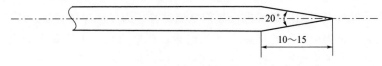

图 6-53 钨极形状

**表 6-12 推荐的焊接工艺参数**

| 焊接层数 | 焊接电流/A | 焊接电压/V | 氩气流量/(L/min) | |
|---|---|---|---|---|
| | | | 焊接流量 | 保护流量 |
| 第一层(打底) | 90～95 | 9～12 | 7～10 | 10～15 |
| 第二层(填充) | 95～100 | 9～12 | 7～10 | 5～8 |
| 第三层(盖面) | 90～95 | 9～12 | 7～10 | — |

施焊难点（操作注意事项）：焊缝有产生冷裂纹的倾向；打底层焊缝易氧化，坡口边易出现未熔合；盖面时，铁水黏度大、流动性差，温度控制不当，熔池会突然上窜，易形成咬边。

**（2）施焊**

① 焊接操作程序如图 6-54 所示。

a. 每道作业程序都要严格控制、严格执行，上一道工序不合格，不允许进行下一道工序，各种准备工作必须能保证施工的连续性。

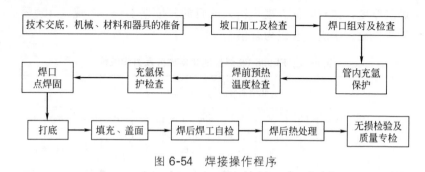

图 6-54　焊接操作程序

b. 焊接操作时，焊接电弧的引燃应在坡口边缘进行，严禁在管子母材上引燃电弧或进行焊前电流试验；为保证焊接质量，焊工在施焊过程中必须严格遵守工艺纪律，严格执行施工作业指导书，并由专人加强监督管理。

c. 根部焊缝焊接完成后，应认真进行清理，在保证根层焊缝的质量后方可进行其他层道的焊接。

d. 环境温度允许最低值为 5℃。

e. 焊前，尤其在雨季或大风的情况下，应搭设好围棚。雨天施焊时，脚下应衬垫干燥的木板或穿绝缘雨鞋以防触电。

② 技术交底、机具准备。焊接前，根据技术交底仔细分析该材料的焊接工艺，检查所需的设备。

③ 坡口加工及检查。

a. 坡口的角度应在允许范围内，焊前应对坡口及其内外壁坡口两侧各 15mm 范围内进行清理和打磨，应无油漆、水分、油脂及铁锈，并露出金属光泽。

b. 坡口及其附近不得有裂纹等缺陷（可用放大镜检查），施焊前还应检查坡口形状、尺寸及清洁度。

④ 焊口组对及检查。焊口的点固焊接与正式焊接规范相同，在正面点焊一点，如图 6-55 所示。

点固焊缝长度为 10mm 左右，点焊后一定要检查对口间隙是否合适，并把点固焊缝的两端打磨成斜坡状，点固焊缝应无缺陷，

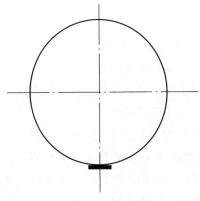

图 6-55　点焊位置

如有缺陷，必须用砂轮或锋钢锯条将缺陷去掉，重新点焊。

⑤ 焊前预热和层间温度控制。

a. 焊前采用火焰预热，应两侧同时加热，宜用火焰的外焰均匀加热，用测温笔（远红外测温仪）测量温度。

b. 控制预热温度和层间温度可降低焊接残余应力，减缓马氏体转变时的冷却速度，防止生成粗大的马氏体，而达到防止焊缝产生冷裂纹的目的。为了防止冷裂纹，T91 的预热温度和层间温度控制在 200～300℃ 为宜。因为 T91 的 $M_s$ 点为 380℃，在 200～300℃ 预热温度及层间温度下，焊缝金属发生马氏体转变时的冷却速度减慢，产生自回火现象，形成回火马氏体，既防止了冷裂纹的产生，又提高了焊缝的韧性。

⑥ 充氩。

a. 可用设备在管子堵盖上开一与氩气皮带同直径的孔，然后插入氩气皮带，在管子一侧充氩，焊口上侧用可溶纸揉成蓬松的球状堵塞，距对口中心 200mm 以上，以热处理结束后可溶纸完好为准。氩气流量为 7～10L/min。

b. 检查焊口充氩是否达到施焊要求，最简易的方法就是把打火机的火苗放在焊口坡口中心，如果火苗立即熄灭，说明充氩良好，如果火苗吹向一边但不熄灭，说明充氩欠佳，需要等待。

　　⑦ 焊接操作。

　　a. 第一层（打底）。易出现的问题：打底层焊缝易氧化，焊接时铁水外溢，坡口边易产生未熔合。

　　问题分析：管子长，充氩效果不好，或充氩时间短；打底电弧摆动大，在坡口边缘停留时间短。

　　处理方法：如果管子长度超过 40m，充氩效果可能不好，流量根据管子长短粗细而定；电弧深入坡口根部，上下摆动均匀，幅度不能过大，在坡口边缘稍作停留，以保证熔合良好。

　　操作：采用内加丝打底 ［图 6-56(a)］，先在对面最困难的一侧起弧焊接，在正面易操作的一侧收弧 ［图 6-56(b)］。焊工从正面坡口可以清楚地看到对面坡口熔化是否良好，铁水是否均匀。可用连丝焊法。

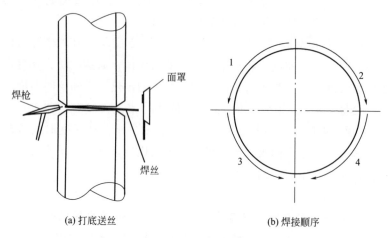

(a) 打底送丝　　　　　　　　　(b) 焊接顺序

图 6-56　焊接示意图

　　实践证明，采取上述方法充氩效果良好，打底层焊缝无氧化现象，并且增加了 T91 的可焊性，坡口边缘易熔合，焊缝到母材过渡良好。

根部焊接完成后，用钢丝刷进行认真的清理，在保证根层焊缝的质量后，方可进行其他层道的焊接。

b. 第二层（填充）。温度降到 250℃ 以下，开始焊接。由于打底采用内加丝焊法，焊层较薄，所以必须填充一遍。电流比第一层稍大一些，必须保证层间熔化良好，厚度以 2～3mm 为宜，填充到距外坡口边缘 1mm 为佳。

c. 第三层（盖面）。盖面为整道焊口焊接操作的难点。具体表现在以下两个方面：铁水黏度大，盖面铁水不易充分铺开，易和上一层产生夹渣、熔化不良；熔池温度不易控制，热量上窜极易咬边，如多给铁水，又易焊厚，铁水下坠，较难掌握。

焊接方法：盖面焊层首先要薄，并且分上下两道，电弧采用月牙形摆动法。第一道焊整焊道宽度的 2/3，注意把下坡口熔化良好，并保持整齐。第二道焊 1/2，要领是电弧和焊丝必须同时到达上坡口边缘，电弧要低，给丝要准，焊丝熔化铺开，电弧立即下移，防止咬边。

实践证明，盖面分两道焊接，可有效防止铁水下坠或焊缝过厚，并可防止上坡口咬边。实际是降低了 T91 钢管盖面的难度，又控制了温度上升过快（超温）。

焊接结束用石棉布包口，以减缓焊口冷却速度，进行焊后热处理。

现场焊接图片如图 6-57 所示。

⑧ 焊后热处理。热处理采用远红外电加热，用绳状加热器进行加热，在布置时应注意坡口两侧的缠绕匝数、缠绕密度应尽可能相同。热电偶测温点应布置在焊缝中心，根据所用加热器，布置在有代表性的焊接接头上。焊后可以降到室温，然后升温热处理，热处理规范见表 6-13。

⑨ 检验。依据 JB 4730 规定进行 100％ 射线检测，合格率达到 98％ 以上。

图 6-57    现场焊接图片

表 6-13    热处理规范

| 升、降温速度 | 加热、保温宽度 | 恒温温度 | 恒温时间 |
| --- | --- | --- | --- |
| ≤150℃/h | ≥60mm、≥100mm | (760±10)℃ | ≥30min |

### （3）结语

在 SA213-T91 的焊接中，通过采用内加丝打底，中间层填充，上下两道盖面，降低了焊接的难度，并降低了焊接电流，减少了焊层厚度，有效控制了热输入。小热输入、快速焊、小摆幅、薄层焊、多层多道焊，提高了焊口质量，这也是现在小径管焊接的趋势。

## ▶117.  超低碳不锈钢（TP316L）管道焊接

在对奥氏体不锈钢管从 $\phi60mm×4mm$、$\phi108mm×4.5mm$、$\phi159mm×6mm$ 到 $\phi219mm×8mm$、$\phi273mm×31mm$ 多种规格进行试验的基础上，对厚壁奥氏体不锈钢进行了工艺评定，总结出不同管径、不同壁厚、不同焊接方法的工艺规范。通过一系列的破坏性试验，证明了试验中的程序、参数、技术措施是正确的、合理的。表明我公司已经掌握了大厚度、大直径不锈钢管道焊接过程中防止热裂纹、预测和控制焊接变形等的方法，可为今后工程施工提供参考。

## （1）超低碳奥氏体不锈钢焊接性分析

对 TP316L 厚壁不锈钢管道进行焊接工艺评定试验。TP316L 不锈钢属于超低碳奥氏体不锈钢。

奥氏体不锈钢具有良好的塑性和韧性，有很强的加工硬化能力，热导率约为碳钢的 $1/4$，导致热量传递速度缓慢，热变形增大，其线胀系数比碳钢大 $40\%$。这类钢不会发生任何淬火硬化，所以在焊接过程中极少出现冷裂纹。其特性决定即使受焊接热影响而软化的区域，其抗拉强度仍然不低，只要不误用焊接填充材料，焊接接头强度不是焊接性的重点。此类钢焊接时热膨胀量和冷却时收缩量增加，焊后变形量显得更为突出。焊接奥氏体不锈钢时，由于奥氏体枝间结晶方向性强，有利于杂质（包括易熔物）的偏析聚集及晶格缺陷的团聚，加之其线胀系数大，热导率低，焊缝冷却时收缩应力大，因此容易出现热裂纹。同时容易在晶界附近出现贫铬区，造成焊缝的晶间腐蚀。

焊接热裂纹产生的原因主要有三点：由于奥氏体不锈钢的热导率低，线胀系数大，在焊接区降温期焊接接头必然要承受较大的拉应力，会促成各类热裂纹的产生；方向性强的焊缝柱状晶组织，有利于有害杂质的偏析及晶间液态夹层的形成，造成晶间腐蚀，产生热裂纹；有害元素的存在，会形成易熔共晶层。盛装腐蚀介质的容器，在拉伸应力的作用下所产生的腐蚀现象称为应力腐蚀。引起应力腐蚀的拉伸应力有焊接残余应力和工作应力两种，其中以焊接残余应力为主。防止应力腐蚀的方法主要是消除焊接残余应力。

应采取的焊接措施如下。

① 随着不锈钢中含碳量的增加，在晶界生成的碳化铬随之增多，使在晶界形成贫铬区的机会增多，在腐蚀介质中产生晶间腐蚀

的倾向就会增加。因此不锈钢焊接时，为提高接头的耐腐蚀能力，必须控制焊缝中 S、P、C 的含量。

② 在焊缝中增加一定数量的铁素体组织，使焊缝成为奥氏体＋铁素体双相组织。奥氏体不锈钢焊缝中含有少量铁素体组织时，铁素体散布在奥氏体晶粒的晶界，有阻隔晶界通道的作用，可有效地防止热裂纹；焊缝中铁素体含量较高时，可能出现 475℃脆性和 σ 相析出脆化等现象。因此规范规定，铁素体含量控制在 5%～15%为宜。

③ 选用小的热输入，严格控制层间温度，焊接过程中无摆动或仅小幅摆动。

④ 采用双人对称焊接的方法，以减小应力。

### （2）焊接工艺评定

① 母材。TP316L 符合 ASME SA249，规格为 $\phi$640mm × 70mm，化学成分及性能见表 6-14。

② 焊接材料。焊丝选用英国曼彻斯特公司的 316S92 TIG，符合 ASME ER316L，规格为 $\phi$1.6mm；焊条选用英国曼彻斯特公司的 UL TRAMET B316L，符合 ASME E316L-15，规格为 $\phi$2.5mm、$\phi$3.2mm。焊接材料成分见表 6-15 和表 6-16。

表 6-14　母材化学成分及性能

| 指标数值 | 屈服强度/MPa | | 抗拉强度/MPa | | 350℃高温性能/MPa | | 冲击功(V 形缺口)/J | | | | | |
|---|---|---|---|---|---|---|---|---|---|---|---|---|
| | 315 | | 550 | | 425 | | 295、290、275（三次实测值） | | | | | |
| 化学成分/% | C | Si | Mn | P | S | Ni | Cr | Mo | Co | Cu | N | W |
| | 0.02 | 0.38 | 0.83 | 0.025 | 0.007 | 11.20 | 17.41 | 2.43 | 0.20 | 0.43 | 0.0069 | 0.18 |

表 6-15　焊丝化学成分　　　　　　　　　%

| C | Si | Mn | P | S | Ni | Cr | Mo | Co | δ铁素体 |
|---|---|---|---|---|---|---|---|---|---|
| 0.01 | 0.41 | 1.81 | 0.016 | 0.012 | 11.77 | 18.32 | 2.57 | 0.18 | 5.3 |

表 6-16　$\phi 2.5mm$、$\phi 3.2mm$ 焊条化学成分及性能

| $\phi 2.5mm$焊条化学成分/% | C | Si | Mn | P | S | Ni | Cr | Mo | Co | $\delta$铁素体 |
|---|---|---|---|---|---|---|---|---|---|---|
| | 0.03 | 0.26 | 1.42 | 0.019 | 0.007 | 11.83 | 18.22 | 2.78 | 0.16 | 8.80 |
| 指标数值 | 屈服强度/MPa | | 抗拉强度/MPa | | 350℃高温性能/MPa | | | 冲击功（V形缺口）/J | | |
| | 535 | | 635 | | 505 | | | 101、107（两次实测值） | | |
| $\phi 3.2mm$焊条化学成分/% | C | Si | Mn | P | S | Ni | Cr | Mo | Co | $\delta$铁素体 |
| | 0.03 | 0.27 | 1.44 | 0.019 | 0.007 | 12.01 | 17.84 | 2.66 | — | 8.48 |
| 指标数值 | 屈服强度/MPa | | 抗拉强度/MPa | | 350℃高温性能/MPa | | | 冲击功（V形缺口）/J | | |
| | 535 | | 630 | | 470 | | | 115、114（两次实测值） | | |

　　为了防止产生焊接热裂纹，选择焊接材料时从两方面考虑：从限制有害元素角度出发，选用超低碳、S 和 P 含量得到严格限制的焊丝和焊条，防止易熔共晶物的形成，减少有害杂质偏析；选用铁素体含量介于 5%～12% 的低氢型奥氏体不锈钢焊条，抑制有害杂质偏析。

　　焊接材料烘干前，存放在温度不低于 10℃、相对湿度不低于 60% 的库房里，保证其有良好的使用性能。烘干应严格按照厂家规定的温度进行，使用时放入 50～150℃ 的保温筒内随用随取，且烘干次数不得超过两次。

　　③ 接头形式。对接 U 形坡口如图 6-58 所示，主要目的是减小焊接收缩量和焊接工作量。

　　④ 焊接方法。焊接过程中，采用脉冲氩弧焊打底，氩弧焊填充第二和第三层，其余焊层采用手工电弧焊进行焊接。

　　a. 氩弧焊。采用脉冲氩弧焊既可以减少热输入，又可以增大熔深。脉冲钨极氩弧焊与普通手工钨极氩弧焊相比有以下特点：脉冲钨极氩弧焊采用高频脉冲引弧，不易产生夹钨等缺陷；脉冲钨极

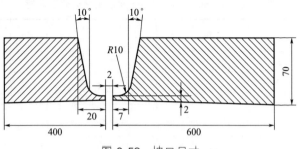

图 6-58 坡口尺寸

氩弧焊通过脉冲频率有效控制了焊接过程中的热输入，减小了焊接变形量。脉冲钨极氩弧焊分为基值电流和峰值电流两个区间，基值电流用于维持电弧燃烧，不熔化焊缝；峰值电流用于焊接，保证了送丝的稳定性，减少了焊接过程中对焊缝的加热，即减少了焊接热输入。脉冲钨极氩弧焊结束时采用焊接电流衰减收弧，收弧时弧坑处不易产生缩孔等缺陷。脉冲钨极氩弧焊具有滞后送气功能，对接头起到了良好的保护作用。三层氩弧焊的厚度应达到坡口过渡圆角处，其目的是解决手工电弧焊电流较大、容易烧穿而电流小、容易在侧壁或层间产生未熔合缺陷这一矛盾。

b. 手工电弧焊。操作过程中，要注意侧壁未熔合的情况，即运条过程中，U 形坡口两边都有一定的停留时间，还要注意焊条应保持短弧操作。E316L-15 属于碱性焊条，必须采用短弧，另一方面短弧也是为了防止合金元素烧损，保持合适的化学成分并防止空气中氮的侵入，氮的侵入可导致焊缝中铁素体减少，进而可能产生裂纹和降低耐蚀性。

⑤ 施焊。

a. 管件的固定。管件一端放置于自制的架子上，另一端用弹簧支座支撑，使管件处于水平位置。管件处在一个相对平衡的状态下，可以上、下、左、右、前、后六个方向自由收缩和变形，减小拘束度。

b. 焊缝的点固及点固棒的去除。焊缝点固位置如图 6-59 所示，选用与母材相同材质的不锈钢棒。打底完毕后，去除点固棒时，不应损伤母材，并将其残留焊疤清除干净，打磨修整。在焊接至封口时应适当调小充氩的流量。

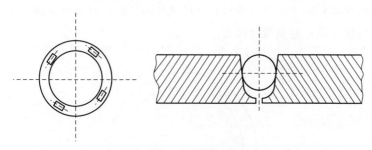

图 6-59　焊缝点固位置

c. 充氩。不锈钢焊接过程中，为了防止氧化，打底焊时必须进行背面充氩。充氩装置如图 6-60 所示，将五合板或不锈钢板制成与管子内径匹配的圆板，塞在管子内部，周围进行封堵。充氩时焊缝坡口用高温胶带封堵，焊接过程中随焊随撕。

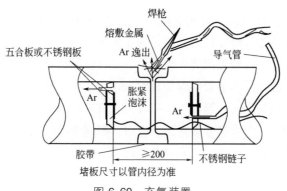

图 6-60　充氩装置

d. 焊接方向。如图 6-61 所示。焊接时，两人（1-3，2-4）应同时起弧，同时灭弧，不可一人单独施焊，且焊接过程应随时根据变形情况调整，以防止产生过大的角变形。由于奥氏体不锈钢的热导率低，在焊接过程中温度升高得比较快，降低得较慢，所以应严

格监控层间温度,控制在 100℃ 以下,避免焊接过程中在 450～
850℃ 区间停留时间太长,产生贫铬现象,导致晶间腐蚀。采用小
电流、快速焊、薄焊道、无摆动的焊接方法来控制焊接热输入,同
时焊接过程中采用分段退焊和分段跳焊的方法,有效地控制局部层
间温度过高,避免敏化区的产生。

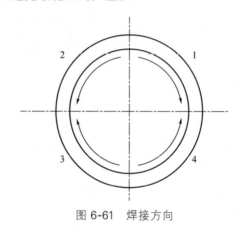

图 6-61　焊接方向

e. 填充和盖面。填充层除了第二和第三层外,其余各层采用
手工电弧焊进行焊接。填充时,为了使坡口边缘熔合良好,焊接时
应特别注意坡口两边的熔化情况,焊条可以轻微摆动,尽量使电弧
吹向坡口边缘。为了限制焊接热输入,单层焊道摆动宽度不得大于
焊条直径的 2.5 倍,厚度不得超过焊条直径,当宽度超过焊条直径
的 2.5 倍时,应采取分道焊。盖面时,根据坡口的宽度计算焊道数
和焊道之间的搭接尺寸,先焊坡口两边,后焊中间部位。焊缝外观
如图 6-62 所示。

f. 焊接参数记录。焊接过程中,为了更为准确地记录焊接参
数,使用 WHJ 焊接参数记录仪,进行跟踪记录。焊接时,每间隔
6s 记录一次参数。在脉冲钨极氩弧焊时,还可以准确记录其焊接
峰值电流、基值电流和脉冲频率,保证记录客观真实。

g. 焊接变形的测量及控制。在管子的 3 点位置、6 点位置、

图 6-62　焊缝外观

9 点位置、12 点位置打四个点，在这四个点设置百分表测量焊缝的横向收缩。在管件的自由端焊一块盲板，在盲板上再焊一根延伸管（$\phi108mm \times 4.5mm$）。在延伸管外壁 $x$、$y$ 方向设置一块百分表，监测 $x$、$y$ 方向的收缩偏移。据了解，大壁厚管道焊接收缩量传统、经验公式的计算结果一致如下：

　　最大焊接收缩量　　　　$L_{max} = 0.2A_H/t$

　　最小焊接收缩量　　　　$L_{min} = 0.2A_H/t - 0.5$

　　式中，$A_H$ 为焊缝坡口截面积；$t$ 为管道壁厚。

　　预测焊接变形量为 8mm，焊接前将百分表的数值调至 8mm，若百分表数值增大则为膨胀，百分表数值缩小则为收缩。

　　从工艺评定表中可以看出，变形主要发生在前 50%，前 35% 平均变形量为 0.53mm，从 35%～50% 平均变形量为 0.138mm。过了 50% 以后基本不再发生变化，平均变形量只有 0.074mm。

　　从变形记录表可知，其平焊位置的横向收缩变形要比仰焊位置的横向收缩变形大 0.08mm。通过分析其原因有二：一是平焊位置焊接电流相对比仰焊位置大 5～10A，二是热量向上传播，导致平焊位置温度高于仰焊位置，使管子产生较大的横向收缩变形。

　　⑥ 过程中的检验。进行外观、尺寸和清洁度检查；为了保证焊接质量、便于返修，焊接过程中可以分多次进行渗透检测和射线

检测，同时检查焊接变形情况。

⑦ 破坏性试验。焊接完成后进行破坏性试验，结果见表 6-17。

表 6-17　破坏性试验结果

| 常温 | | 350℃高温 | | 弯曲 | 铁素体含量/% | 冲击功（V 形缺口）/J | | | | |
|---|---|---|---|---|---|---|---|---|---|---|
| 抗拉强度/MPa | 屈服强度/MPa | 抗拉强度/MPa | 屈服强度/MPa | | | 焊缝 | | | 热影响区 | |
| | | | | | | 表面 | 1/3 处 | 根部 | 表面 | 1/3 处 |
| 665 | 545 | 495 | 390 | 无任何裂纹 | 7.45 | 100 | 114 | 103 | 155 | 125 |

　　焊接接头的微观组织主要取决于焊接热循环。图 6-63 所示为焊缝组织，由奥氏体＋铁素体组成，呈枝晶状分布。图 6-64和图 6-65 所示为焊缝两侧热影响区组织，可以看到，热影响区也由奥氏体＋铁素体组成。对于传统技术而言，焊接热循环对该区显微组织影响最大，但采用低热输入、薄层焊接方法，冷却速度快，过热区停留时间短，所以奥氏体晶粒长大倾向受到抑制，从而导致本工艺过热区粗晶倾向降低，晶粒度符合要求且指数大于 1。

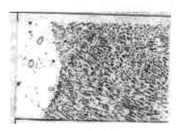

图 6-63　焊缝组织

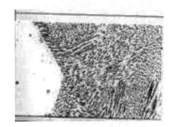

图 6-64　热影响区组织（一）

### （3）焊接关键技术

　　① 对口时应将焊口表面及两侧 15mm 母材内、外壁的油、漆、垢及氧化层等清理干净，直至露出金属光泽，并对坡口表面进行检

查，不得有裂纹、重皮、毛刺及坡
口损伤等缺陷。对口前还应对坡口
表面进行渗透检测。

②焊接时焊接材料必须放在
插上电源的保温筒内。保温筒使用
前，应先预热到 75℃ 以上，防止
焊条进入保温筒内骤冷。

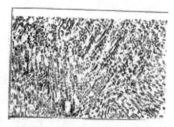

图 6-65　热影响区组织（二）

③焊接宜采用小电流、短电弧、小摆动、小热输入的焊接
方法。

④前三层采用钨极氩弧焊进行焊接。

⑤氩弧焊前，先通入氩气，待空气全部排除后再进行打底
焊接。

⑥氩弧焊时，断弧后应滞后关气，以免焊缝氧化。

⑦焊接时层间温度不大于100℃，时刻监控即将焊接部位的温
度，若温度高，应停止焊接，待温度降低到 100℃ 以下才能进行
焊接。

⑧两名焊工应具有相同的焊接速度。

⑨层间清理和表面清理采用不锈钢的钢丝刷和非铁基砂轮片，
而且这些工具只能用来处理不锈钢。

## （4）存在的问题

①本试验所用的充氩装置不适用于现场焊接施工，因此现场
焊接施工时，应考虑现场的具体情况。

②手工电弧焊时，应选用逆变焊机，尤其是在仰焊位置，适
当调大焊接推力，可以有效防止铁水下坠，降低焊道厚度，保证焊
缝成形良好。

③焊接时两名焊工的焊接速度若不同步，会导致焊后有一定
的角变形。

（5）结语

在奥氏体厚壁不锈钢管工艺评定中，通过采用小电流、短电弧、小摆动、快速焊的焊接方法，有效地控制了焊接热输入，同时采用窄坡口形式，有效减小了焊接收缩量，降低了焊接变形量。通过控制层间温度，减少了焊接过程中在 450～850℃ 区间停留时间，焊缝微观金相组织良好，力学性能达到要求。本次工艺评定试验中的程序、规范参数、技术措施是正确、合理的，可以指导工程施工。

# ▶118. SA335-P92 焊接

目前我国火力发电机组正向着高效率、高参数、大容量的超临界、超超临界方向发展，因此对钢材的耐高温性能要求也越来越高，锅炉受热面管、联箱、汽水分离器及蒸汽管道等均要求使用耐高温性能更好的热强钢。世界先进国家普遍采用的是新型细晶强韧化铁素体热强钢，我国已经建设并投产发电的超超临界（USC）火电机组也都采用了这种新型细晶强韧化铁素体热强钢系列中的 SA213-T91、SA213-T92，SA335-P91、SA335-P92 及 Super304H、TP347H 新型细晶热强钢。

SA335-P92 是在 SA335-P91 的基础上，通过超纯净冶炼、控轧技术和微合金化工艺改进的一种细晶强韧化热强钢，在化学成分上，将 Mo 含量减少到 0.3%～0.5%，并且增加了 1.5%～2.0% 的 W，用 V、Nb 元素合金化并控制 B 和 N 的含量，是高合金铁素体耐热钢，通过加入 W 元素，提高钢的高温蠕变断裂强度。

SA335-P92 材料的运行参数较高，经过实践表明，SA335-P92 适用于蒸汽温度在 580～600℃ 之间的锅炉本体（过热器和再热器）和锅炉外部的零部件（管道和集箱），最高温度可达 625℃ 左右。并且其许用应力在 590～650℃ 高温范围内与 TP347H 相当，高温蠕变断裂强度比 SA335-P91 钢高 25%～30%。因此与 SA335-P91 相比，主蒸汽管道用 SA335-P92，厚度可以减少 30%，降低整体结构重量，降低成本。

SA335-P92 焊接时容易产生冷裂纹、热裂纹和再热裂纹以及焊缝的低韧性、热影响区软化和Ⅳ型裂纹。在焊接过程中，不仅要减少焊接缺陷，更主要的是，使焊缝获得最佳的金相组织。要加强过程控制、旁站监督，综合采用各种措施，确保焊缝达到质量要求。

## （1）SA335-P92 的化学成分和力学性能

SA335-P92 的化学成分见表 6-18，其室温下的力学性能见表 6-19。

表 6-18　SA335-P92 的化学成分　　　　　　　　　%

| C | Mn | P | S | Si | Cr | W |
|---|---|---|---|---|---|---|
| 0.07～ 0.13 | 0.30～ 0.60 | ≤ 0.020 | ≤ 0.010 | ≤ 0.50 | 8.50～ 9.50 | 1.50～ 2.00 |
| Mo | V | Nb | N | B | Al | Ni |
| 0.30～ 0.60 | 0.15～ 0.25 | 0.04～ 0.09 | 0.030～ 0.070 | 0.001～ 0.006 | ≤ 0.040 | ≤ 0.40 |

表 6-19　SA335-P92 室温下的力学性能

| 屈服强度 | 抗拉强度 | 伸长率 | 硬度 |
|---|---|---|---|
| ≥440MPa | ≥620MPa | ≥20% | ≤250HB |

## （2）施焊

① 焊前准备。

a. 试件尺寸。试验管子规格为 $\phi386mm×66mm$，单节长度为 220mm，为了加快焊接过程中的散热及焊后热处理过程中减小温度梯度，以减小内外壁温差，在试验过程中，将单节管子加长 250mm。

b. 焊接方法。采用钨极氩弧焊打底并填充第二层，其余焊道采用手工电弧焊。

c. 焊接材料。选用德国伯乐蒂森生产的 Thermanit MTS616 $\phi$2.4mm 焊丝和 Thermanit MTS616 $\phi$3.2mm 焊条。焊丝和焊条化学成分分别见表 6-20、表 6-21。

表 6-20　焊丝化学成分　　　　　　　　　%

| C | Si | Mn | P | S | Cr | Mo |
|---|---|---|---|---|---|---|
| 0.107 | 0.38 | 0.45 | 0.008 | 0.001 | 8.82 | 0.43 |
| Ni | Nb | N | V | W | Cu | |
| 0.54 | 0.050 | 0.049 | 0.21 | 1.53 | 0.050 | |

表 6-21　$\phi$3.2mm 焊条化学成分　　　　%

| C | Si | Mn | P | S | Cr | Mo |
|---|---|---|---|---|---|---|
| 0.11 | 0.30 | 0.68 | 0.008 | 0.005 | 9.11 | 0.52 |
| Ni | Nb | N | V | W | Cu | |
| 0.68 | 0.042 | 0.039 | 0.22 | 16.5 | 0.040 | |

d. 坡口形式如图 6-66 所示。

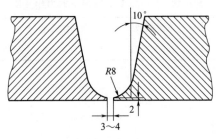

图 6-66　坡口尺寸

② 点固焊接。

a. 点焊。按正式焊接要求进行点焊固定。检查点焊焊缝外观质量和对口间隙、坡口清洁度。

b. 点固焊接后应检查各个焊点质量，如有缺陷，应立即清除，重新点焊。

c. 采用 SA335-P91 钢棒作为固体填加物，当去除点固棒时，不应损伤母材，并将其残留焊疤清除干净，打磨修整，防止 SA335-P91 残渣进入焊缝。固体填加物如图 6-67 所示，具体尺寸为半径 35mm、长 40mm。

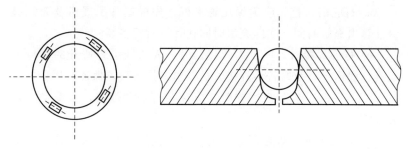

图 6-67　焊缝组对点固焊接

③ 预热及层间温度的测定。预热温度钨极氩弧焊为 100～150℃，手工电弧焊为 200～250℃；层间温度为 200～250℃。焊接时，每焊完一根焊条，应用远红外测温枪对即将焊接部位前方 50mm 处进行温度测量，同时观察热电偶所测量的温度，两者均低于 250℃方可继续施焊，若温度高，应停止焊接，待温度降低到 200～250℃后才能进行焊接。

④ 充氩。焊接过程中，为了防止氧化，打底时必须进行背面充氩。充氩装置如图 6-68 所示，将硬纸壳加工成与管子内径一样的圆板，塞在管子内部，周围用高温胶带进行封堵，并在硬纸壳上开一个四方形窗口，用于观察打底及充氩状况。充氩时，焊缝坡口用高温胶带封堵，焊接过程中随焊随撕。为了防止手工电弧焊填充过程中对根部造成氧化，应焊接至焊缝厚度达 15～20mm 后再停止充氩。

⑤ 打底焊接。

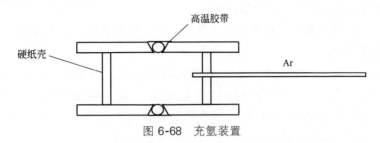

图 6-68　充氩装置

a. 打底前，首先应确保充氩良好，先根据管子规格及充氩流量计算出充氩时间。实际充氩时间比计算时间多 3～5min。

b. 打底焊接时，一个人焊接，另一人从硬纸壳所开的窗口中观察打底情况，及时告诉焊接人员调整焊接参数，保证打底良好。

c. 打完底、去除点固棒时，应逐一打磨并焊接，避免发生较大收缩。

⑥ 焊接方向。焊接时，为防止局部温度过高，除了采用小电流、薄焊道来控制焊接热输入外，在焊接过程中两人必须采用对称焊接的方法（上半圈为退焊，下半圈为跳焊），防止发生变形，如图 6-69 所示。

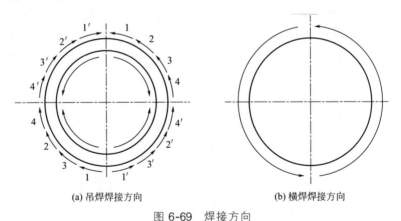

(a) 吊焊焊接方向　　　　　　　　(b) 横焊焊接方向

图 6-69　焊接方向

⑦ 填充和盖面。填充层除了第二层外，其余各层采用手工电

弧焊进行。填充时，为了使坡口边缘熔合良好，焊接时应特别注意坡口两边的熔化。为了限制焊接热输入，单层焊道摆动宽度不得大于焊条直径的 3 倍（横焊不摆动），厚度不得超过 2.5mm，否则应采取分道焊。盖面时，根据坡口的宽度计算焊道数和焊道之间的搭接尺寸，先焊坡口两侧，后焊中间部位。中间焊道可以对前面焊道起到退火的作用。

### （3）焊后热处理

焊后热处理采用远红外电阻加热法，远红外电阻加热是依靠金属导热，从外表面向内部传导，因此内外壁温差较大，为了控制温差，根据表 6-22 确定控温点数量。本试验采用图 6-70 所示的三区控温，在点 1、点 3、点 8 位置各设定一个控温点（横焊为点 1、点 2、点 3 位置，如图 6-71 所示），在内外壁设有多个温度监测点，以随时控制温度。

表 6-22 热处理推荐控温加热区数量和热电偶的布置

| 管道工程尺寸（$DN$）/mm | 推荐的控温数量和热电偶的位置 |
| --- | --- |
| 150 以下 | 一个控温区,控温热电偶位于时钟 12 点位置 |
| 200～300 | 两个控温区,控温热电偶位于时钟 12 点位置和 6 点位置 |
| 350～450 | 三个控温区,控温热电偶位于时钟 11 点位置、1 点位置和 6 点位置 |
| 500～700 | 四个控温区,控温热电偶位于时钟 12 点位置、3 点位置、6 点位置和 9 点位置 |
| 750 以上 | 控温区的数量和热电偶由加热器的周向宽度确定 |

① 测温点的布置。

a. 水平固定。在试验管上共布置了 9 个测温点，如图 6-70 所示，点 1、点 3、点 8 热电偶为控温热电偶，其他均为测温热电偶。在焊缝截面上共布置了 8 个点。等效点根据 Shifrin 的研究结果确定，只要加热带的宽度在 5 倍壁厚以上，外表面距焊缝中心线的轴

向距离为 $t$ 的位置大致与内表面焊缝根部的温度相等（$t$ 为壁厚）。故在离截面一倍厚度 66mm 处设一等效点（点 7）。

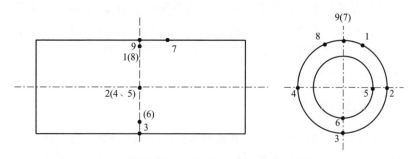

图 6-70　吊焊热电偶安装

注：时钟 1 点位置（点 1）、时钟 6 点位置（点 3）、时钟 11 点位置（点 8）
为控温点，其余为测温点。点 7 为内部等效测温点

b. 垂直固定。如图 6-71 所示，横焊热处理共布置 8 个热电偶，其中点 1、点 2、点 3、点 4 处热电偶固定在焊缝靠近上边缘且在管子外壁，点 5、点 6 处热电偶固定在焊缝靠近下边缘且在管子外壁，点 $1'$、点 $2'$ 处热电偶固定在管子内壁。这样布置热电偶

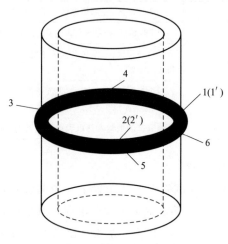

图 6-71　横焊热电偶安装

是为了测量内外壁温差及焊缝上边缘与下边缘温差。

② 热处理制度。

a. 为了使马氏体组织得到充分转变，焊后冷却至 80～100℃，恒温 2.5h，开始热处理。

b. 采用远红外电阻加热器加热。

c. 加热宽度不小于 600mm，保温宽度不小于 900mm。

d. 升温速度为 80～100℃/h；降温速度在 300℃以上为 100～150℃/h，在 300℃以下可不作控制。

e. 热处理制度为 (760±10)℃×5.4h，热处理曲线如图 6-72 所示。

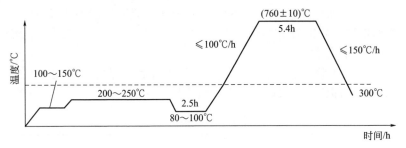

图 6-72　热处理曲线

f. 热处理过程中，要保证最大温差不大于 20℃，任何部位温度不低于 750℃。

## （4）注意事项

① 对口。应将坡口表面及其两侧各 15mm 范围母材内外壁的油、漆、垢及氧化层等清理干净，直至露出金属光泽，并对坡口表面进行检查，不得有裂纹、重皮、毛刺及坡口损伤等缺陷。

② 焊接时，焊接材料必须放在插上电源的保温筒内。保温筒使用前应先预热到 75℃以上，防止焊条进入保温筒内骤冷。

③ 焊接宜采用小电流、短电弧、小热输入的焊接方法。

④ 前两层采用钨极氩弧焊进行焊接。

⑤ 氩弧焊前，先通入氩气 30min，待空气全部排除后，再进行打底焊接。

⑥ 氩弧焊时，断弧后喷嘴在收头处停留 5s 以上，以免焊缝氧化。

⑦ 焊接的层间温度不大于 250℃。

⑧ 保温层厚度为 60mm，热处理降温时，根据降温速度随时拆装保温层。

## （5）检验

用吊焊数据说明本次试验的结果，按照 DL/T 868《焊接工艺评定规程》进行以下检验。

① 硬度检验。母材平均值为 190HB，焊缝平均值为 215HB，热影响区平均值为 195HB。

② 理化检验。

a. 金相验。取 3 个部位，为观察焊缝各个厚度区域的金相组织，每个部位分 3 层取样。金相组织见表 6-23。

表 6-23　金相组织

| 取样位置 | 分层 | 金相组织 | | |
| --- | --- | --- | --- | --- |
| | | 焊缝 | 热影响区 | 母材 |
| 时钟 12 点位置 | 焊缝表面 | 回火马氏体 | 回火索氏体 | 回火马氏体 |
| | 焊缝中间 | 回火马氏体 | 回火索氏体 | 回火马氏体 |
| | 焊缝根部 | 回火马氏体 | 回火索氏体＋少量铁素体 | 回火马氏体 |
| 时钟 3 点位置 | 焊缝表面 | 回火马氏体 | 回火索氏体 | 回火马氏体 |
| | 焊缝中间 | 回火马氏体 | 回火索氏体 | 回火马氏体 |
| | 焊缝根部 | 回火马氏体 | 回火索氏体＋少量铁素体 | 回火马氏体 |
| 时钟 6 点位置 | 焊缝表面 | 回火马氏体 | 回火索氏体 | 回火马氏体 |
| | 焊缝中间 | 回火马氏体 | 回火索氏体＋少量铁素体 | 回火马氏体 |
| | 焊缝根部 | 回火马氏体 | 回火索氏体＋少量铁素体 | 回火马氏体 |

b. 拉伸试验。在时钟 6 点位置和 12 点位置取样，每个位置分

3 层取样，以覆盖全厚度，其数值均合格。试验结果见表 6-24。

表 6-24　拉伸试验结果　　　　　　　　MPa

| 取样位置 | 焊缝表面 | 焊缝中间 | 焊缝根部 |
|---|---|---|---|
| 时钟 12 点位置 | 695 | 690 | 680 |
| 时钟 6 点位置 | 690 | 685 | 685 |

c. 冲击试验。焊缝区域做了 3 组冲击试验，一组取表面，一组取中间，一组取根部。热影响区做了 2 组冲击试验，一组取表面，一组取根部。冲击试验结果见表 6-25。

表 6-25　冲击试验结果　　　　　　　　J

| 项目 | 表面 | | | 中间 | | | 根部 | | |
|---|---|---|---|---|---|---|---|---|---|
| 焊缝 | 1# | 2# | 3# | 1# | 2# | 3# | 1# | 2# | 3# |
| | 73 | 65 | 105 | 43 | 73 | 52 | 60 | 90 | 199 |
| 热影响区 | 1# | 2# | 3# | 1# | 2# | 3# | 1# | 2# | 3# |
| | 170 | 91 | 85 | — | — | — | 176 | 154 | 159 |

d. 弯曲试验。共做了 8 个侧弯试验，全部合格，在被弯表面未发现任何开裂。

## （6）结语

通过严格控制焊接热输入、层间温度（焊接前方 50mm 处温度），严格控制热处理升温和降温速度和保温时间，焊缝硬度为 180～235HB，焊缝金相组织为回火马氏体，各项力学性能指标均达到要求。试验证明，本工艺切实可行，可以作为实践依据。在实际生产中，应根据管壁厚度，事先进行热处理试验，确定升温和降温速度，保证内外壁温差在允许范围内。

## （7）存在的问题

① 本试验虽然对管子进行了加长，但从试验结果看，管子更

长些，效果会更好。这样可以进一步减小温度梯度。

② 由于管子内径比较小，内部热电偶固定时采用焊丝点焊，固定不够精确，对试验结果有一定影响。

# 》119. 不锈钢复合板球形储罐现场组焊

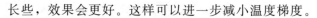

球形储罐是化工、冶金、燃气、石油及其他一些行业中广泛使用的重要设备，随着我国工业技术的飞速发展，各类球形储罐需求量不断增加，球形储罐的制作安装技术也随之不断创新和进步。常规球形储罐大多采用低合金钢材料，不锈钢复合板球罐一般采用奥氏体不锈钢复合板或双相不锈钢复合板。不锈钢复合板具有低合金钢和不锈钢的综合特性，因此其焊接工艺与常规做法不同，其现场组焊有特殊的要求，以保障其焊接质量。目前国内采用该材料制造球形储罐的技术文献和技术资料很少，能借鉴的成功经验也不多，且复合板的下料、成形、安装、组对、焊接等工艺复杂，能否满足球罐的设计要求，保证过渡层与覆层的焊接质量是球形储罐现场组焊的关键。为此，结合现行压力容器和球形储罐相关标准、规范及资料，针对球形储罐的形式、结构、尺寸与施工特点，提出不锈钢复合板球形储罐现场组焊的工艺方法。

## (1) 适用对象

本工艺方法主要是针对低合金钢（或低碳钢）＋奥氏体不锈钢（或双相不锈钢）复合板（以下简称不锈钢复合板）制球形储罐现场组焊的焊接施工及质量控制。

## (2) 基本焊接条件

从事不锈钢复合板球罐焊接的焊工，必须按有关焊接安全技术及操作技能的规定经培训、考核合格，并取得相应资格的合格证后，方可在有效期内担任合格项目范围内的焊接工作。

不锈钢复合板球罐的焊接方法宜采用焊条电弧焊，选用的焊接设备应符合焊接工艺的要求，以选用逆变焊接电源为宜。

当出现雨、雪天气，气体保护焊时风速大于 2m/s，其他方法焊接时风速大于 8m/s，焊接环境温度在 −5℃ 及以下，焊接环境相对湿度在 90% 及以上等任一情况时，应采取有效防护措施，否则禁止施焊。焊接环境温度和相对湿度应在距不锈钢复合板球罐表面 0.5～1m 处测量。

当焊件温度低于 0℃ 但不低于 −20℃ 时，应在施焊处 100mm 范围内预热到 15℃ 以上。覆层焊缝与基层焊缝之间，以及覆层焊缝与基层母材交界处宜采用过渡焊缝。焊接施工前球罐球壳板组对质量必须合格。与壳体相关的焊接施工和修补都应在焊后热处理（当要求时）与耐压试验前完成。焊后检查合格后，才能进行后道工序。

不锈钢复合板球罐焊接前，施工单位必须有合格的焊接工艺评定报告，焊接工艺评定应符合现行行业标准 NB/T 47014《承压设备焊接工艺评定》的有关规定。若不锈钢复合板球罐设计文件规定有其他特殊要求时，评定方法和试验项目超出 NB/T 47014 的规定范围，评定前应取得监检人员的认可。焊接施工前应根据评定合格的焊接工艺规程或焊接工艺评定报告，针对相应焊接部位与焊接工艺，编制具体的焊接作业指导书或焊接工艺卡。焊接作业相关人员都应熟悉并遵守有关焊接作业指导性文件。

## （3）焊接材料现场管理

不锈钢复合板球罐施焊选用的焊接材料应符合设计图纸的要求，球壳板间的对接焊缝（基层）以及直接与球壳板焊接的焊缝（基层），采用焊条电弧焊时应选用低氢型药皮焊条。在焊接施工前，基层用焊接材料应按批号进行熔敷金属扩散氢含量的复验测定。复验测定前，焊接材料应按产品说明书的要求烘干，测定方法应符合 GB/T 3965《熔敷金属中扩散氢测定方法》，熔敷金属扩散氢含量应符合 NB/T 47018《承压设备用焊接材料订货技术条件》以及设计文件的相应要求。

在焊接材料的现场管理中，焊接材料应由专人负责保管、烘干、发放和回收，焊接材料库房设置和管理应符合 JB/T 3223《焊接材料质量管理规程》的有关规定。焊接材料库房应保持干燥，相对湿度不得大于 60%。焊接前，焊接材料应按产品说明书的要求进行烘干。不同型号（牌号）、规格的焊接材料应分别烘干，当同时符合烘干要求完全相同，不同焊接材料有明显标记，且标记牢固，不至于混杂，不同焊接材料之间实施有效分隔这几个条件时，允许同炉烘干。焊条烘干时应注意防止因骤冷骤热而导致药皮开裂或脱落，烘干后的焊接材料应保存在 100～150℃ 的恒温箱中，随用随取。使用时，焊条表面药皮应无脱落和明显裂纹，并应存放在合格的保温筒内，不同规格的焊条应有明显的标记和分隔措施。焊工应按焊接作业指导书的要求使用相应型号（牌号）的焊接材料，一次只能领用一种型号（牌号）的焊接材料，不允许同一名焊工同时使用两种或两种以上型号（牌号）的焊接材料。焊条在保温筒内存放时间不应超过 4h，当超过时应回收，并重新烘干后才能使用，焊条累计烘干次数不应超过 3 次。在焊接材料烘干、发放、回收过程中应做好相应记录。

### （4）焊前准备

焊接前应检查焊接环境、焊接部位的清理及组对情况。焊接接头坡口表面和两侧至少 20mm 范围内应无铁锈、水分、油污、灰尘及其他污物，组对质量（包括间隙、错边量和棱角，以及定位焊）必须符合相应要求。施焊前将不锈钢覆层用石灰或石棉布等材料隔离盖好，以防电弧飞溅伤及表面。焊前应准备磨制不锈钢的专用砂轮片、不锈钢钢丝刷及不锈钢制打渣锤，用于不锈钢覆层焊缝表面的打磨清理。

## （5）预热和道间温度控制

预热温度可参考相关标准推荐，具体执行焊接作业指导书。当基层或覆层需要预热时，应以总厚度作为确定预热温度的厚度参数。施焊过程中，应控制道间温度不得超过焊接作业指导书规定的范围。当规定预热时，应控制道间温度不得低于预热温度。若覆层为奥氏体不锈钢，过渡层和覆层施焊时最高道间温度不宜大于150℃，有晶间腐蚀敏感性检验要求时，不宜大于 100℃。预热和道间温度应保持均匀，加热面宜在基层侧，加热宽度应为焊缝中心线两侧各取 3 倍板厚，且每侧不少于 100mm。定位焊、工夹具焊接、返修气刨、补焊需要预热时，应在以焊接处为中心，至少在半径 150mm 范围内进行预热。

预热和道间温度测量宜在加热面的背面进行，应在焊接接头两侧距焊缝中心 50mm 处对称测量，每段焊缝长度方向测量不应少于始焊端、中部、终焊端这三个位置。预热和后热可选用电加热法或火焰加热法。当中断焊接，重新施焊时，仍需按原规定预热。

## （6）定位焊

定位焊应在球罐直径、圆度、组对间隙、错边量和棱角等调整合格后进行，只允许在基层侧坡口内进行定位焊。定位焊缝长度不应小于 80mm，间距宜为 300～500mm，焊肉厚度应不小于 4mm，定位焊的引弧和熄弧都应在坡口内。定位焊缝不得有裂纹、夹渣、气孔、咬边、凹坑、未熔合、未焊透、弧坑、焊瘤等缺陷，出现不合格缺陷时，应在正式焊接前及时清除后再定位补焊。

## （7）工夹具的焊接与去除

需与覆层焊接的工夹具宜采用和覆层材质一致的不锈钢。应在工夹具上引弧和熄弧，工夹具与球壳板之间的焊缝不得有裂纹、夹渣、气孔、咬边、凹坑、未熔合、根部未焊透、未焊满、弧坑、焊瘤等缺陷。临时性工夹具去除时不应损伤球壳板，宜采用火焰切割后砂轮磨平，严禁直接锤击拆除。

## （8）焊接施工

不锈钢复合钢板是由两层不同性质的钢板复合而成，故在焊接时有它的特殊性，既要满足基层的焊接结构强度，又要使不锈钢复合板较薄的覆层满足耐腐蚀性能要求。对于基层要避免铬、镍等合金含量增高，因铬、镍含量增高，基层焊缝中会形成硬脆组织，容易产生裂纹，影响焊缝强度；对于覆层要避免含碳量增加，因含碳量增加会大大降低其耐腐蚀性。因此焊接工作要比单层钢板复杂，难度很大，要采用复合钢板特殊的焊接工艺。施焊要点如下。

焊接时应采用先焊纵缝、后焊环缝的焊接顺序，先焊基层、再焊过渡层、最后焊覆层的焊接层次，基层为双面焊时，覆层侧基层坡口应先焊接，清根后再焊接基层外侧坡口，如图 6-73 所示。尤其是过渡层的焊接是整条焊缝的关键，其焊接顺序至关重要，过渡层焊接顺序如图 6-74 所示。

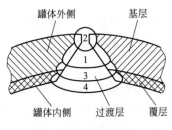

图 6-73　焊接层次

应由多名焊工对称均布、分段退焊，焊工应同步施焊，焊接进度应保持一致。宜采用多层多道焊，每段焊缝层间与道间接头部位都应呈阶梯状错开，终焊端应将弧坑填满。每层与每道焊后应进行清理，检查确认焊层与焊道间无焊渣、飞溅等物，没有裂纹、夹

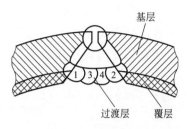

图 6-74　过渡层焊接顺序

渣、气孔、凹坑、未熔合、未焊满、弧坑、焊瘤等缺陷，每层焊缝表面应平整，凸出部位用砂轮磨平，凹低部位应适当补焊。严禁用基层焊接材料在覆层母材、过渡焊缝和覆层焊缝上施焊，覆层侧基层焊缝表面宜比复合界面低 1.5~2.5mm，如图 6-75 所示。

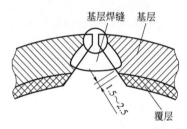

图 6-75　基层焊缝预留深度

　　焊接过渡层时，应采用较小直径的焊接材料，过渡层的厚度宜为 2~4mm，过渡焊缝应同时熔合基层焊缝、基材与覆材复合界面，且应盖住基层焊缝和复合界面。焊接线能量应不超过焊接作业指导书规定的范围，并在保证电弧正常燃烧、焊缝熔合良好的条件下，尽可能采用较小的焊接线能量。应采取适当措施，防止焊接飞溅损伤覆层表面，不得在基层、覆层母材表面随意引弧、焊接吊环及临时支架等。每段基层焊缝的每侧坡口宜一次连续焊完，因故中断焊接时，应根据工艺要求采取防裂措施，再次施焊前应检查确认无裂纹后，方可按原工艺要求继续焊接。焊缝应与母材表面圆滑过渡，焊接接头表面质量应符合后续的要求。焊后应清除焊接区域内的焊渣、飞溅及其他污物，并记录焊工位置图和焊接记录，不得在覆层表面打焊工钢印。不锈钢覆层表面焊缝的清理，必须使用磨制不锈钢的专用砂轮片与不锈钢钢丝刷及不锈钢制打渣锤。

### （9）碳弧气刨

碳弧气刨宜在基层侧进行，气刨后应用砂轮修整刨槽。修整后的刨槽形状、宽窄、深度应一致，并呈 U 形，底部应平整。若焊接需预热，采用碳弧气刨时也应预热。刨槽经打磨后，应进行检查，确认焊接区域内无影响焊接质量的缺陷、污物等。

### （10）后热处理

焊接作业指导书确定需要后热处理的焊接接头，焊后应立即进行后热处理。后热处理具体工艺规范应按焊接作业指导书执行。后热处理加热面、加热宽度和测量方法应与预热相同。

### （11）修补

不锈钢复合板球罐在制造、运输和施工中所产生的表面损伤与工夹具焊迹，以及不合格表面缺陷与内部缺陷等，都应进行修整处理（补焊、返修）。对于超标缺陷（包括焊接接头与母材缺陷），应分析产生的原因，提出相应的返修方案，制定合理的返修工艺。表面大面积补焊以及内部缺陷修补的部位、次数和修补情况应做记录，同一部位补焊不宜超过 2 次，如超过 2 次，补焊前应经施工单位技术负责人批准。表面损伤与超标缺陷、工夹具焊迹宜采用砂轮修磨清除，当清除深度超过要求时，应进行补焊，补焊前应修整成便于焊接的凹槽或凹面。覆层侧修补时，如图 6-76 所示，去掉覆层后将基层表面去掉 1～2mm 厚度，然后补焊过渡层及覆层，过渡层厚度宜为 1.5～3mm。

补焊后，其表面应修磨平缓。返修前宜采用超声检测确定缺陷

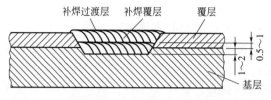

图 6-76 覆层修补示意图

的位置和深度，采用碳弧气刨清除内部缺陷时，应符合对于碳弧气刨的要求。返修长度不得小于 50mm，其两端应修整成利于焊接的缓坡状。返修深度不应超过板厚的 2/3，当缺陷仍未清除时，应在补焊后，从另一侧返修。返修后其表面质量应符合要求。

## （12）焊后检查

焊后检查应在焊接施工以及修补完成后进行，包括焊后尺寸检查、焊后外观检查。焊后尺寸检查按照相应标准规范执行。焊后外观检查包括焊接接头外观检查，应采用目视或 4～8 倍放大镜进行，内外表面都应检查；焊接区域内应无焊渣、飞溅物等，不得有裂纹、夹渣、气孔、咬边、凹坑、未熔合、未焊透、未焊满、弧坑、焊瘤等缺陷；焊接接头表面不应有急剧的形状变化，并与母材过渡平缓、圆滑；焊缝表面应比坡口每边增宽 1～2mm，按疲劳分析设计的不锈钢复合板球罐，对接焊缝表面应与母材表面平齐，不应保留余高，其他不锈钢复合板球罐的对接焊缝的余高应符合标准规范和设计文件的要求。

焊接是球形储罐制造质量保证体系中的一个重要控制系统，是制造球形储罐的重要工序，焊接质量在很大程度上决定了制造质量。焊接管理主要包括焊接质量过程控制和焊接质量结果检验两方面，焊接质量体现在产品整个制造过程中，从设计到材料选择，乃至制造以及随后检验的各方面。对于球形储罐现场组焊的焊接质量控制，主要有焊工管理、焊接设备管理、焊材管理、焊接工艺评定、焊接工艺管理、产品施焊管理、产品焊接试板管理、焊接返修八个控制环节，管控到每个环节的各个主要控制点。焊接质量控制应当通过对焊接质量控制系统中控制环节、控制点的控制来实现。在进行焊接质量控制时，坚持 TQC（全面质量管理）的基本思想，进行全员、全面、全过程质量控制，把握好焊前检验、焊中检验和焊后检验，从"人、机、料、法、环"五方面切实保证焊接工艺的成功实施，确保焊接工作的有序进行，才能保证优异的焊接质量。

#  120. 在焊接技术大赛中取得好成绩的成功诀窍

全国职工职业技能大赛是国家一级焊工（还有车工、铣工、钳工工种）技能比赛。国家举办焊接技术大赛的目的是贯彻落实《关于进一步加强高技能人才工作的意见》精神，推动我国焊接技术事业的发展，为培养一批爱祖国、爱企业、技术精湛的焊接高技能人才创造有利的条件，同时也为比赛促培、比赛促学创造良好的氛围，使我国高技能人才队伍不断扩大，从而提高企业竞争力，推动技术创新和科技成果的转化蓬勃发展。

如何在焊接技术大赛中取得好成绩，是每个参赛选手共同关心的问题。参赛选手在赛前应做好哪些准备工作？职业技能大赛与高压焊工、钢结构焊工等取证考试有哪些不同？比赛时应注意哪些问题？这些都是参赛选手必须弄明白和处理好的重要问题。下面把笔者多次参加职业技能大赛和近几年参加国家、省（部）、市级焊工技能比赛做裁判工作的一些心得体会和积累的一些经验教训介绍给大家，供参赛选手及参加各类技能考试的焊工参考与借鉴。

## （1）早下工夫，练好扎实的基本功

当焊工就要当一名出类拔萃的好焊工，这是从事焊接技术的人共同的愿望和追求的目标。要成为一名好焊工，首先要拜名师、访高手，虚心向一些技术高超、并在操作技能方面有独到之处的优秀焊接技术能手学习，将他们的一些技术"绝活"、娴熟的操作技巧，作为自己苦练基本功的"临摹"典范。要想使自己"技"高一筹，就要比别人出更大的力，流更多的汗，下更大的功夫，勤勤恳恳，任劳任怨，做企业的排头兵，攻克焊接技术难关，不畏艰险，勇攀高峰，做创新能手，只有这样才能得到企业和社会的认可。同时也要抓住参加各类焊接技术比赛的机会，去拼搏，努力取得好名次，为企业争光，这也是展示自己技能和向更先进的选手学习的机会，以便取长补短，更好地提高自己的技术水平，为下次比赛做好准备。

在这里特别强调一个"悟"字，凡事不能生搬硬套，一条路跑到黑，在借鉴别人好经验、好手法的同时，最好能"悟"出一套适应自己操作的技巧。"悟"性好，创新意识强的选手，更易取得好成绩。否则力没少出，苦没少吃，汗没少流，试件没少焊，但收效甚微。

## （2）熟悉比赛规则，不断积累比赛经验

俗话说："不打无准备之仗"。赛前参赛选手必须熟悉和掌握比赛细（规）则，明白实际操作比赛项目，所采用的钢材牌号、规格、焊接材料及焊接设备等要求，了解评分标准，明确参赛时应携带的劳保用品及工具等，做到心中有数，有备无患。

因职业技能大赛与高压焊工或一般技能考试有所不同，评定条件十分严格，所以熟悉评分标准十分重要。职业技能大赛是按焊缝内外质量分成若干个小项累积计分的，如按焊缝的宽度、焊缝的宽度差、焊缝余高、焊缝余高差、试件焊后变形差的大小分别从高分到低分来评定，操作稍有不当，极易超差而失分，尤其是优秀选手云集，大多选手焊出的试件外观成形均十分美观，对于裁判来说，可能对任何一件都爱不释手，但要评出个一、二、三，只能严格把

关，从上述的差别分出个高低分来。再如在无损检测 X 射线评定上更与其他技能考试的Ⅱ级片以上为合格有所不同，会分得更细，分成Ⅰ级无缺陷、Ⅰ级有缺陷，缺陷的大小、点数的多少均有严格的评分标准，从而评出高分与低分来，这就要求参赛选手在比赛中一定要注意每个小项尽量取得高分，通过累积，最终取得高分而得到好名次，当有 1 项或 2 项没有发挥好时，也不要灰心丧气，只要把后续的每个小项焊好，也有希望取得好成绩。

特别提示：在参赛项目练习中，一定要按规定要求去做，如试件准备、比赛时间的限定、焊接位置的高低，悬把还是可以依托、接头能否修理（一般不允许使用电动工具）、焊条直径的选定、试件的点固方法及要求（如正常焊接要求用氩弧焊方法焊接，那点固焊缝也只能用氩弧焊，在管试件中点固焊缝不允许点固在管件的 6点位置处等），只有将这些小事做好，才能从容应对，避免手忙脚乱，为赛出好成绩打好基础。

**（3）调整好心态，轻装上阵**

面对技术比赛，参赛选手没有一点压力是不可能的。企业出资派选手参赛（有的企业为能拿上好名次，让选手提前脱产进行强化培训，耗资也是很大的），除了让选手开眼界、见世面、学习交流外，更期待选手能为企业增光添彩，提高企业的知名度和竞争力，可以说每个选手的压力相当大，既怕辜负了领导的重托，又怕自己名落孙山。在比赛中调整好心态，保持一颗平常心尤为重要，否则会造成心理负担过重，影响技术水平的正常发挥。心理素质好的选手，比赛时不怯场，头脑清晰，一心放在焊试件上，按平时练习已形成的自己的思路和程序，有条不紊地拼搏，忙而不乱，只有这样才能发挥出自己应有的技术水平。

心理素质的提高和心态的调整方法主要是多参加各类技能考试和技术比赛，锻炼自己的心理承受能力和自我调整心态的能力。树立自信心，保持一颗平常心去迎接比赛，取得满意结果的概率要大得多。

## （4）几点体会

参赛选手不能取得好名次的原因大致有以下几种。

① 赛前培训时间短，甚至没有培训就上考场，造成选手心理上准备不足，操作技巧上不熟练。

② 选手特别想为企业争得好名次，心理压力过大，反而影响了技术水平的正常发挥。

③ 有的选手实际操作技能不错，而理论考试得分太低。理论考试丢分太可惜，一定要注意平时的学习，没有较高的焊接理论水平，焊接技术就不会提高到一个新的层次。

④ 焊宽、焊缝余高差太大而造成丢分（有的选手外观成形十分美观，但焊宽或焊缝余高超限）。平时应加紧基本功的练习，手要把稳、运条自如，利用电弧停顿的位置、时间来控制熔池的形状与尺寸，这是焊好尺寸不超限焊缝的关键。

⑤ 提高 X 射线检测得分率。一般比赛均采用碱性焊条，施焊时一定要保持短弧焊接，尤其是换焊条接头时要处理好，必须在接头的后面坡口内引燃电弧，待电弧稳定燃烧后再进行接头，这样能避免或减少气孔和夹渣缺陷。焊条运动时要适宜地做到两边慢、中间快，焊出的填充层以两边稍高中间稍凹为宜，这样既避免了夹渣，又有利于盖面层的焊接，同时也保证了内在质量，从而大大提高了 X 射线片的得分率。

⑥ 注意试件反变形的预留量，选手因焊后试件变形超量而扣分的不在少数，在平时练习时，应注意经验的积累，才能做到恰到好处。

⑦ 试件的先后焊接顺序也有讲究。一般应先焊自己认为比较顺手（或比较好焊）的试件，再焊难度大或消耗体力大的试件，这

样做有利于调整心态,稳定情绪,不至于在心情不平稳的情况下先焊难度大的试件,万一不尽如人意而影响以后焊件的焊接。但在平时练习时,焊接顺序要变换,不能一成不变。

⑧ 试件焊完清理中,千万不可有意或无意地修理焊缝外观形状,否则均按零分处理。

# 参 考 文 献

[1]  范绍林. 小口径不锈钢管的焊接工艺. 机械工人（热加工），1996，
     （12）：8.

[2]  范绍林，王子明等. "下向焊"在高压输送管道工程上的应用. 焊接技
     术，1997，（6）：34.

[3]  范绍林. 小口径薄壁铝合金管的焊接工艺. 电焊机，1998，（6）：35.

[4]  范绍林等. MIG焊在大厚度铝板焊接上的应用. 焊接，1998，（12）：19.

[5]  李少游，范绍林等. 高炉热风口法兰的开孔和焊接. 机械工人（热加
     工），2003，（4）：71.

[6]  范绍林. 也谈在焊接大赛中取得好成绩的诀窍. 现代焊接，2006，
     （10）：49.

[7]  范绍林. 第二届全国职工职业技能大赛焊工比赛试件的焊接方法与体会.
     现代焊接，2007，（7）：51.

[8]  范绍林，韩丽娟等. 建筑钢结构箱形钢梁（柱）隔板熔嘴电渣焊工艺方
     法. 现代焊接，2007，（9）：32.

[9]  范绍林，雷鸣，王影建等. 电焊工一点通. 北京：科学出版社，2011.

[10]  范绍林. 铸铁件焊补技巧与实例. 北京：化学工业出版社，2009.